南京航空航天大学管理预测、决策与优化研究丛书

灰色预测：机理、模型与应用

谢乃明　韦保磊　著

科学出版社

北　京

内 容 简 介

本书介绍了灰色预测方法的建模机理、模型体系及实际应用，是作者近年来关于灰色预测模型研究成果的系统总结，反映了灰色预测研究和应用的前沿动态。全书核心内容共分9章，第1章绪论，系统总结了灰色预测模型的前沿研究进展；第2章灰色预测模型机理解析，深入剖析了灰色预测模型的累加生成算子、模型结构及参数求解等内容；针对具有线性结构特征的灰色预测模型，第3~6章分别研究了连续时间灰色内生模型、离散时间灰色内生模型、连续时间灰色外生模型、离散时间灰色外生模型；第7章研究了非线性灰色预测模型；第8章研究了基于区间灰数序列的离散灰色预测模型。第9章是研究展望。书稿撰写过程中，作者力求完善灰色预测模型的理论体系框架，将理论深度和实践应用相结合，理论上力求原理清晰、深入浅出、简明扼要、易于理解，应用上强调案例详尽而不累赘。

本书既可供高等院校和科研院所研究生、教师和研究人员研究参考，也适于政府部门、企业决策部门和工程技术相关部门人员应用参考。

图书在版编目(CIP)数据

灰色预测：机理、模型与应用/谢乃明，韦保磊著. —北京：科学出版社，2023.12

（南京航空航天大学管理预测、决策与优化研究丛书）

ISBN 978-7-03-071603-3

Ⅰ. 灰… Ⅱ. ①谢… ②韦… Ⅲ. ①灰色预测模型-研究 Ⅳ. ①N949

中国版本图书馆CIP数据核字(2022)第029935号

责任编辑：李 嘉／责任校对：贾娜娜

责任印制：赵 博／封面设计：无极书装

科学出版社 出版

北京东黄城根北街16号

邮政编码：100717

http://www.sciencep.com

北京科印技术咨询服务有限公司数码印刷分部印刷

科学出版社发行 各地新华书店经销

*

2023年12月第 一 版 开本：720×1000 1/16

2024年 8 月第二次印刷 印张：11 1/2

字数：230 000

定价：126.00元

（如有印装质量问题，我社负责调换）

前　　言

2022 年是灰色系统理论创立 40 周年。40 年来，灰色系统理论各个分支蓬勃发展，灰色预测模型是其中发展最为迅速的分支，取得了大量创新研究成果，在国内外许多著名期刊发表学术论文。但是在灰色预测模型的机理解析和规范化等方面还存在一些问题需要深入研究。本书是作者及其团队近年来在灰色预测理论领域的最新成果总结。重在概括总结灰色预测模型建模机理、系列模型及应用情况，力求思路清晰、推证严密和内容丰富，以期与灰色系统理论研究同行进行分享和共同推动理论体系的完善。在内容体系上主要考虑以下方面。

(1) 深度解析灰色预测模型的建模机理，尤其是累加生成建模和微分方程形式的动态系统建模机理，建构与经典微分方程建模的桥梁。

(2) 结合最新研究进展将灰色预测模型的结构分为线性结构形式和非线性结构形式，并按照模型形式是连续还是离散以及模型变量是单变量还是多变量的特征，将线性结构的灰色预测模型分为连续型灰色内生模型 (单变量)、离散型灰色内生模型 (单变量)、连续型灰色外生模型 (多变量)、离散型灰色外生模型 (多变量) 四种形式。

(3) 考虑模型结构为非线性和建模数据为灰数的情形，增加了非线性灰色预测模型和基于区间灰数序列的灰色预测模型。

(4) 突出模型构建机理、算法步骤和案例应用，详细解读和总结了灰色预测模型构建的基本原理，规范地给出模型的详细算法步骤，并对可能进一步研究的方向进行思考和指引。

本书由谢乃明总体策划、主要编写和统一定稿，其中谢乃明执笔完成第 1 章、第 4~6 章、第 8 章，韦保磊执笔完成第 2 章、第 3 章、第 7 章，谢乃明和韦保磊共同完成第 9 章。南京航空航天大学博士研究生叶莉莉、王小雷、张召亚、杨璐、李明山为本书整理与编写做了大量工作。

本书的写作和出版得到了 *The Journal of Grey System* (SCI) 及 *Grey System: Theory and Application* (SCI) 主编和国际灰色系统研究会主席刘思峰教授、中国优选法统筹法与经济数学研究会灰色系统专业委员会理事长王文平教授、福州大学张岐山教授、武汉理工大学肖新平教授、汕头大学谭学瑞教授、英国利兹大学 Alan Pearman 教授、英国德蒙福特大学 Yang Yingjie 教授、英国兰卡斯特大学 Peter Young 教授、法国南特中央理工大学 Alain Bernard 教授等专家的支持和指导，在此致以衷心的感谢！

本书出版得到了国家自然科学基金 (72171116、72301140、711811530338)、中央高校基本科研业务费专项资金 (NZ2020022)、南京航空航天大学经济与管理学院出版基金等项目的资助！

由于作者水平有限，书中难免存在不足之处，恳请读者批评指正！

谢乃明　韦保磊

2022 年 11 月 11 日

目　录

第 1 章　绪论 …… 1
1.1　灰色系统理论与灰色预测模型 …… 1
1.2　灰色预测模型研究进展 …… 2
1.2.1　序列生成算子研究进展介绍 …… 2
1.2.2　灰色预测模型研究进展介绍 …… 4
1.3　写作思路和内容安排 …… 14
第 2 章　灰色预测模型机理解析 …… 16
2.1　累积和算子 …… 16
2.2　灰色模型 GM(1, 1) …… 19
2.3　结构约简与模型重构 …… 23
2.4　数值仿真 …… 27
2.5　本章小结 …… 30
第 3 章　连续时间灰色内生模型 …… 31
3.1　连续时间灰色内生模型概述 …… 31
3.2　模型约简与重构的引理 …… 34
3.3　连续时间灰色内生模型的约简重构 …… 38
3.4　连续时间灰色内生模型的向量序列拓展 …… 41
3.4.1　连续时间灰色内生模型的隐式表征 …… 42
3.4.2　连续时间灰色内生模型的显式表征 …… 44
3.5　案例研究 …… 46
3.5.1　数据收集 …… 46
3.5.2　隐式模型与显式模型的结果 …… 47
3.5.3　与其他经典模型的比较分析 …… 50
3.6　本章小结 …… 51
第 4 章　离散时间灰色内生模型 …… 52
4.1　离散时间灰色内生模型概述 …… 52
4.2　模型显式表征推演的引理 …… 54
4.3　标量序列的离散时间灰色内生模型 …… 56
4.4　离散时间灰色内生模型的向量序列拓展形式 …… 57

4.5 离散时间灰色多项式模型 ······ 59
4.6 案例研究 ······ 64
4.7 本章小结 ······ 69
第 5 章 连续时间灰色外生模型 ······ 70
5.1 连续灰色外生模型建模过程 ······ 70
5.2 模型约简与重构的引理 ······ 73
5.3 连续时间灰色外生模型的约简重构 ······ 77
5.4 连续时间灰色外生模型的向量序列拓展形式 ······ 80
5.4.1 连续时间灰色外生模型的隐式表征 ······ 80
5.4.2 连续时间灰色外生模型的显式表征 ······ 82
5.5 连续时间灰色外生模型的隐式形式与显式形式关系分析 ······ 84
5.5.1 估计参数之间的量化关系 ······ 85
5.5.2 建模步骤之间的对比分析 ······ 87
5.6 案例研究：高温热处理钢材抗拉强度的间接测量 ······ 89
5.7 本章小结 ······ 92
第 6 章 离散时间灰色外生模型 ······ 94
6.1 离散灰色外生模型建模过程 ······ 94
6.2 模型显式表征推导的引理 ······ 95
6.3 离散时间灰色外生模型的约简重构 ······ 98
6.4 离散时间灰色外生模型的向量序列拓展形式 ······ 100
6.5 离散时间灰色外生模型的隐式形式与显式形式关系分析 ······ 103
6.5.1 显式直接模型与经典隐式间接模型的等价性 ······ 103
6.5.2 统一表征模型的退化模型族 ······ 105
6.5.3 数值算例及建模步骤 ······ 106
6.5.4 试验仿真 ······ 107
6.6 案例研究：热处理钢抗拉强度的间接测量 ······ 109
6.7 本章小结 ······ 113
第 7 章 非线性灰色预测模型 ······ 114
7.1 非线性灰色预测模型建模过程 ······ 114
7.2 模型约简与重构的重要引理 ······ 118
7.3 连续时间非线性灰色预测模型 ······ 120
7.3.1 基于积分微分方程的连续时间非线性灰色预测模型 ······ 120
7.3.2 建模过程对比 ······ 121
7.4 灰色 Verhulst 模型 ······ 123
7.5 灰色 Lotka-Volterra 模型 ······ 124

7.6　案例研究：长江三角洲用水总量预测 ······ 126
7.7　本章小结 ······ 128
第 8 章　基于区间灰数序列的离散灰色预测模型 ······ 129
8.1　灰数及其运算 ······ 129
8.1.1　灰数的定义及内涵 ······ 129
8.1.2　合成灰数的运算规则 ······ 137
8.1.3　区间灰数的表征 ······ 142
8.2　基于区间灰数序列的离散灰色预测模型概述 ······ 145
8.2.1　模型定义与参数求解 ······ 145
8.2.2　案例研究 ······ 149
8.3　基于区间灰数序列的非齐次特征离散灰色预测模型 ······ 152
8.3.1　模型定义与参数求解 ······ 152
8.3.2　案例研究 ······ 155
8.4　本章小结 ······ 157
第 9 章　研究展望 ······ 158
9.1　新研究方向 1：微分方程的参数估计 ······ 160
9.2　新研究方向 2：微分方程的结构辨识 ······ 161
参考文献 ······ 164

第 1 章　绪　　论

系统预测是指根据现有或拟建系统的过去和现在的发展规律，借助科学的方法和手段，对系统未来的发展进行估计和测定，形成科学的假设和判断。近年来，预测分析发展迅速，以预测分析为主体的数据挖掘技术变得炙手可热且越来越流行，这种现象的出现既有以大数据分析为基础的预测挖掘技术的推动，更得益于人们对预测建模的深度理解。预测分析的核心是针对不同的问题情景构建系统预测演化的数学模型或其他模型，因此，掌握系统演化规律和预测建模机理成为有效预测的关键。由于系统内外扰动的客观存在和人们认识水平与能力的局限，人们在构建系统预测模型时所收集的信息常常带有某种不确定性，20 世纪后半叶，包括模糊数学 [1]、粗糙集 [2]、灰色系统理论 [3] 等各种测度不确定性的新理论涌现，也不断和已有的系统预测思想相融合，形成了一系列系统预测新模型、新方法。

1.1　灰色系统理论与灰色预测模型

灰色系统理论是由中国学者邓聚龙创立的一种新的不确定性分析理论，该理论创立的出发点是研究具有“部分信息已知、部分信息未知”“少数据”“灰元信息”等贫信息不确定特征的系统，通过对系统的部分已知贫信息的挖掘、生成和建模，使得系统演化特征得以涌现，进而能够实现对系统的科学评价、预测、决策和控制优化。经过 40 年的发展，灰色系统理论已经形成了特有的理论体系，其主要内容包括以灰色朦胧集为基础的数学运算体系，以灰色序列生成为基础的信息表征体系，以灰色关联空间为核心的分析体系，以灰色模型为中心的模型体系，以灰色系统评估、预测、决策、控制和优化为主体的方法体系。作为一门以方法为主体的学科，该理论被广泛应用于自然科学、社会科学、工程技术的各个领域。尤其是国际期刊 *The Journal of Grey System* 和 *Grey Systems: Theory and Application* 的创办以及先后被 *Web of Science* 等数据库收录，越来越多的国内外学者参与灰色系统理论和应用的研究，灰色系统理论得到了进一步发展和应用，解决了现实世界中诸多不确定性问题。

灰色预测模型作为灰色系统理论的一个重要研究分支，其思想是通过特有的累加生成变换进行序列数据建模，把原始数据序列不明显的变化趋势通过累加变换后呈现明显的增长趋势，并用灰色差分方程和灰色微分方程对变换后的数据进行建模，最后用累减生成进行数据模拟和预测。大量公开发表的论著表明灰色预测模型能够符合应用需求，取得较高的预测精度。然而，从理论研究的视角有时候还存在一些难以解释的现象，如针对一些特殊案例会出现模拟和预测误差很大的情况，对于不同类型模型的机理探讨不够，以及灰色预测模型体系框架还不够完善等。针对灰色预测模型预测精度不稳定现象，从理论分析和试验分析视角进行深入探讨，发现问题存在的根本原因在于尽管累加生成建模能够有效地发现数据变化趋势，但是由于灰色微分方程和灰色差分方程之间的变换存在着微小的近似误差。当所收集的数据增长率变化较小时，微分方程和差分方程互换所带来的模型误差往往比较小，并不显著影响预测模型的精度；反之，当所收集的数据增长率变化较大时，微分方程和差分方程互换所带来的模型误差就比较大，会影响模型的预测效果，严重时甚至导致模型不可用。针对这一突出问题，作者在继承累加生成变换的基础上通过构建离散形式的灰色预测模型来解决误差问题，形成了离散灰色预测模型 [4,5]。之后，陆续发展出近似非齐次指数序列离散灰色模型、多变量离散灰色模型、灰数序列离散灰色模型等灰色预测新模型 [6–8]，2016 年作者将系列离散灰色预测模型研究集结成册，出版了专著《离散灰色预测模型及其应用》[9]。但灰色预测模型的理论体系框架和建模机理还有待进一步深化分析。

1.2 灰色预测模型研究进展

根据文献检索信息，最早见诸报道的灰色预测模型提出于 1984 年 [10]，灰色系统理论创始人邓聚龙针对粮食长期预测问题首次提出灰色动态模型，提出了灰色预测模型建模的几个重要思想: 一是不同于其他预测模型的直接数据建模，通过对数据序列的映射处理, 为微分拟合建模提供中间信息；二是通过数据的序列生成弱化原始数据序列的随机性，尤其是对非平稳数据序列随机性的弱化；三是提出模块预测和累加生成思想进行建模；在此基础上采用微分拟合建模方法构建灰色预测模型的通用形式 GM(n, h) 模型。其后，邓聚龙基于现实案例的总结提炼，进一步提出了灰色预测模型的五步建模思想 [11]，针对单变量和多变量灰色系统分别构建 GM(1, 1) 模型和 GM(1, N) 模型。如图 1.1所示，灰色预测模型的建模过程大致可以分成模型变量选择、原始数据收集与处理、建模数据序列生成、模型结构选择、背景值序列生成、模型参数求解、模型性质分析、数值模拟误差分析、预测应用等步骤。其中数据序列生成方法、模型结构形式是灰色预测模型与其他预测模型最重要的区别。

1.2.1 序列生成算子研究进展介绍

序列生成是灰色预测模型与其他预测方法的重要区别之一，在实际问题建模过程中，考虑时间序列数据的随机性以及数据量的有限性，难以准确度量数据序列潜在的演化规律，邓聚龙提出建立时间序列数据的累加结构，即累加生成算子，通过序列的累加生成挖掘出序列的动态变动规律[12]，再根据累加生成后的数据进行建模，从而取得良好的模拟和预测效果。其中建模过程最重要的序列生成主要包括累加生成、累减生成和紧邻均值生成，具体描述见定义 1.1～ 定义 1.3。

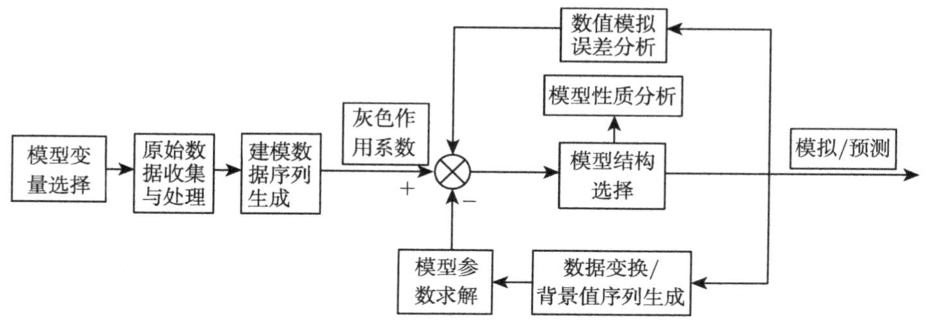

图 1.1　灰色预测模型的一般步骤

定义 1.1

设原始时间数据序列为 $\{x(t_1),x(t_2),\cdots,x(t_n)\}$，若

$$y(t_k)=\sum_{j=1}^{k}x(t_j),k=1,2,\cdots,n \tag{1.1}$$

则称数据序列 $\{y(t_1),y(t_2),\cdots,y(t_n)\}$ 为数据序列 $\{x(t_1),x(t_2),\cdots,x(t_n)\}$ 的累加生成序列。♣

定义 1.2

设原始时间数据序列为 $\{x(t_1),x(t_2),\cdots,x(t_n)\}$，若

$$y\left(t_k\right)=\alpha x\left(t_k\right)=x\left(t_k\right)-x\left(t_{k-1}\right),k=2,3,\cdots,n \tag{1.2}$$

则称数据序列 $\{y(t_2),y(t_3),\cdots,y(t_n)\}$ 为数据序列 $\{x(t_1),x(t_2),\cdots,x(t_n)\}$ 的累减生成序列。显然，累减生成和累加生成是一对互逆运算。♣

定义 1.3

设原始时间数据序列为 $\{x(t_1),x(t_2),\cdots,x(t_n)\}$，若

$$y\left(t_k\right)=\alpha x\left(t_k\right)+(1-\alpha)x\left(t_{k-1}\right),k=2,3,\cdots,n \tag{1.3}$$

则称数据序列 $\{y(t_1),y(t_2),\cdots,y(t_n)\}$ 为数据序列 $\{x(t_1),x(t_2),\cdots,x(t_n)\}$ 的紧邻均值生成序列。其中紧邻均值 $y(t_k)$ 是介于序列数据 $x(t_k)$ 和前一数据 $x(t_{k-1})$ 的中间状态，或称为序列前后 2 个数据的加权组合，建模过程中，为简化起见，α 取值为 0.5。♣

累加生成和紧邻均值生成主要用于对原始数据序列的预处理以适应灰色预测建模的要求，累减生成主要用于将建模过程中的累加生成模拟序列还原为原始数据序列的模拟和预测序列。本质上，累加生成是对原始数据序列演化规律的挖掘，起到对系统演化的非参数可视化模式辨识作用，主要适用于系统演化规律相对稳定且数据量有限导致系统规律可视化不明显情景，对于系统演化规律相对稳定数据量大的情景也可以取得较好的模拟和预测效果。对于系统演化规律不够稳定的情景，采用常规性累加生成数据挖掘效果就不够好，则需要对于数据序列进一步挖掘才能取得良好的建模效果，如系统演化过程加速增长、加速衰减和振荡变化等情景。针对这些复杂情景，刘思峰提出了缓冲算子的思想，包括强化缓冲算子和弱化缓冲算子，在深入研究缓冲算子性质与作用机理的基础上，形成了包括平均弱化缓冲算子、加权平均弱化缓冲算子、分数阶平均弱化缓冲算子、分数阶加权平均弱化缓冲算子、平均强化缓冲算子，加权平均强化缓冲算子、分数阶平均强化缓冲算子、分数阶加权平均强化缓冲算子等在内的缓冲算子体系；通过运用缓冲算子对冲系统演化的冲击扰动干扰，还原了系统的演化规律，提高了预测效果，详细内容可见刘思峰的经典著作，此处不再赘述 [13]。

1.2.2 灰色预测模型研究进展介绍

依据邓聚龙最初的建模思想 [10]，灰色预测模型可以简单表达为定义 1.4。

定义 1.4

设原始时间数据序列为 $\{x_i(t_1),x_i(t_2),\cdots,x_i(t_n)\}$，$i=1,2,\cdots,m$，若 $\{y_i(t_1),y_i(t_2),\cdots,y_i(t_n)\}$ 为 $\{x_i(t_1),x_i(t_2),\cdots,x_i(t_n)\}$ 的累加生成序列，则

$$\begin{aligned}&\frac{\mathrm{d}^{\iota}}{\mathrm{d}t^{\iota}}y_1(t)+a_1\frac{\mathrm{d}^{\iota-1}}{\mathrm{d}t^{\iota-1}}y_1(t)+a_2\frac{\mathrm{d}^{\iota-2}}{\mathrm{d}t^{\iota-2}}y_1(t)+\cdots+a_{\iota-1}\frac{\mathrm{d}}{\mathrm{d}t}y_1(t)+a_{\iota}y_1(t)\\&=b_1+b_2y_2(t)+b_3y_3(t)+\cdots+b_my_m(t)\end{aligned}\tag{1.4}$$

$$\alpha^{(\iota)}y_1(t_k)+\sum_{i=1}^{\iota-1}a_i\alpha^{(\iota-i)}y_1(t_k)+a_{\iota}y_1(t_k)=b_1+\sum_{j=2}^{m}b_jy_j(t_k)\tag{1.5}$$

称为 GM(ι, m) 模型，其中式(1.4)称为 GM(ι, m) 模型的微分形式或连续形式，式(1.5)称为 GM(ι, m) 模型的差分形式或离散形式，ι 为微分或者差分的阶数，m 为模型变量个数。当 $\iota=1$，$m=1$ 时，GM(ι, m) 模型变成 GM(1, 1) 模型；当 $\iota=2$，$m=1$ 时，GM(ι, m) 模型变成 GM(2, 1) 模型；当 $\iota=1$，$m=N$ 时，GM(ι, m) 模型变成 GM(1, N) 模型；以此类推。♣

从式(1.4)和式(1.5)可以看出，不管是微分形式还是差分形式，GM(ι, m) 模型都对原始数据序列进行了累加生成变换，并且模型的结构都是线性的。以 GM(1, 1) 模型为例，其连续形式和离散形式分别为 $\dfrac{\mathrm{d}}{\mathrm{d}t}y(t)+ay(t)=b$ 和 $x(t_k)+ay(t_k)=b$，该模型可以简单理解为是一种自回归模型，系统变量 $x(t_k)$ 只与自身的累积量 $y(t_k)$ 有关，而与其他变量无关，模型中的参数 a 和 b 需要通过最小二乘估计等参数估计方法求解。

近年来，灰色预测模型取得了非常多的研究进展，主要包括建模数据变换、模型背景值优化、模型参数优化、模型性质分析、新模型构建、模型机理研究等，其中大量新模型的构建极大丰富了灰色预测模型体系，对于已出现的线性结构灰色预测模型 (图 1.2)，根据模型形式是连续型、离散型以及变量个数是单变量、多变量的情形，可以分类成连续型单变量灰色预测模型、离散型单变量灰色预测模型、连续型多变量灰色预测模型、离散型多变量灰色预测模型；此外，还出现了非线性灰色预测模型、向量模型、灰数序列预测模型等。

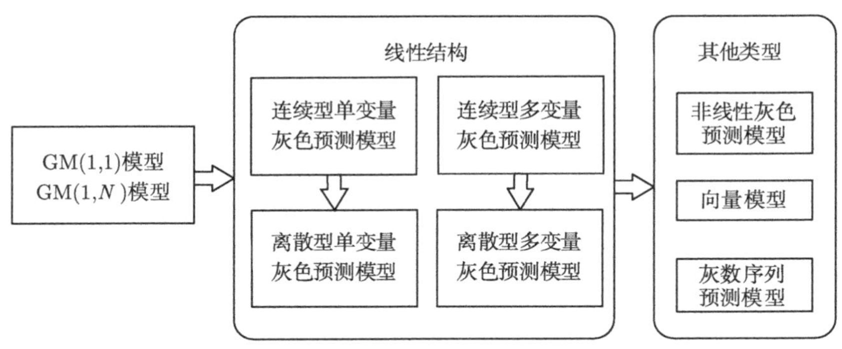

图 1.2 新型灰色预测模型分类

连续型单变量灰色预测模型源于 GM(1, 1) 模型，经过 30 多年的发展，在该模型的基础上已经衍化发展出一系列新模型 (表 1.1)，这些模型的共性是保留了 GM(1, 1) 模型的建模思路，主要思想是只考虑单一变量数据序列 $\{x(t_1), x(t_2), \cdots, x(t_n)\}$ 及其累加形式、紧邻均值形式等来建模表征系统的演化规律，不考虑其他

表 1.1　连续型单变量灰色预测模型

微分方程	差分方程	参考文献
$\frac{\mathrm{d}}{\mathrm{d}t}y(t)=ay(t)+b$	$x(t_k)=a\frac{y(t_k)+y(t_{k-1})}{2}+b$	[14,15]
$\frac{\mathrm{d}}{\mathrm{d}t}y(t)=ay(t)+b$	$x(t_k)/f(t_k)=a\frac{y(t_k)+y(t_{k-1})}{2}+b$, $f(t_k)$ 为动态季节调整因子	[16]
$\frac{\mathrm{d}}{\mathrm{d}t}y^{(r)}(t)=ay^{(r)}(t)+b$	$y^{(r)}(t_k)-y^{(r)}(t_{k-1})=a\frac{y^{(r)}(t_k)+y^{(r)}(t_{k-1})}{2}+b,\ r\in(0,1)$	[17,18]
$\frac{\mathrm{d}}{\mathrm{d}t}y(t)=ay(t)+bt$	$x(t_k)=a\frac{y(t_k)+y(t_{k-1})}{2}+bt_k$	[19]
$\frac{\mathrm{d}}{\mathrm{d}t}y(t)=ay(t)+b_1t+b_0$	$x(t_k)=a\frac{y(t_k)+y(t_{k-1})}{2}+b_1t_k+b_0$	[20]
$\frac{\mathrm{d}}{\mathrm{d}t}y(t)=ay(t)+b_1t+b_0$	$x(t_k)=a\frac{y(t_k)+y(t_{k-1})}{2}+b_1\frac{t_k+t_{k-1}}{2}+b_0$	[21]
$\frac{\mathrm{d}}{\mathrm{d}t}y^{(r)}(t)=ay^{(r)}(t)+b_1t+b_0$	$y^{(r)}(t_k)-y^{(r)}(t_{k-1})=a\frac{y^{(r)}(t_k)+y^{(r)}(t_{k-1})}{2}+b_1\frac{t_k^2-t_{k-1}^2}{2}+b_0(t_k-t_{k-1})$, $r\in(0,1)$	[22]
$\frac{\mathrm{d}}{\mathrm{d}t}y(t)=ay(t)+b_1t^{\alpha}+b_0$	$x(t_k)=a\frac{y(t_k)+y(t_{k-1})}{2}+b_1t_k^{\alpha}+b_0$	[23]
$\frac{\mathrm{d}}{\mathrm{d}t}y(t)=ay(t)+\sum\limits_{i=1}^{N}b_it^i+b_0$	$x(t_k)=a\frac{y(t_k)+y(t_{k-1})}{2}+\sum\limits_{i=1}^{N}b_i\frac{t_k^{i+1}-t_{k-1}^{i+1}}{i+1}+b_0$	[24]
$\frac{\mathrm{d}}{\mathrm{d}t}y(t)=ay(t)+\sum\limits_{i=1}^{N}b_i\phi_i(t)+b_0$	$x(t_k)=a\frac{y(t_k)+y(t_{k-1})}{2}+\sum\limits_{i=1}^{N}b_i\frac{\phi_i(t_k)+\phi_i(t_{k-1})}{2}+b_0$	[25]
$\frac{\mathrm{d}}{\mathrm{d}t}y(t)=F(y(t),t)$	$y(t_k)=\sum\limits_{k=-p-1}^{-1}\alpha_k\frac{y(t_k)+y(t_{k-1})}{2}+\sum\limits_{k=-p}^{0}\theta_kF(y(t_k),t_k)$, $F(y(t),t)=-ay(t)+b(y(t))^{\gamma}$	[13]
$\frac{\mathrm{d}}{\mathrm{d}t}y(t)=F(y(t),\lambda,t)$	$y(t_k)=\sum\limits_{k=-p-1}^{-1}\alpha_k\frac{y(t_k)+y(t_{k-1})}{2}+\sum\limits_{k=-p}^{0}\theta_kF(y(t_k),\lambda,t_k)$, $F(y(t),\lambda,t)=-ay(t)+b$	[26]

变量的影响，模型形式上既保留了微分形式也保留了差分形式，建模过程中用微分形式表征系统变量随时间的演化关系，差分方程则主要用于模型参数的求解。模型中 $\frac{\mathrm{d}}{\mathrm{d}t}y(t)$ 和 $y(t)$ 的关系保持不变，参数 a(发展系数) 用于表征系统的演化趋势，可见在这些衍生模型中对系统演化的发展趋势测度是保持不变的，变化的部分主要是剩余项 b (作用量)，从常数项逐步变化为和时间 t 相关的量，其表达形式基本上属于类似多项式的线性关系，这些模型可以很好地表征近似非齐次增长、波动性增长等多种情景的系统演化特征。

离散型单变量灰色预测模型源于作者提出的 DGM(1, 1) 模型 [5]，该模型继承了灰色预测模型的累加生成建模思想，但舍弃了 GM(1, 1) 模型微分方程形式 $\frac{\mathrm{d}}{\mathrm{d}t}y(t)+ay(t)=b$，而直接构造离散形式 $y(t_{k+1})=\beta_1 y(t_k)+\beta_2$ 来表征系统演化规律, 该离散形式可以等价转换为 GM(1, 1) 模型的差分形式；该模型及其诸多衍生模型保留了 $y(t_{k+1})$ 和 $\beta_1 y(t_k)$ 项，其中参数 β_1 类似于 GM(1, 1) 模型中的发展系数 a，用于表征累加生成序列的迭代演化关系，当 $\beta_1>1$ 时，表明系统演化趋势是增长的，当 $\beta_1<1$ 时，表明系统演化趋势是衰减的，用 β_1 来调节 $y(t_{k+1})$ 和 $y(t_k)$ 差异契合了邓聚龙提出灰色预测模型时所陈述的差异信息思想。类似于 GM(1, 1) 模型的衍生形式 (表 1.2)，离散型单变量灰色预测模型变化的部分也是

表 1.2 离散型单变量灰色预测模型

差分方程	参考文献
$y(t_k)=\beta_1 y(t_{k-1})+\beta_2$	[4, 5, 27–29]
$y(t_k)=\beta_1 y(t_{k-1})+\beta_2 t_{k-1}+\beta_3$	[6, 30, 31]
$y(t_k)=\beta_1 y(t_{k-1})+\beta_2 (t_{k-1})^\alpha+\beta_3$	[32]
$y(t_k)=\beta_1 y(t_{k-1})+\sum_{i=2}^{N}\beta_i (t_k)^{N-i}$	[33, 34]
$y(t_k)=\beta_1 y(t_{k-1})+\beta_2 (t_{k-1})^\alpha+\beta_3\cos\omega t_{k-1}+\beta_4$	[35]
$y(t_k)=\beta_1 y(t_{k-1})+\sum_{i=1}^{m}(\beta_{2i}\sin(w_i t_k)+\beta_{3i}\cos(w_i t_k))+\sum_{j=1}^{N}\beta_{4j}(t_k)^{N-j}$	[36]
$y(t_k)=\beta_1 y(t_{k-1})+\beta_2(\sin(\omega t_{k-1}+\varphi)-\beta_1\sin(\omega t_{k-2}+\varphi))+\beta_3$	[37]
$y(t_k)=\beta_1 y(t_{k-1})+\beta_{M(t_k,s)};\ M(t_k,s)=\begin{cases} s, & t_k \bmod s=0 \\ t_k \bmod s, & t_k \bmod s\neq 0\end{cases}$	[38]
$y(t_k)=(\beta_1+\beta_2 t_{k-1})y(t_{k-1})+\beta_3 t_{k-1}+\beta_4$	[39]
$y(t_k)=(\beta_1+\beta_2 t_{k-1}+\beta_3 (t_{k-1})^2)y(t_{k-1})+\beta_4 (t_{k-1})^2+\beta_5 t_{k-1}+\beta_6$	[40]
$y(t_k)=(\beta_1+\beta_2 t_{k-1}+\beta_3 (t_{k-1})^2+\beta_4 (t_{k-1})^3)y(t_{k-1})+\beta_5 (t_{k-1})^3+\beta_6 (t_{k-1})^2 +\beta_7 t_{k-1}+\beta_8$	[41]
$y(t_k)=(\beta_1+\beta_2 (t_{k-1})^\alpha+\beta_3\sin(\tau t_{k-1}))\,y(t_{k-1})+\beta_4+\beta_5 (t_{k-1})^\alpha+\beta_6\sin(\tau t_{k-1})$	[42]
$y^{(r)}(t_k)=\beta_1 y^{(r)}(t_{k-1})+\beta_2,\ r\in(0,1)$	[43, 44]
$y^{(r)}(t_k)=\beta_1 y^{(r)}(t_{k-1})+\beta_2 t_{k-1}+\beta_3,\ r\in(0,1)$	[45–47]
$y^{(r)}(t_k)=\beta_1 y^{(r)}(t_{k-1})+\beta_2 (t_{k-1})^\alpha+\beta_3,\ r\in(0,1)$	[48]
$y^{(r)}(t_k)=(\beta_1 t_{k-1}+\beta_2)\,y^{(r)}(t_{k-1})+\beta_3 t_{k-1}+\beta_4,\ r\in(0,1)$	[49]
$y(t_k)=\beta_1 y(t_{k-1})+\beta_2 y(t_{k-2})+\beta_3 t_{k-1}+\beta_4$	[50]
$y(t_k)=\beta_1 (y(t_{k-1}))^2+\beta_2 y(t_{k-1})+\beta_3 t_{k-1}+\beta_4$	[51]

在常数项 β_2，将常数项变化为和序数 k 相关的量，其表达形式也类似多项式的线性关系，少量衍生模型还加入了三角函数等信息，这些模型也可以很好地表征近似非齐次增长、幂次变化和波动性增长等多种情景的系统演化特征。

连续型多变量灰色预测模型及其衍生形式源于 GM(1, N) 模型 (表 1.3)，模型形式上既保留了微分形式也保留了差分形式，建模过程中用微分形式表征系统变量随时间的演化关系，差分方程则主要用于模型参数的求解。模型中 $\frac{\mathrm{d}}{\mathrm{d}t}y(t)$ 和 $y(t)$ 的关系保持不变，参数 a(发展系数) 用于表征系统的演化趋势，作用量从 GM(1, 1) 模型的 b 变为 $\sum\limits_{i=2}^{N} b_i y_i(t)$，即考虑其他变量对于系统主变量的影响关系，影响形式是线性结构的，且影响变量也进行了累加生成，说明测度的是影响变量的累积性效果。与单变量灰色预测模型不同，连续型多变量灰色预测模型的众多衍生形式考虑了时滞效应的影响，即影响变量不一定与系统主变量同步变化，而是有一定的时间差，即滞后作用效果。

离散型多变量灰色预测模型和离散型单变量灰色预测模型类似 (表 1.4)，继承了累加生成思想，并且采用离散形式直接建模，最早出现的离散型多变量灰色预测模型是 DGM(1, N) 模型以及离散型多变量灰色预测模型的通用形式 DGM(r, h) 模型；模型趋势性部分与连续型多变量灰色预测模型一样，保留了 $y_1(t_k)+\beta_1 y_1(t_{k-1})$ 的关系，用 β_1 来调节 $y_1(t_k)$ 和 $y_1(t_{k-1})$ 差异，表征系统主变量的自我演化关系，$\sum\limits_{j=1}^{N}\beta_j y_j(t_k)$ 表示其他变量对于系统主变量的影响关系，影响形式是线性结构的，且影响变量也进行了累加生成，说明测度的是影响变量的累积性效果；部分衍生模型也考虑了时滞因素的影响。

非线性灰色预测模型与前面总结的四类模型不同 (表 1.5)，建模过程中只继承了累加生成建模思想，模型的形式不是固定的，没有保留 $\frac{\mathrm{d}}{\mathrm{d}t}y(t)+ay(t)$ 或 $y(t_k)+\beta_1 y(t_{k-1})$ 的单一线性演化关系，而是包括了 $y^2(t)$、$y^\gamma(t)$ 等多种形式。非线性灰色预测模型与前面总结的四类模型不同，建模过程中只继承了累加生成建模思想，模型的形式上不是固定的，累加生成序列的向量场不再是线性函数，而是包括了 $y^2(t)$、$y^\gamma(t)$ 等多种非线性项。迄今为止，非线性灰色预测模型还相对较少，仅限于灰色 Verhulst 模型、灰色伯努利模型、灰色幂模型、灰色 Lokta-Volterra 模型等少数几种形式，用于测度有生长曲线、竞争博弈等的演化趋势 (灰色伯努利模型和灰色幂模型是同形式)。

向量型灰色预测模型是对单变量、多变量灰色预测模型的进一步拓展 (表 1.6)，传统的灰色预测模型不管是单变量、多变量模型都是单输出的，而现实问题中常常出现多输入、多输出的系统，假设有 $x_i=(x_i(t_1), x_i(t_2), \cdots, x_i(t_n))$,

表 1.3 连续型多变量灰色预测模型

微分方程	差分方程	参考文献
$\frac{\mathrm{d}}{\mathrm{d}t}y_1(t)=ay_1(t)+\sum_{i=2}^{N}b_iy_i(t)$	$x_1(t_k)=a\left(\frac{y_1(t_k)+y_1(t_{k-1})}{2}\right)+\sum_{i=2}^{N}b_iy_i(t_k)$	[3,13,52]
$\frac{\mathrm{d}}{\mathrm{d}t}y_1(t)=ay_1(t)+\sum_{i=2}^{N}b_iy_i(t)$	$x_1(t_k)=a\left(\lambda y_1(t_k)+(1-\lambda)y_1(t_{k-1})\right)+\sum_{i=2}^{N}b_iy_i(t_k)$	[53]
$\frac{\mathrm{d}}{\mathrm{d}t}y_1(t)=ay_1(t)+\sum_{i=2}^{N}b_iy_i(t-\tau)$	$x_1(t_k)=a\left(\frac{y_1(t_k)+y_1(t_{k-1})}{2}\right)+\sum_{i=2}^{N}b_iy_i(t_k-\tau)$	[54]
$\frac{\mathrm{d}}{\mathrm{d}t}y_1(t)=ay_1(t)+\sum_{i=2}^{N}b_id_i(t)y_i(t)$	$x_1(t_k)=a\left(\frac{y_1(t_k)+y_1(t_{k-1})}{2}\right)+\sum_{i=2}^{N}b_id_i(k)y_i(t_k);\ d_i(t)=u\left(t_k-\gamma_{i,1}\right)-u(t_k-\gamma_{i,1})$	[55]
$\frac{\mathrm{d}}{\mathrm{d}t}y_1(t)=ay_1(t)+\sum_{i=2}^{N}\int_0^t b_i\lambda_i^{t-s}y_i(s)\mathrm{d}s$	$x_1\left(t_k\right)=a\left(\frac{y_1(t_k)+y_1(t_{k-1})}{2}\right)+\sum_{i=2}^{N}\sum_{j=1}^{k}b_i\lambda_i^{t_k-t_j}y_i\left(t_j\right),\ \lambda_i\in(0,1)$	[56]
$\frac{\mathrm{d}}{\mathrm{d}t}y_1(t)=ay_1(t)+\sum_{i=2}^{N}B(L^{\frac{1}{m_i}},\theta)y_{i,m_i}(t)$	$x_1(t_k)=a\left(\frac{y_1(t_k)+y_1(t_{k-1})}{2}\right)+\sum_{i=2}^{N}B(L^{\frac{1}{m_i}},\theta)y_{i,m_i}(t_k)$	[57]
$\frac{\mathrm{d}}{\mathrm{d}t}y_1(t)=ay_1(t)+\sum_{i=2}^{N}b_iy_i(t)+\sum_{j=M}^{N}b_jD_j(t)$	$x_1(t_k)=a\left(\frac{y_1(t_k)+y_1(t_{k-1})}{2}\right)+\sum_{i=2}^{N}b_iy_i(t_k)+\sum_{j=M}^{N}b_jD_j(t_k)$，$D_j$ 为虚拟变量的累加	[58]
$\frac{\mathrm{d}}{\mathrm{d}t}y_1(t)=ay_1(t)+\sum_{i=2}^{N}b_i\left(y_i(t)\right)^{\gamma_i}$	$x_1(t_k)=a\left(\frac{y_1(t_k)+y_1(t_{k-1})}{2}\right)+\sum_{i=2}^{N}b_i\left(y_i(t_k)\right)^{\gamma_i}$	[59,60]
$\frac{\mathrm{d}}{\mathrm{d}t}y_1(t)=ay_1(t-\tau)+\sum_{i=2}^{N}(b_iy_i(t-\tau)(t-\tau)^{\gamma})$	$x_1(t_k)=a\left(\frac{y_1(t_k)+y_1(t_{k-1})}{2}\right)+\sum_{i=2}^{N}b_iy_i(t_k-\tau)(t_k-\tau)^{\gamma}$	[61]
$\frac{\mathrm{d}}{\mathrm{d}t}y_1(t)=ay_1(t)+\sum_{i=2}^{N}b_iy_i(t)+c$	$x_1(t_k)=ay_1(t_k)+\sum_{i=2}^{N}b_iy_i(t_k)+c$	[62,63]

续表

微分方程	差分方程	参考文献
$\frac{\mathrm{d}}{\mathrm{d}t}y_1(t)=ay_1(t)+\sum\limits_{i=2}^{N}b_iy_i(t)+c$	$x_1(t_k)=a\left(\lambda_1y_1(t_k)+(1-\lambda_1)y_1(t_{k-1})\right)+\sum\limits_{i=2}^{N}b_i\left(\lambda_iy_i(t_k)+(1-\lambda_i)y_i(t_{k-1})\right)+c$	[64]
$\frac{\mathrm{d}}{\mathrm{d}t}y_1(t)=ay_1(t)+\omega^{\mathrm{T}}\varphi(y_2(t),y_3(t),\cdots,y_N(t))+c$	$x_1(t_k)=a\left(\frac{y_1(t_k)+y_1(t_{k-1})}{2}\right)+\omega^{\mathrm{T}}\varphi(y_2(t_k),y_3(t_k),\cdots,y_N(t_k))+c$	[65,66]
$\frac{\mathrm{d}}{\mathrm{d}t}y_1(t)=ay_1(t)+\sum\limits_{i=2}^{N}b_i\sum\limits_{j=\tau_{i1}}^{\tau_{i2}}w_{il}y_i(t-j)+c$	$x_1(t_k)=a\left(\frac{y_1(t_k)+y_1(t_{k-1})}{2}\right)+\sum\limits_{i=2}^{N}b_i\sum\limits_{j=\tau_{i1}}^{\tau_{i2}}w_{il}\frac{y_i(t_k-j)+y_i(t_k-j-1)}{2}+c$	[67]
$\frac{\mathrm{d}}{\mathrm{d}t}y_1^{(r)}(t)=ay_1^{(r)}(t)+\sum\limits_{i=2}^{N}b_iy_i^{(r)}(t)+c$	$y_1^{(r)}(t_k)-y_1^{(r)}(t_{k-1})=ay_1^{(r)}(t_k)+\sum\limits_{i=2}^{N}b_i\frac{y_1^{(r)}(t_k)+y_1^{(r)}(t_{k-1})}{2}+c,\ r\in(0,1)$	[68]
$\frac{\mathrm{d}}{\mathrm{d}t}y_1(t)=ay_1(t)+\sum\limits_{i=2}^{N}b_iy_i(t)+ht+c$	$x_1(t_k)=a\left(\frac{y_1(t_k)+y_1(t_{k-1})}{2}\right)+\sum\limits_{i=2}^{N}b_iy_i(t_k)+ht_k+c$	[69,70]
$\frac{\mathrm{d}}{\mathrm{d}t}y_1(t)=ay_1(t)+\sum\limits_{i=2}^{N}\int_0^t b_i\lambda_i^{k-s}y_i(s)\mathrm{d}s+ht+c$	$x_1(t_k)=a\left(\frac{y_1(t_k)+y_1(t_{k-1})}{2}\right)+\sum\limits_{i=2}^{N}\sum\limits_{j=1}^{k}b_i\lambda_i^{t_k-t_j}y_i(t_j)+ht_k+c,\ \lambda_i\in(0,1)$	[71]
$\frac{\mathrm{d}}{\mathrm{d}t}y_1(t)=ay_1(t)+\sum\limits_{i=2}^{N}b_iy_i(t)+\sum\limits_{p,q\in I,p\neq q}b_{pq}y_p(t)y_q(t)+c$	$x_1(t_k)=a\left(\frac{y_1(t_k)+y_1(t_{k-1})}{2}\right)+\sum\limits_{i=2}^{N}b_iy_i(t_k)+\sum\limits_{p,q\in I,p\neq q}b_{pq}y_p(t_k)y_q(t_k)+c,\ I=\{2,3,\cdots,N\}$	[72,73]

表 1.4 离散型多变量灰色预测模型

差分方程	参考文献
$y_1(t_k)=\beta_1 y_1(t_{k-1})+\sum\limits_{i=2}^{N}\beta_i y_i(t_k)+\beta_{N+1}$	[8]
$y_1(t_k)=\beta_1 y_1(t_{k-1})+\sum\limits_{i=2}^{N}\beta_i \dfrac{y_i(t_k)+y_i(t_{k-1})}{2}+\beta_{N+1}$	[74]
$y_1(t_k)=\beta_1 y_1(t_{k-1})+\sum\limits_{i=2}^{N}\beta_i T_i(t_k)\, y_i(t_k)+\beta_{N+1}, T_i(t_k)=u(t_k-u_i^1)$ $-u(t_k-u_i^2)$	[75]
$y_1(t_k)=\beta_1 y_1(t_{k-1})+\sum\limits_{i=2}^{N}\sum\limits_{j=1}^{k}\beta_i \lambda_i^{t_k-t_j} y_i(t_j)+\beta_{N+1}, \lambda_i\in(0,1)$	[76]
$y_1(t_k)=\beta_1 y_1(t_{k-1})+\sum\limits_{i=2}^{N}\beta_i y_i^{\gamma_i}(t_k)+\beta_{N+1}$	[77]
$y_1(t_k+rp)=\beta_1 y_1(t_{k-1}+rp)+\sum\limits_{i=2}^{N}\beta_i \dfrac{y_i(t_k)+y_i(t_{k-1})}{2}+\beta_{N+1}$, rp 为延迟时期	[78]
$y_1(t_k)=\beta_1 y_1(t_{k-1})+\sum\limits_{i=2}^{N}\beta_i y_i(t_k)+ht_{k-1}+\beta_{N+1}$	[79]
$y_1^{(r)}(t_k)=\beta_1 y_1^{(r)}(t_{k-1})+\sum\limits_{i=2}^{N}\beta_i y_i^{(r)}(t_k)+\beta_{N+1}, r\in(0,1)$	[80]
$y_1^{(r)}(t_k)=\beta_1 y^{(r)}(t_{k-1})+\sum\limits_{i=2}^{N}\beta_i y_i^{(r)}(t_k-\tau_i)+\beta_{N+1}, r\in(0,1)$	[81]
$x_1(t_k)=\beta_1 \dfrac{y_1(t_k)+y_1(t_{k-1})}{2}+\sum\limits_{i=2}^{N}\beta_i (y_i(t_k))^{\gamma_i}+ht_{k-1}+\beta_{N+1}$	[82]

$i=1,2,\cdots,m$ 的 m 个输入变量，y_i 是 x_i 的累加生成序列，基于该思想构架了形如 $\dfrac{\mathrm{d}}{\mathrm{d}t}y=Ay+B$ 的 MGM$(1, m)$ 模型，该式是一系列 $\dfrac{\mathrm{d}}{\mathrm{d}t}y_i(t)=ay_i(t)+b$ 方程组成的方程组的矩阵形式，A 为变量之间的影响系数矩阵，B 为作用量的影响向量。与前面所述的其他类型的模型一样，作用量可以进行多种形式的拓展，特别地，该模型也可以拓展到包含内生变量和外生变量的复杂形式。

此外，还有一些其他形式的灰色预测模型，如灰数序列预测模型、灰色组合预测模型、灰色成分数据预测模型等，此处不再赘述。

表 1.5　非线性灰色预测模型

微分方程	差分方程	参考文献
$\frac{\mathrm{d}}{\mathrm{d}t}y(t)=ay(t)+b(y(t))^2$	$x(t_k)=a\left(\frac{y(t_k)+y(t_{k-1})}{2}\right)+b\left(\frac{y(t_k)+y(t_{k-1})}{2}\right)^2$	[83]
$\frac{\mathrm{d}}{\mathrm{d}t}y(t)=ay(t)+b(y(t))^2+c$	$x(t_k)=a\left(\frac{y(t_k)+y(t_{k-1})}{2}\right)+b\left(\frac{y(t_k)+y(t_{k-1})}{2}\right)^2+c$	[84,85]
$\frac{\mathrm{d}}{\mathrm{d}t}y(t)=a(y(t))^\gamma+b$	$x(t_k)=a\left(\frac{y(t_k)+y(t_{k-1})}{2}\right)^\gamma+b$	[86]
$\frac{\mathrm{d}}{\mathrm{d}t}y(t)=ay(t)+b(y(t))^\gamma$	$x(t_k)=a\left(\frac{y(t_k)+y(t_{k-1})}{2}\right)+b\left(\frac{y(t_k)+y(t_{k-1})}{2}\right)^\gamma$	[87–89]
$\frac{\mathrm{d}}{\mathrm{d}t}y(t)=ay(t)+b(y(t))^\gamma+c$	$x(t_k)=a\left(\frac{y(t_k)+y(t_{k-1})}{2}\right)+b\left(\frac{y(t_k)+y(t_{k-1})}{2}\right)^2+c$	[90]
$\frac{\mathrm{d}}{\mathrm{d}t}y(t)=ay(t)+(bt^\alpha+c)(y(t))^\gamma$	$\frac{(z(t_k))^{\gamma-1}}{1-\gamma}=a\left(\frac{z(t_k)}{2}\right)+b\frac{t_k^{1+\alpha}-(t_k-1)^{1+\alpha}}{1+\alpha}+c,$ $z(t_k)=y^{1-\gamma}(t_k)-y^{1-\gamma}$	[91]
$\frac{\mathrm{d}}{\mathrm{d}t}y(t)=a(t)y(t)+b(t)(y(t))^\gamma$	$x(t_k)=a(t_k)\left(\frac{y(t_k)+y(t_{k-1})}{2}\right)+b(t_k)\left(\frac{y(t_k)+y(t_{k-1})}{2}\right)^\gamma$	[92]
$\frac{\mathrm{d}}{\mathrm{d}t}y(t)=ay(t)+b(y(t))^2+c(t_k-1)^\gamma+d$	$x(t_k)=a\frac{y(t_k)+y(t_{k-1})}{2}+b\left(\frac{y(t_k)+y(t_{k-1})}{2}\right)^2+c(t_k-1)^\gamma+d$	[93]
$\begin{cases}\frac{\mathrm{d}}{\mathrm{d}t}y_1(t)=a_1y_1(t)+b_1(y_1(t))^2+c_1y_1(t)y_2(t)\\ \frac{\mathrm{d}}{\mathrm{d}t}y_2(t)=a_2y_2(t)+b_2(y_2(t))^2+c_2y_1(t)y_2(t)\end{cases}$	$\begin{cases}x_1(t_k)=a_1z_1(t_k)+b_1z_1^2(t_k)+c_1z_1(t_k)z_2(t_k)\\ x_2(t_k)=a_2z_2(t_k)+b_2z_2^2(t_k)+c_2z_1(t_k)z_2(t_k)\end{cases},$ $z_i(t_k)=\frac{y_i(t_k)+y_i(t_{k-1})}{2},\ i=1,2$	[94–96]

表 1.6 向量型灰色预测模型

微分方程	差分方程	参考文献
$\frac{\mathrm{d}}{\mathrm{d}t}y = Ay + B$	$x_j(t_k) = a\frac{y_j(t_k) + y_j(t_{k-1})}{2} + b_j, j = 1, 2, \cdots, m$	[97]
$\frac{\mathrm{d}}{\mathrm{d}t}y = Ay + B$	$x_j(t_k) = \sum_{l=1}^{m} a_{jl}\frac{y_l(t_k) + y_l(t_{k-1})}{2} + b_j, j = 1, 2, \cdots, m$	[98–102]
$\frac{\mathrm{d}}{\mathrm{d}t}y = Ay + B$	$x_j(t_k) = \sum_{l=1}^{m} a_{jl}\left(\frac{5}{12}y_l(t_k) + \frac{2}{3}y_l(t_{k-1}) - \frac{1}{12}y_l(t_{k-2})\right) + b_j, j = 1, 2, \cdots, m$	[103]
$\frac{\mathrm{d}}{\mathrm{d}t}y = Ay + B$	$x_j(t_k) = \sum_{l=1, l\neq j}^{m} a_{jl}\frac{y_l(t_k) + y_l(t_{k-1})}{2} + a_{jj}y_j(t_{k-1}) + b_j, j = 1, 2, \cdots, m$	[104]
$\frac{\mathrm{d}}{\mathrm{d}t}y = Ay + Bt^{\gamma}$	$x_j(t_k) = \sum_{l=1}^{m} a_{jl}\frac{y_l(t_k) + y_l(t_{k-1})}{2} + b_j t_k^{\gamma}, j = 1, 2, \cdots, m$	[105]
$\frac{\mathrm{d}}{\mathrm{d}t}y = Ay + B$	$x_j(t_k) = \sum_{l=1, l\neq j}^{m} a_{jl}\frac{y_l(t_k) + y_l(t_{k-1})}{2} + \sum_{l=0}^{\varphi} h_{jl}t^l + a_{jj}y_j(t_{k-1}), j = 1, 2, \cdots, m$	[104]
$\frac{\mathrm{d}}{\mathrm{d}t}y = Ay^{\gamma} + B, y^{\gamma} = (y_1^{\gamma_1}, y_2^{\gamma_2}, \cdots, y_m^{\gamma_m})^{\mathrm{T}}$	$x_j(t_k) = \sum_{l=1}^{m} a_{jl}\left(\frac{y_l(t_k - \tau) + y_l(t_{k-1} - \tau)}{2}\right)^{\gamma_l} + b_j, j = 1, 2, \cdots, m$	[106]
$\frac{\mathrm{d}}{\mathrm{d}t}y = Ay + Bu$	$x_j(t_k) = \sum_{l=1}^{m} a_{jl}\frac{y_l(t_k) + y_l(t_{k-1})}{2} + \sum_{l=1}^{N} b_{jl}u_l(t_k), j = 1, 2, \cdots, m$	[107]
$\frac{\mathrm{d}}{\mathrm{d}t}y = Ay + B(t)$	$y(t_k) = Ay(t_{k-1}) + C(t_{k-1})$	[108]
$\frac{\mathrm{d}}{\mathrm{d}t}y = F(y, \lambda, t), F = (F_1, F_2, \cdots, F_m)^{\mathrm{T}}$	$y_j(t_k) = \sum_{k=-p-1}^{-1} \alpha_k\frac{y_j(t_k) + y_j(t_{k-1})}{2} + \sum_{k=-p}^{0} \theta_{jk}F_j(y(t_k), \lambda, t_k), j = 1, 2, \cdots, m$	[109]
$\frac{\mathrm{d}}{\mathrm{d}t}y = Ay + B$	$x_j(\otimes_k) = \sum_{l=1}^{m} a_{jl}\frac{y_l(\otimes_k) + y_l(\otimes_{k-1})}{2} + b_j, j = 1, 2, \cdots, m$	[110]
–	$x_j(\otimes_k) = \sum_{l=1}^{m} B_{jl}(Ay_l(\otimes_k) + (I - A)y_l(\otimes_{k-1})) + c_j(\otimes)t_k + d_j(\otimes), j = 1, 2, \cdots, m$	[111]

1.3 写作思路和内容安排

本书的核心内容是对灰色预测模型机理的深入分析和灰色预测模型的分类及重构，在总结现有灰色预测模型的基础上对灰色预测模型的建模机理进行解析，将传统线性结构的连续型单变量灰色预测模型、离散型单变量灰色预测模型、连续型多变量灰色预测模型和离散型多变量灰色预测模型归纳为标量序列灰色预测模型，并将标量序列灰色预测模型与向量序列灰色预测模型相融合，按照连续、离散和单变量、多变量两个维度进行重构，提出连续型灰色内生模型 (单变量)、离散型灰色内生模型 (单变量)、连续型灰色外生模型 (多变量)、离散型灰色外生模型 (多变量)。并探索非线性灰色预测模型和灰数序列预测模型。其写作思路见图 1.3，具体章节内容概括如下。

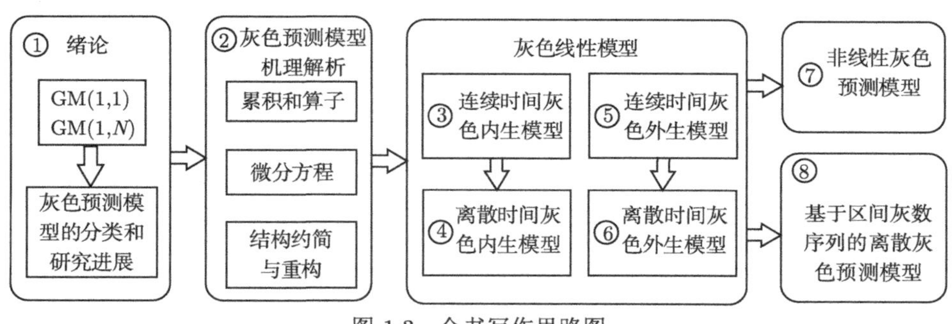

图 1.3 全书写作思路图

第 1 章绪论，主要介绍灰色系统理论的起源与灰色预测模型的发展情况，系统综述线性和非线性灰色预测模型的国内外研究进展，并形成全书的写作思路框架。

第 2 章灰色预测模型机理解析，重点解构灰色预测模型建模的累加生成数学原理，并以 GM(1, 1) 模型为例进行建模机理解析，从微分方程建模视角给出模型的约简重构形式。

第 3 章连续时间灰色内生模型，总结连续型单变量灰色预测模型的建模过程，将模型进行约简重构，并将标量序列的连续型灰色内生模型拓展到向量序列的连续型灰色内生模型，给出作用量形如多项式时间的灰色内生模型统一表达式。

第 4 章离散时间灰色内生模型，总结离散型单变量灰色预测模型的建模过程，将模型进行约简重构，并将标量序列的离散型灰色内生模型拓展到向量序列的离散型灰色内生模型，给出作用量形如多项式时间的灰色内生模型统一表达式。

第 5 章连续时间灰色外生模型，总结连续型多变量灰色预测模型的建模过程，将模型进行约简重构，并将标量序列的连续型灰色外生模型拓展到向量序列的连续型灰色外生模型，分析经典连续型多变量灰色预测模型与约简后的灰色外生模型的关系。

第 6 章离散时间灰色外生模型，总结离散型多变量灰色预测模型的建模过程，将模型进行约简重构，并将标量序列的离散型灰色外生模型拓展到向量序列的离散型灰色外生模型，给出离散型灰色外生模型的统一表达式。

第 7 章非线性灰色预测模型，总结非线性灰色模型建模过程，给出非线性灰色预测模型约简重构的若干引理，并给出灰色 Verhulst 模型、灰色 Lotka-Volterra 模型等的建模过程。

第 8 章基于区间灰数序列的离散灰色预测模型，针对灰数序列建模的新问题，定义灰数的代数运算法则，并在此基础上构建若干基于区间灰数序列的灰色预测模型，给出模型的算法步骤和算例。

第 9 章总结前 8 章的内容，提出进一步的研究展望。

第 2 章　灰色预测模型机理解析

灰色预测模型作为一种时间序列动态系统建模与预测方法，已广泛地应用于解决自然科学、社会科学和管理科学等多个领域中的问题 [13,14,112]。灰色预测模型本质上是一类状态空间模型，主要包括状态方程的非参数结构辨识、状态方程的参数估计、状态方程的趋势外推。不同于已有的状态空间模型的处理方法，该类模型运用可视化的累积和算子来非参数化地辨识状态方程的结构。

2.1　累积和算子

1984 年，邓聚龙原创性地提出了累加生成算子 [11](也称为累积和算子)，并将其作为一种可视化的非参数结构辨识方法，成功地用于解决不同领域的“小样本”建模与预测问题。经验规律“广义能量系统中能量的聚集和释放服从近似指数规律”和“累积和算子能够可视化地揭示原始序列所隐含的拟指数规律”，为累积和算子在系统辨识中的广泛使用提供了物理基础。

累积和算子是灰色预测建模的基础，也是该类模型有别于其他时间序列分析模型的主要特征，其直观解释为：累积和算子能够可视化地挖掘“有限样本”原始序列的潜在模式，被用作少数据情景下动态模型的非参数结构辨识工具。

定义 2.1

记原始时间序列为 $\{x(t_1), x(t_2), \cdots, x(t_n)\}$，若

$$y(t_k) = \sum_{j=1}^{k} h_j x(t_j),\ k \geqslant 1 \tag{2.1}$$

且

$$h_k = \begin{cases} 1, & k = 1 \\ t_k - t_{k-1}, & k \geqslant 2 \end{cases} \tag{2.2}$$

则称 $\{y(t_1), y(t_2), \cdots, y(t_n)\}$ 为累加生成 (或累积和) 算子序列。

相应地，称

$$x(t_k)=\begin{cases}x(t_1), & k=1\\ \dfrac{y(t_k)-y(t_{k-1})}{h_k}, & k\geqslant 2\end{cases}$$

为累减还原 (或逆累积和) 算子。♣

特别地，为便于直观理解，式(2.2)中第一个时间间隔的取值设置为 $h_1=1$，这与基础数学中的“零积”相对应。事实上，在线性灰色预测模型中，第一个时间间隔 h_1 的取值并不影响模型的精度。

如图 2.1(a) 所示，辨识原始时间序列所隐含的模式是不容易的，但绘制其对应的累积和算子序列，如图 2.1(b) 所示，易知：在观测时间区间内累积和算子序列呈现出“明显的”近似指数增长规律。

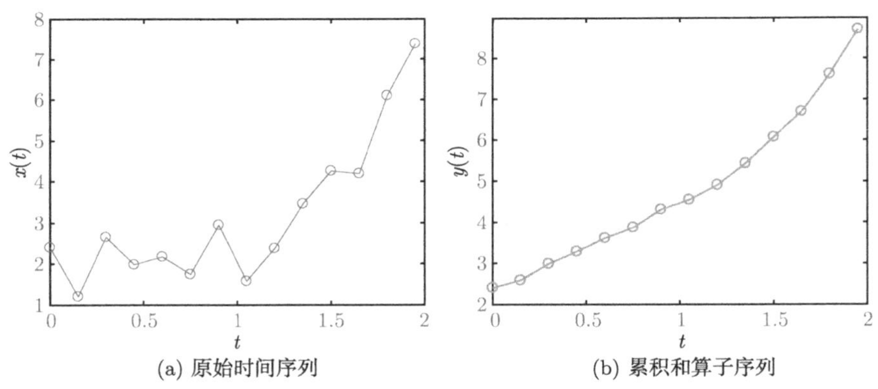

(a) 原始时间序列　(b) 累积和算子序列

图 2.1　累积和算子的可视化辨识

在灰色预测模型中为使建模结果可评估、可预测、可解释，要求原始序列至变换序列的映射向量

$$\varphi: X\to Y$$

即

$$\begin{pmatrix}y(t_1)\\ y(t_2)\\ \vdots\\ y(t_n)\end{pmatrix}=\begin{pmatrix}\varphi_1\left(x(t_1)\right)\\ \varphi_2\left(x(t_2),x(t_1)\right)\\ \vdots\\ \varphi_n\left(x(t_n),x(t_{n-1}),\cdots,x(t_1)\right)\end{pmatrix}$$

满足以下性质。

(1) 可预测。对任意给定映射序列 $\{\varphi_1,\varphi_2,\cdots,\varphi_n\}$，可确定性地推断唯一紧后映射 φ_{n+1}，使得

$$y_{n+1}=\varphi_{n+1}\left(x(t_{n+1}),x(t_n),\cdots,x(t_1)\right)$$

(2) 可逆性。对任意映射 $\varphi_k, \forall k\geqslant 1$，存在唯一逆映射

$$x(t_k)=\varphi_k^{-1}\left(y(t_k),y(t_{k-1}),\cdots,y(t_1)\right)$$

可预测是指不依赖动态模型即可获得其紧后映射 $\{\varphi_{n+1},\varphi_{n+2},\cdots,\varphi_{n+r}\}$；可逆性是指算子序列拟合预测至原始序列拟合预测的还原。显然，邓聚龙 [113] 提出的累积和算子满足可预测和可逆性。具体地，映射序列为

$$\varphi_1=\begin{pmatrix}h_1\end{pmatrix},\ \varphi_2=\begin{pmatrix}h_1 & \\ h_1 & h_2\end{pmatrix},\ \cdots,\ \varphi_n=\begin{pmatrix}h_1 & & & \\ h_1 & h_2 & & \\ \vdots & \vdots & \ddots & \\ h_1 & h_2 & \cdots & h_n\end{pmatrix}$$

紧后映射的预测为

$$\varphi_{n+1}=\begin{pmatrix}h_1 & & & & \\ h_1 & h_2 & & & \\ \vdots & \vdots & \ddots & & \\ h_1 & h_2 & \cdots & h_n & \\ h_1 & h_2 & \cdots & h_n & h_{n+1}\end{pmatrix}$$

相应地，这些映射序列的逆分别为

$$\varphi_1^{-1}=\begin{pmatrix}\dfrac{1}{h_1}\end{pmatrix},\ \varphi_2^{-1}=\begin{pmatrix}\dfrac{1}{h_1} & \\ -\dfrac{1}{h_2} & \dfrac{1}{h_2}\end{pmatrix},\ \cdots,\ \varphi_n^{-1}=\begin{pmatrix}\dfrac{1}{h_1} & & & \\ -\dfrac{1}{h_2} & \dfrac{1}{h_2} & & \\ & \ddots & \ddots & \\ & & -\dfrac{1}{h_n} & \dfrac{1}{h_n}\end{pmatrix}$$

预测的紧后映射的逆为

$$\varphi_{n+1}^{-1}=\begin{pmatrix}\frac{1}{h_1} & & & & \\ -\frac{1}{h_2} & \frac{1}{h_2} & & & \\ & \ddots & \ddots & & \\ & & -\frac{1}{h_n} & \frac{1}{h_n} & \\ & & & -\frac{1}{h_{n+1}} & \frac{1}{h_{n+1}}\end{pmatrix}$$

受启发于累积和算子的构造原则，学者对序列算子作了不同形式的拓展，如分数阶累积和算子 [17,114,115]、新息优先累积和算子 [116–118] 以及时变权重累积和算子 [28,119] 等。

此外，不同于累积和算子的模式辨识功能，为弱化不确定性冲击扰动对原始时间序列的影响，刘思峰 [120] 原创性地提出了缓冲算子的概念和构造准则，随后学者对强化和弱化缓冲算子的数理基础 [121–123] 和实践应用 [13,14,124,125] 作了很多有益的探索。

2.2 灰色模型 GM(1, 1)

GM(1, 1) 是最经典、最基本的灰色预测模型，其中，第一个 ‘1’ 表示一阶微分，第二个 ‘1’ 表示单变量。如定义 2.2 所示，GM(1, 1) 模型包含三种形式。

定义 2.2

设 $\{x(t_1), x(t_2), \cdots, x(t_n)\}$ 为原始时间序列，$\{y(t_1), y(t_2), \cdots, y(t_n)\}$ 为累积和算子序列，则称

$$x(t_k)=ay(t_k)+b \tag{2.3}$$

为 GM(1, 1) 模型的原始形式；称

$$x(t_k)=a\left(\frac{1}{2}y(t_{k-1})+\frac{1}{2}y(t_k)\right)+b \tag{2.4}$$

为 GM(1, 1) 模型的均值形式；称

$$\frac{\mathrm{d}}{\mathrm{d}t}y(t)=ay(t)+b \tag{2.5}$$

为 GM(1, 1) 模型的白化 (微分) 方程形式。♣

均值形式是由邓聚龙于 1984 年 [11] 首次提出的，也是后续灰色预测模型研究的基础，同时也是目前影响最为广泛的形式。一般地，学者提到的 GM(1, 1) 模型就是指均值形式与白化方程的耦合：白化方程是均值形式的连续化，反过来，均值形式是白化方程的离散近似。具体地，式(2.5)的左端近似为

$$\left.\frac{\mathrm{d}}{\mathrm{d}t}y(t)\right|_{t=t_k}=\frac{y(t_k)-y(t_{k-1})}{t_k-t_{k-1}}=x(t_k)$$

右端近似为

$$\frac{1}{2}\left(ay(t_{k-1})+b\right)+\frac{1}{2}\left(ay(t_k)+b\right)=a\left(\frac{1}{2}y(t_{k-1})+\frac{1}{2}y(t_k)\right)+b$$

该模型的建模包括以下三个步骤。

(1) 参数估计。从均值形式(2.3)出发，通过最小化目标函数

$$\sum_{k=2}^{n}\left(x(t_k)-a\left(\frac{1}{2}y(t_{k-1})+\frac{1}{2}y(t_k)\right)-b\right)^2$$

得参数的最小二乘估计值为

$$\begin{pmatrix}\hat{a} & \hat{b}\end{pmatrix}^{\mathrm{T}}=\left(\Theta^{\mathrm{T}}\Theta\right)^{-1}\Theta^{\mathrm{T}}x \tag{2.6}$$

其中：

$$x=\begin{pmatrix}x(t_2)\\x(t_3)\\\vdots\\x(t_n)\end{pmatrix},\ \Theta=\begin{pmatrix}\frac{1}{2}y(t_1)+\frac{1}{2}y(t_2) & 1\\\frac{1}{2}y(t_2)+\frac{1}{2}y(t_3) & 1\\\vdots & \vdots\\\frac{1}{2}y(t_{n-1})+\frac{1}{2}y(t_n) & 1\end{pmatrix}$$

(2) 趋势外推。将参数的最小二乘估计值代入白化微分方程式(2.5)得

$$\frac{\mathrm{d}}{\mathrm{d}t}\hat{y}(t)=\hat{a}\hat{y}(t)+\hat{b}$$

结合初值条件

$$\hat{y}(t_1)=y(t_1)=x(t_1)$$

可得时间响应函数为

$$\hat{y}(t)=\left(y(t_1)+\frac{\hat{b}}{\hat{a}}\right)\exp(\hat{a}(t-t_1))-\frac{\hat{b}}{\hat{a}},\ t\geqslant t_1 \tag{2.7}$$

(3) 累减还原。将离散时间时刻代入时间响应函数可得累积和算子序列在任意时间点的拟合与预测结果，即

$$\Big\{\underbrace{\hat{y}(t_1),\hat{y}(t_2),\cdots,\hat{y}(t_n)}_{\text{拟合}},\underbrace{\hat{y}(t_{n+1}),\cdots,\hat{y}(t_{n+r})}_{\text{预测}}\Big\}$$

运用逆累积和算子还原到原始时间序列的尺度上，有拟合与预测结果

$$\Big\{\underbrace{\hat{x}(t_1),\hat{x}(t_2),\cdots,\hat{x}(t_n)}_{\text{拟合}},\underbrace{\hat{x}(t_{n+1}),\cdots,\hat{x}(t_{n+r})}_{\text{预测}}\Big\} \tag{2.8}$$

其中：

$$\hat{x}(t_k)=\begin{cases}\hat{x}(t_1), & k=1\\ \dfrac{1}{t_k-t_{k-1}}\left[\hat{y}(t_k)-\hat{y}(t_{k-1})\right], & k\geqslant 2\end{cases}$$

分析上述建模过程容易发现：GM(1, 1) 模型本质上可视为累积和算子序列的连续时间微分方程模型，即对累积和算子序列建立连续时间微分方程模型。参数估计过程即是基于数值离散化的梯度匹配算法，即运用数值方法 (梯形公式) 近似方程在各个观测时刻的微分或导数。

引理 2.1

设累积和序列 $\{y(t_1),y(t_2),\cdots,y(t_n)\}$ 的仿射变换为 $\{y_{\mathrm{a}}(t_1),\ y_{\mathrm{a}}(t_2),\ \cdots,\ y_{\mathrm{a}}(t_n)\}$，满足

$$y_{\mathrm{a}}(t_k)=\rho y(t_k)+\xi \tag{2.9}$$

其中，$\rho\in\mathbb{R}$ 且 $\rho\neq 0$ 为伸缩系数，$\xi\in\mathbb{R}$ 为平移系数。则累积和序列及其仿射变换序列的结果满足：

(1) $\hat{a}_{\mathrm{a}}=\hat{a}$，$\hat{b}_{\mathrm{a}}=\rho\hat{b}-\xi\hat{a}$；

(2) $\hat{y}_{\mathrm{a}}(t)=\rho\hat{y}(t)+\xi$，$t\geqslant t_1$；

(3) $\hat{x}_{\mathrm{a}}(t_k)=\rho\hat{x}(t_k)$，$k\geqslant 2$。

证明 分三步证明结果。

(1) 将式(2.9)代入式(2.6)知

$$x_{\mathrm{a}} = \begin{pmatrix} y_{\mathrm{a}}(t_2) - y_{\mathrm{a}}(t_1) \\ y_{\mathrm{a}}(t_3) - y_{\mathrm{a}}(t_2) \\ \vdots \\ y_{\mathrm{a}}(t_n) - y_{\mathrm{a}}(t_{n-1}) \end{pmatrix} = \rho x$$

和

$$\Theta_{\mathrm{a}}^{\mathrm{T}} = \begin{pmatrix} \rho\dfrac{1}{2}\left(y(t_1) + y(t_2)\right) + \xi & 1 \\ \rho\dfrac{1}{2}\left(y(t_2) + y(t_3)\right) + \xi & 1 \\ \vdots & \vdots \\ \rho\dfrac{1}{2}\left(y(t_{n-1}) + y(t_n)\right) + \xi & 1 \end{pmatrix} = \Theta R$$

其中:

$$R = \begin{pmatrix} \rho & 0 \\ \xi & 1 \end{pmatrix},\ R^{-1} = \frac{1}{\rho}\begin{pmatrix} 1 & 0 \\ -\xi & \rho \end{pmatrix}$$

故累积和算子序列仿射变换后，模型的参数估计值为

$$\begin{pmatrix} \hat{a}_{\mathrm{a}} \\ \hat{b}_{\mathrm{a}} \end{pmatrix} = \rho R^{-1}\begin{pmatrix} \hat{a} \\ \hat{b} \end{pmatrix} = \begin{pmatrix} 1 & 0 \\ -\xi & \rho \end{pmatrix}\begin{pmatrix} \hat{a} \\ \hat{c} \end{pmatrix} = \begin{pmatrix} \hat{a} \\ \rho\hat{b} - \xi\hat{a} \end{pmatrix}$$

(2) 对于初值条件，有 $\hat{y}_{\mathrm{a}}(t_1) = \rho y(t_1) + \xi$，即时间响应函数式(2.7)为

$$\begin{aligned} \hat{y}_{\mathrm{a}}(t) &= \left(y_{\mathrm{a}}(t_1) + \frac{\hat{b}_{\mathrm{a}}}{\hat{a}_{\mathrm{a}}}\right)\exp(\hat{a}_{\mathrm{a}}(t - t_1)) - \frac{\hat{b}_{\mathrm{a}}}{\hat{a}_{\mathrm{a}}} \\ &= \left(\rho y(t_1) + \xi + \rho\frac{\hat{b}}{\hat{a}} - \xi\right)\exp(\hat{a}(t - t_1)) - \rho\frac{\hat{b}}{\hat{a}} + \xi \\ &= \rho\hat{y}(t) + \xi,\ \ t \geqslant t_1 \end{aligned}$$

(3) 由逆累积和算子式(2.8)知

$$\hat{x}_{\mathrm{a}}(t_k) = \frac{\hat{y}_{\mathrm{a}}(t_k) - \hat{y}_{\mathrm{a}}(t_{k-1})}{t_k - t_{k-1}} = \rho\frac{\hat{y}(t_k) - \hat{y}(t_{k-1})}{t_k - t_{k-1}} = \rho\hat{x}(t_k),\ k \geqslant 2$$ ■

引理 2.1表明累积和算子序列的仿射变换不改变模型的预测结果，故累积和算子序列的仿射变换可通过对原始序列作如下变换获得

$$x_{\mathrm{a}}(t_k)=\begin{cases}\rho x(t_1)+\xi, & k=1\\ \rho x(t_k), & k\geqslant 2\end{cases}$$

特别地,当伸缩系数 $\rho=1$ 时,结合引理 2.1知,对任意的 $\xi\in\mathbb{R}$,总有 $\hat{x}_{\mathrm{a}}(t_k)=\hat{x}(t_k)$, $k\geqslant 2$。也就是说，平移系数 ξ 的取值 (对应于原始序列的第一个元素) 不影响模型的预测结果。因此，在不改变预测结果的前提下，累积和算子式(2.1)可定义为更一般的形式：

$$y(t_k)=\begin{cases}\xi, & k=1\\ \xi+\displaystyle\sum_{i=2}^{k}h_i x(t_i), & k\geqslant 2\end{cases}\tag{2.10}$$

其中，$\xi\in\mathbb{R}$ 为任意实数。

2.3 结构约简与模型重构

记真实状态变量为 $s(t)$，其积分算子为 $y(t)$，状态变量 $s(t)$ 的离散观测如式(2.14)所示，则有如下引理。

引理 2.2

若

$$y(t)=\eta_y+\int_{t_1}^{t}s(\tau)\mathrm{d}\tau\tag{2.11}$$

则微分方程

$$\frac{\mathrm{d}}{\mathrm{d}t}y(t)=ay(t)+b,\ y(t_1)=\eta_y,\ t\geqslant t_1\tag{2.12}$$

可等价地约简为

$$\frac{\mathrm{d}}{\mathrm{d}t}s(t)=as(t),\ s(t_1)=\eta_s,\ t\geqslant t_1\tag{2.13}$$

其中

$$\eta_s=a\eta_y+b$$

证明 必要性：将式(2.11)代入式(2.12)，有

$$s(t)=a\left(\eta_y+\int_{t_1}^{t}s(\tau)\mathrm{d}\tau\right)+b$$

两边同时对 t 求微分得

$$\frac{\mathrm{d}}{\mathrm{d}t}s(t)=as(t)$$

且初值条件满足

$$s(t_1)=\frac{\mathrm{d}}{\mathrm{d}t}y(t)\bigg|_{t=t_1}=ay(t_1)+b$$

即

$$\eta_s=a\eta_y+b$$

充分性：在区间 $[t_1,t]$ 上对式(2.13)积分，有

$$s(t)=a\int_{t_1}^{t}s(\tau)\mathrm{d}\tau+s(t_1)$$

将式(2.11)代入，有

$$\frac{\mathrm{d}}{\mathrm{d}t}y(t)=ay(t)+\eta_s-a\eta_y=ay(t)+b$$

且初值条件满足

$$y(t_1)=\eta_y$$ ■

引理 2.1 表明：对于任意的微分方程(2.12)，总存在其等价约简微分方程式(2.13)，对应于证明过程的必要性；反之，对于约简微分方程(2.13)，也总存在其等价微分方程式(2.12)，对应于证明过程的充分性。

为此，考虑到状态变量的观测数据会不可避免地含有噪声或测量误差，在更一般的状态空间模型框架下，灰色 GM(1, 1) 模型可表示为如下形式：

$$\text{观测方程}\quad x(t_k)=s(t_k)+e(k),\ k\geqslant 1 \tag{2.14}$$

$$\text{状态方程}\quad \frac{\mathrm{d}}{\mathrm{d}t}s(t)=as(t),\ t\geqslant t_1 \tag{2.15}$$

其中，$a\in\mathbb{R}$ 为未知结构参数，$\eta\in\mathbb{R}$ 为未知初值条件。

与 2.2节运用基于梯度近似的方法 (梯度匹配) 来估计结构参数不同，下面运用积分匹配方法同步估计结构参数和初值条件，具体如下。

(1) 积分变换。在区间 $[t_1,t]$ 上，对状态方程(2.15)积分，有

$$s(t)=a\int_{t_1}^{t}s(\tau)\mathrm{d}\tau+\eta,\ t\geqslant t_1 \tag{2.16}$$

并运用梯形公式近似计算定积分，有

$$\int_{t_1}^{t} s(\tau)\mathrm{d}\tau \approx \underbrace{\frac{1}{2}\sum_{i=2}^{n} h_i s(t_{i-1})}_{\text{累积和}} + \underbrace{\frac{1}{2}\sum_{i=2}^{n} h_i s(t_i)}_{\text{累积和}} \tag{2.17}$$

(2) 参数估计。由于状态变量 $s(t)$ 不可获得，运用其含噪观测 $x(t)$ 近似替代，有伪线性回归方程为

$$x(t_k) = \left[\frac{1}{2}\sum_{i=2}^{n} h_i x(t_{i-1}) + \frac{1}{2}\sum_{i=2}^{n} h_i x(t_i)\right] a + \eta + \varepsilon(k) \tag{2.18}$$

其中，$\varepsilon(k)$ 为离散误差与模型误差的和。

显然，该伪线性回归方程的参数的最小二乘估计为

$$\begin{pmatrix} \hat{a} & \hat{\eta} \end{pmatrix}^{\mathrm{T}} = \left(\varXi^{\mathrm{T}}\varXi\right)^{-1} \varXi^{\mathrm{T}} x \tag{2.19}$$

其中

$$\varXi = \begin{pmatrix} \dfrac{1}{2}\sum\limits_{i=2}^{2} h_i\left(x(t_{i-1}) + x(t_i)\right) & 1 \\ \dfrac{1}{2}\sum\limits_{i=2}^{3} h_i\left(x(t_{i-1}) + x(t_i)\right) & 1 \\ \vdots & \vdots \\ \dfrac{1}{2}\sum\limits_{i=2}^{n} h_i\left(x(t_{i-1}) + x(t_i)\right) & 1 \end{pmatrix}$$

(3) 趋势外推。将结构参数和初值条件的同步估计值代入状态方程(2.15)的解析解

$$s(t) = \eta \exp\left(a(t - t_1)\right),\ t \geqslant t_1 \tag{2.20}$$

得时间响应函数为

$$\hat{x}(t) = \hat{\eta} \exp\left(\hat{a}(t - t_1)\right),\ t \geqslant t_1 \tag{2.21}$$

以及据此得到的原始序列的拟合与预测为

$$\Big\{\underbrace{\hat{x}(t_1), \hat{x}(t_2), \cdots, \hat{x}(t_n)}_{\text{拟合}}, \underbrace{\hat{x}(t_{n+1}), \cdots, \hat{x}(t_{n+r})}_{\text{预测}}\Big\}$$

式(2.17)表明：约简重构形式的模型也运用了累积和算子，这里只是一种隐式的形式；对比式(2.8)与式(2.21)知，由式(2.8)计算得到的预测值

$$
\begin{aligned}
\hat{x}_{\mathrm{g}}(t) &= \lim_{h\to 0}\left\{\left(y(t_1)+\frac{\hat{b}}{\hat{a}}\right)\exp(\hat{a}(t-t_1))\frac{\exp(\hat{a}h)-1}{h}\right\} \\
&= \left(y(t_1)+\frac{\hat{b}}{\hat{a}}\right)\hat{a}\exp(\hat{a}(t-t_1)) = \left(\hat{a}y(t_1)+\hat{b}\right)\exp(\hat{a}(t-t_1))
\end{aligned} \tag{2.22}
$$

与由式(2.20)计算得到的预测值 $\hat{x}_{\mathrm{r}}(t)=\hat{\eta}\exp\left(\hat{a}(t-t_1)\right)$ 具有相同的表征能力。

下面从参数估计角度出发，分析约简重构模型与经典 GM(1,1) 模型参数估计值之间的量化关系。为表述与计算方便，设时间序列均是等间隔分布，即 $h_k=h$, $\forall k\geqslant 2$，且将 2.2节的参数估计值记为 $\hat{a}_{\mathrm{g}}$ 和 $\hat{b}_{\mathrm{g}}$，2.3节的参数估计值记为 $\hat{a}_{\mathrm{r}}$ 和 $\hat{\eta}_{\mathrm{r}}$。

定理 2.1

对等间隔时间序列，式(2.6)与式(2.18)中的参数估计值满足

$$
\hat{a}_{\mathrm{r}}=\hat{a}_{\mathrm{g}},\ \hat{\eta}_{\mathrm{r}}=\hat{b}_{\mathrm{g}}-\frac{1}{2}(h-2)x(t_1)\hat{a}_{\mathrm{g}} \tag{2.23}
$$

证明　由式(2.6)知，经典 GM(1, 1) 模型的参数估计值为

$$
\begin{pmatrix}\hat{a}_{\mathrm{g}} & \hat{b}_{\mathrm{g}}\end{pmatrix}^{\mathrm{T}}=\left(\Theta^{\mathrm{T}}\Theta\right)^{-1}\Theta^{\mathrm{T}}x
$$

由式(2.19)知，约简重构模型的参数估计值为

$$
\begin{pmatrix}\hat{a}_{\mathrm{r}} & \hat{\eta}_{\mathrm{r}}\end{pmatrix}^{\mathrm{T}}=\left(\Xi^{\mathrm{T}}\Xi\right)^{-1}\Xi^{\mathrm{T}}x
$$

其中：

$$
\Xi=\begin{pmatrix}
\frac{1}{2}\sum\limits_{i=2}^{2}h_i\left(x(t_{i-1})+x(t_i)\right) & 1 \\
\frac{1}{2}\sum\limits_{i=2}^{3}h_i\left(x(t_{i-1})+x(t_i)\right) & 1 \\
\vdots & \vdots \\
\frac{1}{2}\sum\limits_{i=2}^{n}h_i\left(x(t_{i-1})+x(t_i)\right) & 1
\end{pmatrix}=\begin{pmatrix}
\frac{1}{2}y(t_1)+\frac{1}{2}y(t_2)+\frac{1}{2}(h-2)x(t_1) & 1 \\
\frac{1}{2}y(t_2)+\frac{1}{2}y(t_3)+\frac{1}{2}(h-2)x(t_1) & 1 \\
\vdots & \vdots \\
\frac{1}{2}y(t_{n-1})+\frac{1}{2}y(t_n)+\frac{1}{2}(h-2)x(t_1) & 1
\end{pmatrix}
$$

容易验证，矩阵 Ξ 可以分解为

$$\Xi = \Theta R$$

其中：

$$R = \begin{pmatrix} 1 & 0 \\ \dfrac{1}{2}(h-2)x(t_1) & 1 \end{pmatrix},\ R^{-1} = \begin{pmatrix} 1 & 0 \\ -\dfrac{1}{2}(h-2)x(t_1) & 1 \end{pmatrix}$$

代入式(2.19)易得

$$\begin{aligned} \begin{pmatrix} \hat{a}_{\mathrm{r}} & \hat{\eta}_{\mathrm{r}} \end{pmatrix}^{\mathrm{T}} &= \left[(\Theta R)^{\mathrm{T}}(\Theta R)\right]^{-1}(\Theta R)^{\mathrm{T}}x \\ &= R^{-1}\left(\Theta^{\mathrm{T}}\Theta\right)^{-1}\Theta^{\mathrm{T}}x = R^{-1}\times\begin{pmatrix} \hat{a}_{\mathrm{g}} & \hat{b}_{\mathrm{g}} \end{pmatrix} \\ &= \begin{pmatrix} \hat{a}_{\mathrm{g}} & \hat{b}_{\mathrm{g}} - \dfrac{1}{2}(h-2)x(t_1)\hat{a}_{\mathrm{g}} \end{pmatrix}^{\mathrm{T}} \end{aligned}$$ ■

定理 2.1表明，经典模型与约简重构模型的参数估计值之间存在一一对应的映射关系，故二者是等价的。事实上，将式(2.23)代入约简重构模型的时间响应式，有

$$\begin{aligned} \hat{x}_{\mathrm{r}}(t) &= \hat{\eta}_{\mathrm{r}}\exp\left(\hat{a}_{\mathrm{r}}(t-t_1)\right) \\ &= \left[\hat{b}_{\mathrm{g}} - \frac{1}{2}(h-2)x(t_1)\hat{a}_{\mathrm{g}}\right]\exp\left(\hat{a}_{\mathrm{g}}(t-t_1)\right) \\ &= \left[\hat{b}_{\mathrm{g}} + x(t_1)\hat{a}_{\mathrm{g}} - \frac{h}{2}x(t_1)\hat{a}_{\mathrm{g}}\right]\exp\left(\hat{a}_{\mathrm{g}}(t-t_1)\right) \end{aligned}$$

结合初值条件 $y(t_1) = x(t_1)$ 与式(2.22)易知

$$\lim_{h\to 0}\hat{x}_{\mathrm{r}}(t) = \left(\hat{a}_{\mathrm{g}}x(t_1) + \hat{b}_{\mathrm{g}}\right)\exp\left(\hat{a}_{\mathrm{g}}(t-t_1)\right) = \lim_{h\to 0}\hat{x}_{\mathrm{g}}(t)$$

2.4 数值仿真

本节设计大规模蒙特卡罗数值仿真验证上述方法的准确性，并对比说明两种参数估计方法之间的差异与联系。在状态空间模型式(2.14)与式(2.15)下，数据生成机理如下。

(1) 状态变量的观测数据来自观测方程

$$x(t_k) = s(t_k) + e(k),\ k = 1, 2, \cdots, n$$

(2) 状态变量的真实数据来自状态方程

$$\frac{\mathrm{d}}{\mathrm{d}t}s(t) = as(t),\ s(t_1) = \eta_s,\ t \geqslant t_1 \quad \Rightarrow \quad s(t) = \eta_s \exp\left(a(t - t_1)\right)$$

其中，$e(k) \sim \mathcal{N}(0, \sigma^2)$ 是均值为零、方差为 σ^2 的高斯白噪声，噪声水平用信噪比 (signal to noise ratio，SNR) 度量：

$$\mathrm{SNR} = \frac{\mathrm{Var}[x(t)]}{\mathrm{Var}[\varepsilon(t)]} = \frac{1}{\sigma^2}\mathrm{Var}[x(t)]$$

为揭示样本规模和噪声水平对参数估计与预测结果的影响，在时间区间 $t \in [0, 5]$ 内以 $h \in [0.50, 0.25, 0.10, 0.05]$ 为抽样间隔，生成

$$n = \left\lfloor \frac{5}{h} \right\rfloor + 1 \in [11,\ 21,\ 51,\ 101]$$

个样本，信噪比分别设置为 $\mathrm{SNR} \in [2.0, 4.0, 6.0]$，高斯白噪声的标准差为

$$\sigma \in \left[\frac{1}{\sqrt{2.0}}, \frac{1}{\sqrt{4.0}}, \frac{1}{\sqrt{6.0}}\right]\sqrt{\mathrm{Var}[x(t)]}$$

故而有 $4 \times 3 = 12$ 种不同的样本规模和噪声水平的组合。

以增长动态系统 $(a > 0)$ 为例，对每一种组合进行 500 次重复试验 (设置随机数生成种子生成互不相同的噪声序列)，在每一次试验中，预测精度即平均绝对百分误差 (mean absolute percentage error, MAPE) 为

$$\mathrm{MAPE} = \frac{1}{n}\sum_{k=1}^{n}\left|\frac{\hat{x}(t_k) - x(t_k)}{x(t_k)}\right| \times 100\%$$

设置参数为 $a = 0.35$, $\eta_s = 0.75$，对应于 GM(1, 1) 模型参数分别为 $\eta_y = \eta_s = 0.75$, $b = \eta_s - a\eta_y = 0.4875$ 两种模型的参数估计结果如表 2.1所示，预测精度分布如图 2.2所示。

由表 2.1知，就参数估计值的精度和稳健性而言，两模型的参数估计值表现出以下规律。

(1) 两模型的参数估计值满足 $\mathrm{avg}(\hat{a}_\mathrm{g})=\mathrm{avg}(\hat{a}_\mathrm{r})$ 和 $\mathrm{std}(\hat{a}_\mathrm{g})=\mathrm{std}(\hat{a}_\mathrm{r})$，即 $\hat{a}_\mathrm{g} = \hat{a}_\mathrm{r}$ 进一步验证了定理 2.1的准确性。

(2) 固定样本规模 (n)，随着信噪比 (SNR) 的增加，估计参数的样本均值趋于样本真实值，且估计参数的样本标准差单调减小；相似地，固定信噪比 (SNR)，随着样本规模 (n) 的增加，估计参数的样本均值趋于样本真实值，且估计参数的样本标准差单调减小，体现了参数估计量的收敛性或一致性。

表 2.1 500 次重复试验估计参数的样本均值与样本方差

h (n)	SNR	avg($\hat{a}_g$)	std($\hat{a}_g$)	avg($\hat{b}_g$)	std($\hat{b}_g$)	avg($\hat{a}_r$)	std($\hat{a}_r$)	avg($\hat{\eta}_r$)	std($\hat{\eta}_r$)
0.50	2.0	0.3465	0.0941	0.6286	0.4508	0.3465	0.0941	0.8115	0.3239
(11)	4.0	0.3468	0.0660	0.5971	0.3158	0.3468	0.0660	0.7841	0.2270
	6.0	0.3471	0.0538	0.5857	0.2570	0.3471	0.0538	0.7745	0.1847
0.25	2.0	0.3514	0.0628	0.5503	0.3453	0.3514	0.0628	0.7673	0.1968
(21)	4.0	0.3508	0.0443	0.5367	0.2428	0.3508	0.0443	0.7578	0.1392
	6.0	0.3506	0.0361	0.5320	0.1978	0.3506	0.0361	0.7548	0.1136
0.10	2.0	0.3525	0.0405	0.5124	0.2929	0.3525	0.0405	0.7511	0.1243
(51)	4.0	0.3516	0.0285	0.5074	0.2070	0.3516	0.0285	0.7492	0.0880
	6.0	0.3513	0.0232	0.5056	0.1691	0.3513	0.0232	0.7488	0.0719
0.05	2.0	0.3497	0.0310	0.5124	0.2721	0.3497	0.0310	0.7554	0.0908
(101)	4.0	0.3498	0.0219	0.5060	0.1923	0.3498	0.0219	0.7528	0.0644
	6.0	0.3498	0.0178	0.5034	0.1570	0.3498	0.0178	0.7520	0.0526

(3) 在所有的样本规模和噪声水平组合下，灰色模型的估计参数 $\hat{b}_g$ 的样本均值与其真实值 (0.4875) 之间的差距过大，且样本方差水平较高；相反，约简模型的估计参数 $\hat{\eta}_r$ 的样本均值接近于其真实值 (0.75)，且方差水平较前者要小很多。

图 2.2表明：GM(1, 1) 模型和约简重构模型的预测精度分布差异较大。总的来说，在所有的样本规模和噪声水平组合情况下，约简重构模型 MAPE 的中位数更小，即约简重构模型的预测精度高于经典模型。

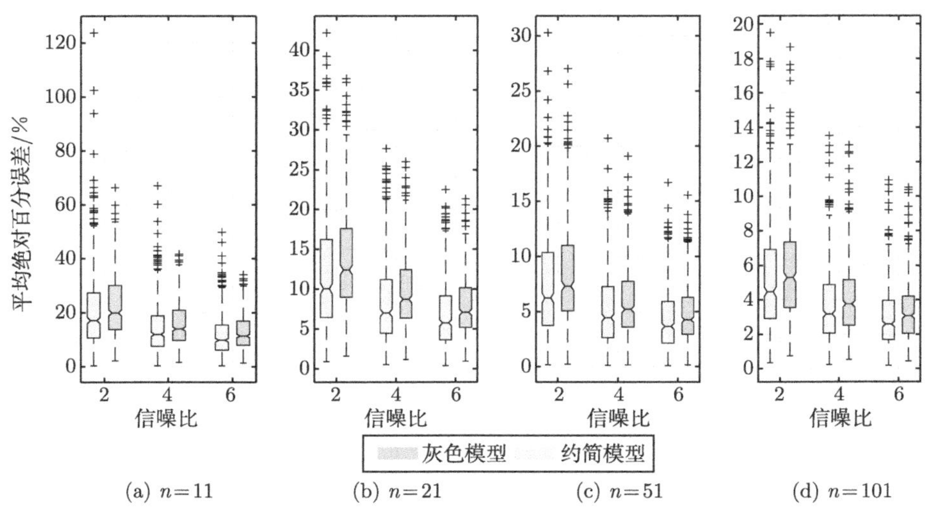

图 2.2 灰色 GM(1, 1) 模型与约简重构模型的预测精度分布

2.5　本 章 小 结

本章从累积和算子出发，揭示了累积和算子在灰色系统模型中的两重性：可视化的模型结构与参数估计的积分匹配方法。首先，总结归纳了 GM(1, 1) 模型的三步建模方法，厘清了不同形式之间的联系；其次，指出 GM(1, 1) 模型为隐式形式，研究其仿射变换性质；最后，基于约简重构形式提出 GM(1, 1) 模型的显式形式，论证了显式形式建模步骤的简洁性以及对模型结果可解释性的增强作用。

第 3 章　连续时间灰色内生模型

自邓聚龙原创性地提出连续时间单变量一阶微分灰色系统模型 GM(1, 1)[11] 以来，学者依据其独特的建模范式，先后提出了含时间线性项、时间幂次项等不同强迫项特征的连续时间非齐次灰色系统模型，产出一系列模型优化与改进的研究成果。总结来说，现有各连续灰色系统模型种类繁多、结构繁杂，限制了其理论研究和实践应用。为此，对比分析不同模型的结构表达式，归纳出具有向下兼容和向上拓展能力的综合模型表达式，不仅有益于完善灰色系统的理论基础，而且弱化了对实践者先验知识的要求 (从众多模型中选择具有合适结构的模型)，有助于进一步拓展灰色系统模型的应用范围。

3.1　连续时间灰色内生模型概述

依据表 1.1 对连续时间灰色内生模型的概括和总结，此处可给出模型的一般性表达形式。设原始时间序列为 $\{x(t_1), x(t_2), \cdots, x(t_n)\}$，连续时间灰色内生模型的伪状态空间表征为

$$\text{累积和算子}\quad y(t_k) = \sum_{i=1}^{k} h_i x(t_i),\ k \geqslant 1 \tag{3.1}$$

$$\text{累积和状态方程}\quad \frac{\mathrm{d}}{\mathrm{d}t} y(t) = a y(t) + b^{\mathrm{T}} v(t) + c,\ y(t_1) = \eta_y,\ t \geqslant t_1 \tag{3.2}$$

其中，$x(t)$ 为状态变量观测，$y(t)$ 为状态变量观测累积和，a，b，c 为未知结构参数，η 为未知初值条件，$v(t) = [v_1(t), v_2(t), \cdots, v_p(t)]^{\mathrm{T}}$ 为确定性时间函数向量。

给定连续时间灰色内生模型的结构表征式(3.2)，该模型的求解过程可分为以下三个主要步骤：参数估计、趋势外推、逆累积和或累减还原。

(1) 参数估计。设离散网格为观测时刻 $\{t_k\}_{k=1}^{n}$，在每一子区间 $[t_{k-1}, t_k]$ 内，对累积和状态方程式(3.2)积分，有

$$y(t_k) - y(t_{k-1}) = a \int_{t_{k-1}}^{t_k} y(\tau)\mathrm{d}\tau + b^{\mathrm{T}} \int_{t_{k-1}}^{t_k} v(\tau)\mathrm{d}\tau + c \int_{t_{k-1}}^{t_k} \mathrm{d}\tau$$

其中

$$\int_{t_{k-1}}^{t_k} y(\tau)\mathrm{d}\tau \approx \frac{h_k}{2}\left(y(t_k) + y(t_{k-1})\right)$$

和

$$\int_{t_{k-1}}^{t_k} v(\tau)\mathrm{d}\tau \approx \frac{h_k}{2}\left(v(t_k)+v(t_{k-1})\right)$$

结合累积和算子式(3.1)易得伪线性回归方程为

$$x(t_k)=\left(\frac{1}{2}y(t_{k-1})+\frac{1}{2}y(t_k)\right)a+\left(\frac{1}{2}v(t_k)+\frac{1}{2}v(t_{k-1})\right)^{\mathrm{T}}b+c+\varepsilon(k) \tag{3.3}$$

其中，$\varepsilon(k)$ 为包含离散误差在内的模型误差。

基于该伪线性回归方程，易知结构参数的最小二乘估计值为

$$\begin{pmatrix}\hat{a} & \hat{b}^{\mathrm{T}} & \hat{c}\end{pmatrix}^{\mathrm{T}}=\left(\Theta^{\mathrm{T}}(y,t)\Theta(y,t)\right)^{-1}\Theta^{\mathrm{T}}(y,t)x \tag{3.4}$$

其中：

$$x=\begin{pmatrix}x(t_2)\\x(t_3)\\\vdots\\x(t_n)\end{pmatrix},\quad \Theta(y,t)=\begin{pmatrix}\frac{1}{2}\left(y(t_1)+y(t_2)\right) & \frac{1}{2}\left(v(t_1)+v(t_2)\right)^{\mathrm{T}} & 1\\ \frac{1}{2}\left(y(t_2)+y(t_3)\right) & \frac{1}{2}\left(v(t_2)+v(t_3)\right)^{\mathrm{T}} & 1\\ \vdots & \vdots & \vdots\\ \frac{1}{2}\left(y(t_{n-1})+y(t_n)\right) & \frac{1}{2}\left(v(t_{n-1})+v(t_n)\right)^{\mathrm{T}} & 1\end{pmatrix}$$

(2) 趋势外推。将结构参数估计值代入累积和状态方程(3.2)的解析解

$$\mathring{y}(t)=\exp\left(\hat{a}(t-t_1)\right)\left\{\eta+\int_{t_1}^{t}\exp\left(\hat{a}(t_1-\tau)\right)\left(\hat{b}^{\mathrm{T}}v(\tau)+\hat{c}\right)\mathrm{d}\tau\right\}$$

其中，$\mathring{y}(t_1)=\eta_y\in\mathbb{R}$ 为未知初值条件。在应用实践中，常用的三种初值条件选择策略及其对应的时间响应函数如下。

①不动始点策略，$\hat{\eta}_y=y(t_1)$，则时间响应函数为

$$\hat{y}(t)=\exp\left(\hat{a}(t-t_1)\right)\left\{y(t_1)+\int_{t_1}^{t}\exp\left(\hat{a}(t_1-\tau)\right)\left(\hat{b}^{\mathrm{T}}v(\tau)+\hat{c}\right)\mathrm{d}\tau\right\}$$

②不动终点策略，$\hat{\eta}_y=y(t_n)$，则时间响应函数为

$$\hat{y}(t)=\exp\left(\hat{a}(t-t_n)\right)\left\{y(t_n)+\int_{t_n}^{t}\exp\left(\hat{a}(t_n-\tau)\right)\left(\hat{b}^{\mathrm{T}}v(\tau)+\hat{c}\right)\mathrm{d}\tau\right\}$$

③最小二乘策略，$\hat{\eta}_y = \arg\min\limits_{\eta} \sum\limits_{i=1}^{n} (y(t_i) - \mathring{y}(t_i, \eta))^2$，则时间响应函数为

$$\hat{y}(t) = \exp(\hat{a}(t - t_1)) \left\{ \hat{\eta} + \int_{t_1}^{t} \exp(\hat{a}(t_1 - \tau)) \left(\hat{b}^{\mathrm{T}} v(\tau) + \hat{c} \right) \mathrm{d}\tau \right\}$$

(3) 累减还原。将离散时间网格点 $\{t_1, t_2, \cdots, t_n, \cdots, t_{n+r}\}$，代入时间响应函数得累积和序列的拟合预测值 $\{\hat{y}(t_1), \hat{y}(t_2), \cdots, \hat{y}(t_n), \cdots, \hat{y}(t_{n+r})\}$，其中 r 为预测步长；使用逆累积和算子可得原始时间序列拟合预测值 $\{\hat{x}(t_1), \hat{x}(t_2), \cdots, \hat{x}(t_n), \cdots, \hat{x}(t_{n+r})\}$，其中：

$$\hat{x}(t_k) = \begin{cases} \hat{y}(t_1), & k = 1 \\ \dfrac{1}{h_k}\left[\hat{y}(t_k) - \hat{y}(t_{k-1})\right], & k \geqslant 2 \end{cases} \tag{3.5}$$

上述三步给出了从“原始序列观测值”到“原始序列预测值”的计算过程，下面对建模过程中的细节进行进一步的讨论和分析。

(1) 在参数估计步骤中，若时间函数 $v(t)$ 显式可积，记 $w(t) := \int v(t)\mathrm{d}t$，则伪线性回归式(3.3)可重写为

$$x(t_k) = \left(\frac{1}{2}y(t_{k-1}) + \frac{1}{2}y(t_k)\right) a + \left(\frac{1}{h_k}w(t_k) - \frac{1}{h_k}w(t_{k-1})\right)^{\mathrm{T}} b + c + \varepsilon(k)$$

其中，模型误差 $\varepsilon(k)$ 不再包含近似计算时间函数定积分所引入的数值误差。

(2) 在参数估计步骤中，伪线性回归方程(3.3)的推导暗含了不动始点 $\eta = y(t_1)$，在趋势外推步骤，再次给出初值选择策略，可能陷入“过优化”陷阱，故需要设计结构参数与初值条件的同步估计算法，以避免潜在的逻辑“悖论”。

特别地，对于累积和状态方程式(3.2)，分析时间函数向量 $v(t)$ 的取值知：当抽样间隔为单位间隔 $h_k = 1, \forall k \geqslant 2$ 时，该模型可退化为一系列经典的连续时间灰色系统模型。

(1) 若 $v(t) = 0$，则退化为经典的连续时间 GM(1,1) 模型 [13,113,126]，其白化微分方程和伪线性回归方程分别为

$$\frac{\mathrm{d}}{\mathrm{d}t}y(t) = ay(t) + c$$

和

$$x(k) = \left(\frac{1}{2}y(k-1) + \frac{1}{2}y(k)\right) a + c + \varepsilon(k)$$

(2) 若 $v(t)=t$，则退化为连续时间 NGM(1, 1, t) 模型 [19]，其白化微分方程和伪线性回归方程分别为

$$\frac{\mathrm{d}}{\mathrm{d}t}y(t)=ay(t)+bt+c$$

和

$$x(k)=\left(\frac{1}{2}y(k-1)+\frac{1}{2}y(k)\right)a+\frac{2k-1}{2}b+c+\varepsilon(k)$$

(3) 若 $v(t)=t^p, p\in\mathbb{N}^+$，则退化为连续时间 GM(1, 1, t^p) 模型 [127]，其白化微分方程和伪线性回归方程分别为

$$\frac{\mathrm{d}}{\mathrm{d}t}y(t)=ay(t)+bt^p+c$$

和

$$x(k)=\left(\frac{1}{2}y(k-1)+\frac{1}{2}y(k)\right)a+\frac{k^{p+1}-(k-1)^{p+1}}{p+1}b+c+\varepsilon(k)$$

(4) 若 $v(t)=[t,t^2,\cdots,t^p]^{\mathrm{T}}$，$p\in\mathbb{N}^+$，则退化为连续时间 GPM(1,1,$p$) 模型 [128]，其白化微分方程和伪线性回归方程分别为

$$\frac{\mathrm{d}}{\mathrm{d}t}y(t)=ay(t)+\sum_{j=1}^{p}b_jt^j+c$$

和

$$x(k)=\left(\frac{1}{2}y(k-1)+\frac{1}{2}y(k)\right)a+\sum_{j=1}^{p}\frac{k^{j+1}-(k-1)^{j+1}}{j+1}b_j+c+\varepsilon(k)$$

3.2 模型约简与重构的引理

引理 3.1

设累积和序列 $\{y(t_1),y(t_2),\cdots,y(t_n)\}$ 的仿射变换为 $\{y_{\mathrm{a}}(t_1),y_{\mathrm{a}}(t_2),\cdots,y_{\mathrm{a}}(t_n)\}$，满足

$$y_{\mathrm{a}}(t_k)=\rho y(t_k)+\xi \tag{3.6}$$

其中，$\rho\in\mathbb{R}$ 且 $\rho\neq 0$ 为伸缩系数，$\xi\in\mathbb{R}$ 为平移系数。则累积和序列及其仿射变换序列的结果满足

(1) $\hat{a}_{\mathrm{a}}=\hat{a}$，$\hat{b}_{\mathrm{a}}=\rho\hat{b}$，$\hat{c}_{\mathrm{a}}=\rho\hat{c}-\xi\hat{a}$；
(2) $\hat{y}_{\mathrm{a}}(t)=\rho\hat{y}(t)+\xi$，$t\geqslant t_1$；
(3) $\hat{x}_{\mathrm{a}}(t_k)=\rho\hat{x}(t_k)$，$k\geqslant 2$。

证明 证明可分为三个步骤。

(1) 将式(3.6)代入式(3.3)易知，仿射变换序列对应的伪线性回归的响应变量和数据矩阵分别为

$$x_{\mathrm{a}}=\begin{pmatrix} y_{\mathrm{a}}(t_2)-y_{\mathrm{a}}(t_1)\\ y_{\mathrm{a}}(t_3)-y_{\mathrm{a}}(t_2)\\ \vdots\\ y_{\mathrm{a}}(t_n)-y_{\mathrm{a}}(t_{n-1})\end{pmatrix}=\rho x_{\mathrm{a}}$$

和

$$\Theta^{\mathrm{T}}(y_{\mathrm{a}},t)=\begin{pmatrix} \rho\dfrac{1}{2}\left(y(t_1)+y(t_2)\right)+\xi & \dfrac{1}{2}\left(v(t_1)+v(t_2)\right)^{\mathrm{T}} & 1\\ \rho\dfrac{1}{2}\left(y(t_2)+y(t_3)\right)+\xi & \dfrac{1}{2}\left(v(t_2)+v(t_3)\right)^{\mathrm{T}} & 1\\ \vdots & \vdots & \vdots\\ \rho\dfrac{1}{2}\left(y(t_{n-1})+y(t_n)\right)+\xi & \dfrac{1}{2}\left(v(t_{n-1})+v(t_n)\right)^{\mathrm{T}} & 1 \end{pmatrix}=\Theta(y,t)R$$

其中：

$$R=\begin{pmatrix}\rho & 0 & 0\\ 0 & I_p & 0\\ \xi & 0 & 1\end{pmatrix},\ R^{-1}=\frac{1}{\rho}\begin{pmatrix}1 & 0 & 0\\ 0 & \rho I_p & 0\\ -\xi & 0 & \rho\end{pmatrix}$$

将数据向量 x_{a} 和数据矩阵 $\Theta(y_{\mathrm{a}},t)$ 代入式(3.4)，得仿射变换序列对应的参数估计值为

$$\begin{pmatrix}\hat{a}_{\mathrm{a}}\\ \hat{b}_{\mathrm{a}}\\ \hat{c}_{\mathrm{a}}\end{pmatrix}=\rho R^{-1}\begin{pmatrix}\hat{a}\\ \hat{b}\\ \hat{c}\end{pmatrix}=\begin{pmatrix}1 & 0 & 0\\ 0 & \rho I_p & 0\\ -\xi & 0 & \rho\end{pmatrix}\begin{pmatrix}\hat{a}\\ \hat{b}\\ \hat{c}\end{pmatrix}=\begin{pmatrix}\hat{a}\\ \rho\hat{b}\\ \rho\hat{c}-\xi\hat{a}\end{pmatrix}\tag{3.7}$$

(2) 对于不动始点和不动终点两种初值条件选择策略，易知 $\hat{\eta}_{\mathrm{a}}=\rho\hat{\eta}+\xi$；对于最小二乘策略，有

$$\mathring{y}_{\mathrm{a}}(t)=\exp\left(\hat{a}(t-t_1)\right)\left\{\eta_{\mathrm{a}}+\int_{t_1}^{t}\exp\left(\hat{a}(t_1-\tau)\right)\left(\rho\hat{b}^{\mathrm{T}}v(\tau)+\rho\hat{c}-\xi\hat{a}\right)\mathrm{d}\tau\right\}$$

$$
\begin{aligned}
&= \exp\left(\hat{a}(t-t_1)\right)\left\{\eta_{\rm a}-\xi+\rho\int_{t_1}^{t}\exp\left(\hat{a}(t_1-\tau)\right)\left(\hat{b}^{\rm T}v(\tau)+\hat{c}\right)\mathrm{d}\tau\right\}+\xi\\
&= \rho\exp\left(\hat{a}(t-t_1)\right)\left\{\frac{\eta_{\rm a}-\xi}{\rho}+\int_{t_1}^{t}\exp\left(\hat{a}(t_1-\tau)\right)\left(\hat{b}^{\rm T}v(\tau)+\hat{c}\right)\mathrm{d}\tau\right\}+\xi
\end{aligned}
$$

故

$$
\hat{\eta}_{\rm a}=\arg\min_{\eta_{\rm a}}\sum_{i=1}^{n}\left(\rho y(t_i)+\xi-\mathring{y}_{\rm a}(t_i,\eta_{\rm a})\right)^2=\rho\hat{\eta}+\xi
$$

分别代入时间响应函数易知结论成立。

(3) 由逆累积和算子式(3.5)易知

$$
\hat{x}_{\rm a}(t_k)=\frac{\hat{y}_{\rm a}(t_k)-\hat{y}_{\rm a}(t_{k-1})}{h_k}=\rho\frac{\hat{y}(t_k)-\hat{y}(t_{k-1})}{h_k}=\rho\hat{x}(t_k),\ \ k\geqslant 2 \qquad \blacksquare
$$

引理 3.1表明累积和序列的仿射变换不改变模型的预测结果。事实上，累积和序列的仿射变换可通过对原始序列作如下变换获得

$$
x_{\rm a}(t_k)=\begin{cases}\rho x(t_1)+\xi, & k=1\\ \rho x(t_k), & k\geqslant 2\end{cases}
$$

特别地，当伸缩系数 $\rho=1$ 时，结合引理 3.1易知，对任意的 $\xi\in\mathbb{R}$，总有 $\hat{x}_{\rm a}(t_k)=\hat{x}(t_k)$，$k\geqslant 2$。也就是说，平移系数 ξ 的取值 (对应于原始序列的第一个元素) 不影响模型的预测结果。因此，在不改变预测结果的前提下，累积和算子式(3.1)可定义为更一般的形式

$$
y(t_k)=\begin{cases}\xi, & k=1\\ \xi+\displaystyle\sum_{i=2}^{k}h_i x(t_i), & k\geqslant 2\end{cases} \tag{3.8}
$$

其中，$\xi\in\mathbb{R}$ 为任意实数。

引理 3.2

若

$$
y(t)=\eta_y+\int_{t_1}^{t}s(\tau)\mathrm{d}\tau \tag{3.9}
$$

则微分方程

$$\frac{\mathrm{d}}{\mathrm{d}t}y(t) = ay(t) + b^{\mathrm{T}}v(t) + c,\ y(t_1) = \eta_y,\ t \geqslant t_1 \tag{3.10}$$

可等价地约简为

$$\frac{\mathrm{d}}{\mathrm{d}t}s(t) = as(t) + b^{\mathrm{T}}u(t),\ s(t_1) = \eta_s,\ t \geqslant t_1 \tag{3.11}$$

其中

$$\eta_s = a\eta_y + b^{\mathrm{T}}v(t_1) + c, \quad u(t) = \frac{\mathrm{d}}{\mathrm{d}t}v(t)$$

证明 必要性：将式(3.9)代入式(3.10)，有

$$s(t) = a\left(\eta_y + \int_{t_1}^{t} s(\tau)\mathrm{d}\tau\right) + b^{\mathrm{T}}v(t) + c$$

两边同时对 t 求微分得

$$\frac{\mathrm{d}}{\mathrm{d}t}s(t) = as(t) + b^{\mathrm{T}}\frac{\mathrm{d}}{\mathrm{d}t}v(t) = as(t) + b^{\mathrm{T}}u(t)$$

且初值条件满足

$$s(t_1) = \left.\frac{\mathrm{d}}{\mathrm{d}t}y(t)\right|_{t=t_1} = ay(t_1) + b^{\mathrm{T}}v(t_1) + c$$

即

$$\eta_s = a\eta_y + b^{\mathrm{T}}v(t_1) + c$$

充分性：在区间 $[t_1, t]$ 上对式(3.11)积分，有

$$s(t) = a\int_{t_1}^{t} s(\tau)\mathrm{d}\tau + b^{\mathrm{T}}\int_{t_1}^{t} u(\tau)\mathrm{d}\tau + x(t_1)$$

将式(3.9)代入并整理，有

$$\frac{\mathrm{d}}{\mathrm{d}t}y(t) = ay(t) + b^{\mathrm{T}}v(t) + \eta_s - a\eta_y - b^{\mathrm{T}}v(t_1) = ay(t) + b^{\mathrm{T}}v(t) + c$$

且初值条件满足

$$y(t_1) = \eta_y$$

■

引理 3.2表明：对于微分方程(3.10)，总存在其等价约简微分方程式(3.11)，对应于必要性；反之，对于约简微分方程(3.11)，也总存在其等价微分方程式(3.10)，对应于充分性。

例 3.1 设式(3.10)对应的微分方程为

$$\frac{\mathrm{d}}{\mathrm{d}t}y(t) = ay(t) + b_2t^2 + b_1t + c,\ y(0) = \xi,\ t \geqslant 0 \tag{3.12}$$

则由式(3.9)知，等价约简微分方程式(3.11)为

$$\frac{\mathrm{d}}{\mathrm{d}t}s(t) = as(t) + 2b_2t + b_1,\ s(0) = c + a\xi,\ t \geqslant 0 \tag{3.13}$$

分别求解微分方程式(3.13)和式(3.12)易知，闭式解分别为

$$s(t) = \left(a\xi + c + \frac{b_1}{a} + \frac{2b_2}{a^2}\right)\exp(at) - \frac{2b_2}{a}t - \left(\frac{b_1}{a} + \frac{2b_2}{a^2}\right),\ t \geqslant 0$$

和

$$\begin{aligned} y(t) = &\left(\xi + \frac{c}{a} + \frac{b_1}{a^2} + \frac{2b_2}{a^3}\right)\exp(at) \\ &- \frac{b_2}{a}t^2 - \left(\frac{b_1}{a} + \frac{2b_2}{a^2}\right)t - \left(\frac{c}{a} + \frac{b_1}{a^2} + \frac{2b_2}{a^3}\right),\ t \geqslant 0 \end{aligned}$$

容易验证二者满足式(3.9)所述的量化关系。

观察式(3.9)和式(3.10)发现，二者分别对应 3.2节灰色系统模型的累积和算子与累积和状态方程，且累积和算子式(3.1)是积分算子式(3.9)的离散近似，且引理3.1表明累积和算子的第一个元素不影响预测结果。因此，这为在不改变预测结果的前提下，运用式(3.11)直接对原始序列建立微分方程模型提供了理论基础。

3.3 连续时间灰色内生模型的约简重构

定义 3.1

设原始时间序列为 $\{x(t_1), x(t_2), \cdots, x(t_n)\}$，连续时间灰色内生模型可写为状态空间形式：

$$\text{观测方程}\quad x(t_k) = s(t_k) + e(k),\ k = 1, 2, \cdots, n \tag{3.14}$$

$$\text{状态方程}\quad \frac{\mathrm{d}}{\mathrm{d}t}s(t) = as(t) + b^{\mathrm{T}}u(t),\ s(t_1) = \eta,\ t \geqslant t_1 \tag{3.15}$$

其中，$x(t_k) \in \mathbb{R}$ 为状态变量 $s(t)$ 在 t_k 时刻的观测，$e(k) \in \mathbb{R}$ 为 t_k 时刻观测的测量误差，$u(t) = [u_1(t), u_2(t), \cdots, u_p(t)]^{\mathrm{T}}$ 为已知时间函数向量，$a \in \mathbb{R}$，$b \in \mathbb{R}^p$ 为未知结构参数，η 为未知初值条件。♣

与 3.2节运用梯度匹配方法来估计结构参数不同，下面运用积分匹配方法同步估计结构参数和初值条件，具体如下。

(1) 积分变换。在区间 $[t_1,t]$ 上，对状态方程(3.15)积分，有

$$s(t)=\eta+a\int_{t_1}^{t}s(\tau)\mathrm{d}\tau+b^{\mathrm{T}}\int_{t_1}^{t}u(\tau)\mathrm{d}\tau \tag{3.16}$$

其中

$$\int_{t_1}^{t}u(\tau)\mathrm{d}\tau=v(t)-v(t_1) \tag{3.17}$$

和

$$\int_{t_1}^{t}s(\tau)\mathrm{d}\tau\approx\frac{1}{2}\sum_{i=2}^{n}h_is(t_{i-1})+\frac{1}{2}\sum_{i=2}^{n}h_is(t_i) \tag{3.18}$$

(2) 参数估计。由于状态变量 $s(t)$ 不可获得，运用其含噪观测 $x(t)$ 近似替代，有伪线性回归方程为

$$x(t_k)=\left(\frac{1}{2}\sum_{i=2}^{n}h_ix(t_{i-1})+\frac{1}{2}\sum_{i=2}^{n}h_ix(t_i)\right)a+\left(v(t)-v(t_1)\right)^{\mathrm{T}}b+\eta+\varepsilon(k) \tag{3.19}$$

其中，$\varepsilon(k)$ 为离散误差与模型误差的和。显然，该伪线性回归方程的参数的最小二乘估计为

$$\begin{pmatrix}\hat{a} & \hat{b}^{\mathrm{T}} & \hat{\eta}\end{pmatrix}^{\mathrm{T}}=\left(\varXi^{\mathrm{T}}(x,v)\varXi(x,v)\right)^{-1}\varXi^{\mathrm{T}}(x,t)x \tag{3.20}$$

其中

$$\varXi(x,v)=\begin{pmatrix}\dfrac{1}{2}\displaystyle\sum_{i=2}^{2}h_i\left(x(t_{i-1})+x(t_i)\right) & \left(v(t_2)-v(t_1)\right)^{\mathrm{T}} & 1\\ \dfrac{1}{2}\displaystyle\sum_{i=2}^{3}h_i\left(x(t_{i-1})+x(t_i)\right) & \left(v(t_3)-v(t_1)\right)^{\mathrm{T}} & 1\\ \vdots & \vdots & \vdots\\ \dfrac{1}{2}\displaystyle\sum_{i=2}^{n}h_i\left(x(t_{i-1})+x(t_i)\right) & \left(v(t_n)-v(t_1)\right)^{\mathrm{T}} & 1\end{pmatrix}$$

(3) 趋势外推。将结构参数和初值条件的同步估计值代入状态方程(3.15)的解析解

$$s(t)=\exp\left(a(t-t_1)\right)\left\{\eta+\int_{t_1}^{t}\exp\left(a(t_1-\tau)\right)b^{\mathrm{T}}u(\tau)\mathrm{d}\tau\right\} \tag{3.21}$$

得时间响应函数为

$$\hat{x}(t)=\exp\left(\hat{a}(t-t_1)\right)\left\{\hat{\eta}+\hat{b}^{\mathrm{T}}\int_{t_1}^{t}\exp\left(\hat{a}(t_1-\tau)\right)u(\tau)\mathrm{d}\tau\right\} \tag{3.22}$$

其中，对于任意的 $t>t_1$，卷积积分可解析或数值近似计算。对于 $u(t)$ 的第 j 行分量 $u_j(t)$，若卷积积分可解析求解，则运用解析方法求解，如 $u_j(t)=t$ 时，有

$$\int_{t_1}^{t}\exp\left(\hat{a}(t_1-\tau)\right)u(\tau)\mathrm{d}\tau=\frac{t_1}{\hat{a}}-\frac{t}{\hat{a}}\exp\left(\hat{a}(t_1-t)\right)+\frac{1}{\hat{a}^2}-\frac{1}{\hat{a}^2}\exp\left(\hat{a}(t_1-t)\right)$$

若卷积积分不可解析求解，则运用梯形公式近似计算卷积，有

$$\begin{aligned}\int_{t_1}^{t}\exp\left(\hat{a}(t_1-\tau)\right)u_j(\tau)\mathrm{d}\tau=&\frac{1}{2}\sum_{l=1}^{m}\exp\left(-\hat{a}l\Delta t\right)u_j\left(t_1+l\Delta t\right)\\&+\frac{1}{2}\sum_{l=1}^{m}\exp\left(\hat{a}(1-l)\Delta t\right)u_j\left(t_1+(l-1)\Delta t\right)\end{aligned} \tag{3.23}$$

且 $\Delta t=\dfrac{t-t_1}{m}$，$m\in\mathbb{N}^+$ 决定卷积近似计算的网格尺度。

与 3.1节的经典形式 (以下称为间接隐式模型) 相比，本节的约简重构形式是直接的、显式的。隐式模型的累积和算子耦合状态方程与显式模型的状态方程对应，隐式模型的结构参数估计与初值条件选择在显式模型中进行了有效合并，隐式模型的时间响应函数与逆累积和计算过程合并为显式模型的时间响应函数。二者建模的步骤可进行对应比较分析，如图 3.1所示。

间接隐式模型以累积和算子为始、逆累积和算子为终，以参数估计与累积和序列的时间响应函数为核心，显式地运用累积和算子；直接显式模型仅包含参数估计与原始序列的时间响应函数两步，且仅在运用积分匹配估计参数时，隐式地运用累积和算子。可以看出，约简微分方程模型的建模过程更简洁，避免了逆累积和算子对应的累减还原操作。具体地，间接隐式模型与直接显式模型之间的异同如下。

(1) 间接隐式模型运用微分方程拟合累积和时间序列，直接显式模型运用约简微分方程拟合原始时间序列。

(2) 二者均运用梯形公式离散化微分方程，以得到用于参数估计的伪回归方程。间接隐式模型对累积和微分方程运用梯形公式，近似计算累积和状态变量的微分，直接显式模型运用梯形公式近似计算原始状态变量的有限区间积分。

(3) 间接隐式模型需选择一种策略来确定初始条件，直接显式模型能够同时得到结构参数和初始条件的估计值，从而避免初值选择策略所引入的误差。

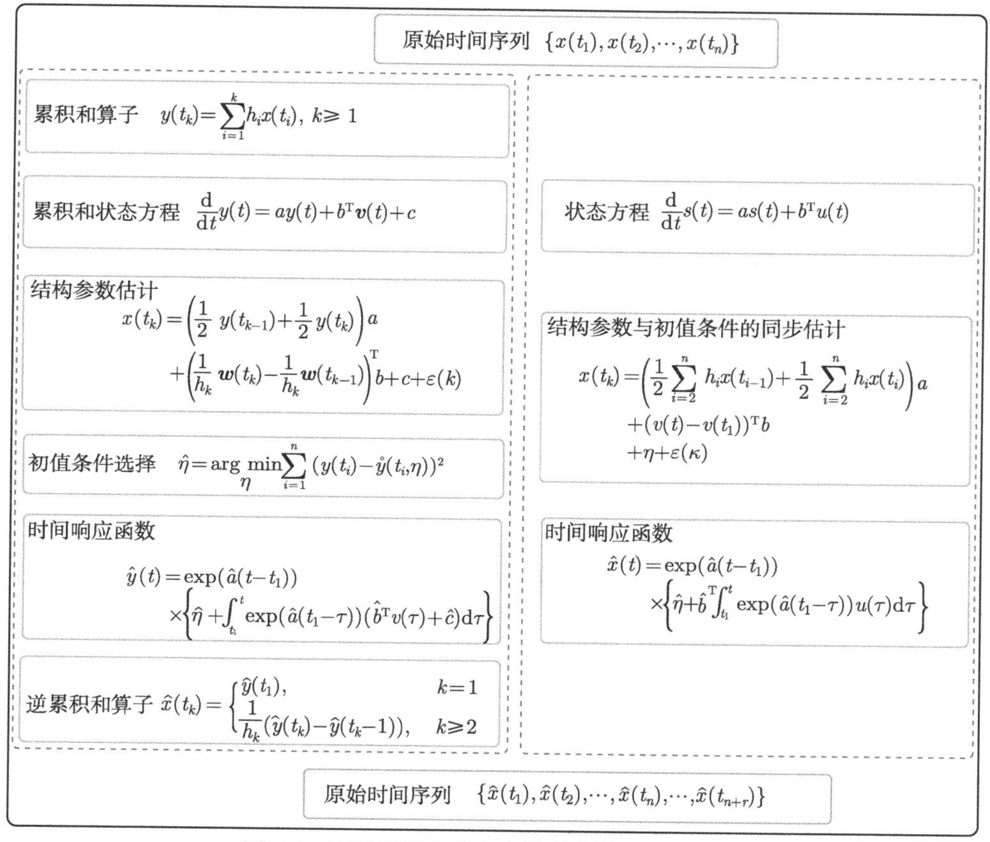

图 3.1 连续时间灰色内生模型建模步骤的比较

(4) 二者均使用时间响应函数来计算拟合预测结果，间接隐式模型需要使用逆累积和算子以得到原始序列对应的拟合预测结果，这使得预测算法烦琐。

3.4 连续时间灰色内生模型的向量序列拓展

3.1节和 3.3节所研究的连续时间灰色内生模型是针对标量序列的，该模型可以进一步拓展到向量序列的情形。设向量序列为 $\{x(t_1),x(t_2),\cdots,x(t_n)\}$，$x(t)\in\mathbb{R}^d$，$d\in\mathbb{N}^+$。相应地，向量序列及其对应的累积和序列可表述为矩阵形式：

$$\begin{pmatrix} | & | & & | \\ x(t_1) & x(t_2) & \cdots & x(t_n) \\ | & | & & | \end{pmatrix}=\begin{pmatrix} x_1(t_1) & x_1(t_2) & \cdots & x_1(t_n) \\ x_2(t_1) & x_2(t_2) & \cdots & x_2(t_n) \\ \vdots & \vdots & & \vdots \\ x_d(t_1) & x_d(t_2) & \cdots & x_d(t_n) \end{pmatrix}$$

和

$$\begin{pmatrix} | & | & & | \\ y(t_1) & y(t_2) & \cdots & y(t_n) \\ | & | & & | \end{pmatrix} = \begin{pmatrix} y_1(t_1) & y_1(t_2) & \cdots & y_1(t_n) \\ y_2(t_1) & y_2(t_2) & \cdots & y_2(t_n) \\ \vdots & \vdots & & \vdots \\ y_d(t_1) & y_d(t_2) & \cdots & y_d(t_n) \end{pmatrix}$$

3.4.1 连续时间灰色内生模型的隐式表征

与 3.1节所述标量序列的连续时间灰色内生模型对应，向量序列灰色内生模型的隐式模型表征为

$$\text{累积和算子} \quad y(t_k) = \sum_{i=1}^{k} h_i x(t_i),\ k \geqslant 1 \tag{3.24}$$

$$\text{累积和状态方程} \quad \frac{\mathrm{d}}{\mathrm{d}t} y(t) = Ay(t) + Bv(t) + c \tag{3.25}$$

其中，$y(t)$ 为累积和状态向量，$v(t) = [v_1(t), v_2(t), \cdots, v_p(t)]^{\mathrm{T}}$ 为确定性时间函数向量，$A \in \mathbb{R}^{d\times d}$，$B \in \mathbb{R}^{d\times p}$ 和 $c \in \mathbb{R}^d$ 为未知结构参数。

1. 参数估计

运用梯形公式，式(3.25)可离散化为

$$x(t_k) = A\frac{y(t_{k-1}) + y(t_k)}{2} + B\frac{v(t_{k-1}) + v(t_k)}{2} + c + e(k)$$

其中，$e(k)$ 为模型误差。将得到的 $n-1$ 组代数方程记为矩阵形式，有

$$X = \varTheta(y, v)\varPsi + E \tag{3.26}$$

其中：

$$X = \begin{pmatrix} x^{\mathrm{T}}(t_2) \\ x^{\mathrm{T}}(t_3) \\ \vdots \\ x^{\mathrm{T}}(t_n) \end{pmatrix}$$

$$\varPsi = \begin{pmatrix} A^{\mathrm{T}} \\ B^{\mathrm{T}} \\ c^{\mathrm{T}} \end{pmatrix},\ \varTheta(y, v) = \begin{pmatrix} \dfrac{y^{\mathrm{T}}(t_1) + y^{\mathrm{T}}(t_2)}{2} & \dfrac{v^{\mathrm{T}}(t_1) + v^{\mathrm{T}}(t_2)}{2} & 1 \\ \dfrac{y^{\mathrm{T}}(t_2) + y^{\mathrm{T}}(t_3)}{2} & \dfrac{v^{\mathrm{T}}(t_2) + v^{\mathrm{T}}(t_3)}{2} & 1 \\ \vdots & \vdots & \vdots \\ \dfrac{y^{\mathrm{T}}(t_{n-1}) + y^{\mathrm{T}}(t_n)}{2} & \dfrac{v^{\mathrm{T}}(t_{n-1}) + v^{\mathrm{T}}(t_n)}{2} & 1 \end{pmatrix},$$

$$E = \begin{pmatrix} e^{\mathrm{T}}(2) \\ e^{\mathrm{T}}(3) \\ \vdots \\ e^{\mathrm{T}}(n) \end{pmatrix}$$

由最小二乘法知，目标函数为

$$\begin{aligned} \mathcal{L}(\Psi) &= \|X - \Theta(y,v)\Psi\|_{\mathrm{F}}^2 \\ &= \mathrm{Trace}\left([X - \Theta(y,v)\Psi]^{\mathrm{T}} [X - \Theta(y,v)\Psi]\right) \end{aligned} \tag{3.27}$$

其中，$\|\cdot\|_{\mathrm{F}}$ 为矩阵的 F 范数，Trace$(\cdot)$ 为矩阵的迹。由连续函数极值定理知，正则方程为

$$\frac{\partial}{\partial \Psi}\mathcal{L}(\Psi) = 2\Theta^{\mathrm{T}}(y,v)\Theta(y,v)\Psi - 2\Theta^{\mathrm{T}}(y,v)X = 0$$

结构参数估计值为

$$\hat{\Psi} = \begin{pmatrix} \hat{A} & \hat{B} & \hat{c} \end{pmatrix} = \left(\Theta^{\mathrm{T}}(y,v)\Theta(y,v)\right)^{-1}\Theta^{\mathrm{T}}(y,v)X \tag{3.28}$$

2. 趋势外推

给定初值条件，依据参数变异法求非齐次矩阵方程(3.25)的解析解，并将结构参数估计值代入得时间响应式为

$$\mathring{y}(t) = \exp\left(\hat{A}(t-t_1)\right)\left\{\eta + \int_{t_1}^{t} \exp\left(\hat{A}(t_1-s)\right)\left(\hat{B}v(s)+\hat{c}\right)\mathrm{d}s\right\} \tag{3.29}$$

其中，$y(t_1) = \eta \in \mathbb{R}^d$ 为未知初值向量。常用的三种初值选择策略如下。

(1) 由不动始点策略 $\mathring{y}(t_1) = y(t_1)$ 知 $\eta = y(t_1)$，故时间响应式为

$$\hat{y}(t) = \exp\left(\hat{A}(t-t_1)\right)\left\{y(t_1) + \int_{t_1}^{t} \exp\left(\hat{A}(t_1-s)\right)\left(\hat{B}v(s)+\hat{c}\right)\mathrm{d}s\right\} \tag{3.30}$$

(2) 由不动终点策略 $\mathring{y}(t_n) = y(t_n)$ 知

$$\eta = \exp\left(\hat{A}(t_1-t_n)\right)y(t_n) - \int_{t_1}^{t_n} \exp\left(\hat{A}(t_1-s)\right)\left(\hat{B}v(s)+\hat{c}\right)\mathrm{d}s$$

故时间响应式为

$$\begin{aligned} \hat{y}(t) =& \exp\left(\hat{A}(t-t_1)\right) \\ & \times \left\{\exp\left(\hat{A}(t_1-t_n)\right)y(t_n) + \int_{t_n}^{t} \exp\left(\hat{A}(t_1-s)\right)\left(\hat{B}v(s)+\hat{c}\right)\mathrm{d}s\right\} \end{aligned} \tag{3.31}$$

(3) 由最小二乘策略知

$$\mathring{y}(t_1)=\hat{\eta}=\arg\min_{\eta}\sum_{k=1}^{n}\|y(t_k)-\mathring{y}(t_k)\|_2^2$$

故时间响应式为

$$\hat{y}(t)=\exp\left(\hat{A}(t-t_1)\right)\left\{\hat{\eta}+\int_{t_1}^{t}\exp\left(\hat{A}(t_1-s)\right)\left(\hat{B}v(s)+\hat{c}\right)\mathrm{d}s\right\} \tag{3.32}$$

3. 累减还原

将 $\{t_1,t_2,\cdots,t_n,\cdots,t_{n+r}\}$ 代入时间响应式(3.30)、式(3.31)或式(3.32)得累积和序列的预测结果 $\{\hat{y}(t_1),\hat{y}(t_2),\cdots,\hat{y}(t_n),\cdots,\hat{y}(t_{n+r})\}$。运用逆累积和算子可得原始时间序列的拟合预测值为

$$\hat{x}(t_k)=\begin{cases}\hat{y}(t_1), & k=1\\ \dfrac{1}{h_k}\left(\hat{y}(t_k)-\hat{y}(t_{k-1})\right), & k\geqslant 2\end{cases} \tag{3.33}$$

3.4.2 连续时间灰色内生模型的显式表征

与 3.3节所述标量序列的连续时间灰色内生模型对应，向量序列灰色内生模型的显式模型表征为

$$\text{观测方程}\quad x(t_k)=s(t_k)+e(k),\ k=1,2,\cdots,n \tag{3.34}$$

$$\text{状态方程}\quad \frac{\mathrm{d}}{\mathrm{d}t}s(t)=As(t)+Bu(t),\ s(t_1)=\eta_s,\ t\geqslant t_1 \tag{3.35}$$

其中，$x(t_k)\in\mathbb{R}$ 为状态向量 $s(t)$ 在 t_k 时刻的观测，$e(k)\in\mathbb{R}^d$ 为 t_k 时刻观测的测量误差，$u(t)=[u_1(t),u_2(t),\cdots,u_p(t)]^{\mathrm{T}}$ 为已知时间函数向量，$A\in\mathbb{R}^{d\times d}$ 和 $B\in\mathbb{R}^{d\times p}$ 为未知结构参数，η 为未知初值条件。

1. 参数估计

在区间 $[t_1,t]$ 上，对式(3.35)的两边同时积分，有

$$s(t)=A\int_{t_1}^{t}s(\tau)\mathrm{d}\tau+B\left(v(t)-v(t_1)\right)+\eta \tag{3.36}$$

其中，$v(t)-v(t_1)=\displaystyle\int_{t_1}^{t}u(\tau)\mathrm{d}\tau$。

用状态向量的观测数据 $x(t_k)$ 替代真实值 $s(t_k)$，并结合梯形公式近似计算式(3.36)右端的积分项，有

$$x(t_k) = A\left(y_{\rm lnt}(t_k) - x(t_1)\right) + B\left(v(t_k) - v(t_1)\right) + \eta + \varepsilon(t_k) \tag{3.37}$$

其中，$\varepsilon(t_k)$ 为模型误差，

$$\begin{aligned} y_{\rm lnt}(t_k) &= x(t_1) + \int_{t_1}^{t_k} x(s){\rm d}s \\ &= \begin{cases} x(t_1), & k=1 \\ x(t_1) + \dfrac{1}{2}\sum\limits_{i=2}^{k} h_i x(t_{i-1}) + \dfrac{1}{2}\sum\limits_{i=2}^{k} h_i x(t_i), & k \geqslant 2 \end{cases} \end{aligned}$$

整理从伪线性回归式(3.37)得到的 $n-1$ 个矩阵代数方程，有

$$X = \varXi(x,v)\varPhi + F \tag{3.38}$$

其中

$$\varPhi = \begin{pmatrix} A^{\rm T} \\ B^{\rm T} \\ \eta^{\rm T} \end{pmatrix},\ \varXi(x,v) = \begin{pmatrix} y_{\rm lnt}^{\rm T}(t_2) - x^{\rm T}(t_1) & v^{\rm T}(t_2) - v^{\rm T}(t_1) & 1 \\ y_{\rm lnt}^{\rm T}(t_3) - x^{\rm T}(t_1) & v^{\rm T}(t_3) - v^{\rm T}(t_1) & 1 \\ \vdots & \vdots & \vdots \\ y_{\rm lnt}^{\rm T}(t_n) - x^{\rm T}(t_1) & v^{\rm T}(t_n) - v^{\rm T}(t_1) & 1 \end{pmatrix},\ F = \begin{pmatrix} \varepsilon^{\rm T}(t_2) \\ \varepsilon^{\rm T}(t_3) \\ \vdots \\ \varepsilon^{\rm T}(t_n) \end{pmatrix}$$

通过最小化目标函数

$$\mathcal{L}(\varPhi) = \|X - \varXi(x,v)\varPhi\|_{\rm F}^2 = {\rm Trace}\left(\left[X - \varXi(x,v)\varPsi\right]^{\rm T}\left[X - \varXi(x,v)\varPsi\right]\right)$$

可得结构参数与初值向量的最小二乘估计值

$$\hat{\varPhi} = \left(\varXi^{\rm T}(x,u)\varXi(x,u)\right)^{-1}\varXi^{\rm T}(x,u)X \tag{3.39}$$

2. 趋势外推

将结构参数 ($\hat{A}$ 和 $\hat{B}$) 与初值向量 ($\hat{\eta}$) 的最小二乘估计值代入约简微分方程式(3.35)的解析解知，约简微分方程模型的时间响应式为

$$\hat{x}(t) = \exp\left(\hat{A}(t-t_1)\right)\left\{\hat{\eta} + \int_{t_1}^{t}\exp\left(\hat{A}(t_1-\tau)\right)\hat{B}u(\tau){\rm d}\tau\right\} \tag{3.40}$$

将离散时间节点 $\{t_k\}_{k=1}^{n+r}$ 代入时间响应式(3.40)，得状态变量 $x(t)$ 对应的原始序列的拟合和预测值为

$$\left\{\underbrace{\hat{x}(t_1),\ \hat{x}(t_2),\ \cdots,\ \hat{x}(t_n),}_{\text{拟合}}\ \underbrace{\hat{x}(t_{n+1}),\ \cdots,\ \hat{x}(t_{n+r})}_{\text{预测}}\right\}$$

3.5 案 例 研 究

本节以灰色多项式模型 (这里多项式模型是指外部变量由时间的多项式函数组成) 为例，结合中国水资源供应数据，说明连续时间灰色内生模型的应用过程。

3.5.1 数据收集

水资源供应对一个国家的稳定和发展起着重要作用，地下水和地表水是两个主要的供水来源。为面对全球性的地下水危机，中国政府和企业在过去几十年中投资了许多水利工程 (包括废水处理和回用、雨水收集、海水淡化等)，以部分取代以前发生的地下水损失。将这些水利工程的供水统称为“其他供水来源”，其他水源供应量包括污水处理再利用、集雨工程、海水淡化等水源工程的供水量。准确预测其他水源供应量，对于实现未来可持续的水资源开发和研究是重要的。由于水源工程的开发时间较短，其他水源供应量数据是不完备和稀疏的，仅有 2004~2018 年的其他水源供水量数据记录[①]，如表 3.1所示。

表 3.1 2004~2018 年中国其他水源供水量 (单位：亿 m^3)

年份	供水量	年份	供水量	年份	供水量
2004	17.20	2009	31.16	2014	57.46
2005	21.96	2010	33.12	2015	64.50
2006	22.70	2011	44.80	2016	70.85
2007	25.70	2012	44.60	2017	81.20
2008	28.74	2013	49.94	2018	86.40

为与中国的五年规划保持一致，本书进行五步外推预测。将时间序列划分为两部分：2004~2015 年的数据 (12 个样本占 15 个样本的 80%) 被用作训练数据集来构建模型，2016~2018 年的数据 (3 个样本占 15 个样本的 20%) 被用作测试数据集来验证这些模型。此外，2019 年和 2020 年的预测被用来评估 2018 年之后的发展行为。

为表述方便，将隐式灰色多项式模型 (implicit grey polynomial model, IGPM) 记作 IGPM(1,1,p) 模型，显式灰色多项式模型 (explicit grey polynomial model, EGPM) 记作 EGPM(1,1,p) 模型，其中，p 为多项式的阶数。

① 数据来源：中国国家统计局；网址：https://data.stats.gov.cn/easyquery.htm?cn=C01.

3.5.2 隐式模型与显式模型的结果

为评估多项式阶数对模型预测结果的影响，对数据建立不同阶数的灰色多项式模型。对于显式灰色多项式模型 EGPM(1,1,p)，不同阶数模型的结构特征如下：

$$
\begin{aligned}
&\text{EGPM}(1,1,\emptyset)\ \text{模型} \quad \frac{\mathrm{d}}{\mathrm{d}t}s(t)=as(t)\\
&\text{EGPM}(1,1,0)\ \text{模型} \quad \frac{\mathrm{d}}{\mathrm{d}t}s(t)=as(t)+b_0\\
&\text{EGPM}(1,1,1)\ \text{模型} \quad \frac{\mathrm{d}}{\mathrm{d}t}s(t)=as(t)+b_1t+b_0\\
&\text{EGPM}(1,1,2)\ \text{模型} \quad \frac{\mathrm{d}}{\mathrm{d}t}s(t)=as(t)+b_2t^2+b_1t+b_0\\
&\text{EGPM}(1,1,3)\ \text{模型} \quad \frac{\mathrm{d}}{\mathrm{d}t}s(t)=as(t)+b_3t^3+b_2t^2+b_1t+b_0
\end{aligned}
$$

这些模型对应的预测结果如表 3.2所示。

表 3.2 隐式灰色多项式模型与显式灰色多项式模型的预测结果

	EGPM(1,1,∅)		EGPM(1,1,0)		EGPM(1,1,1)		EGPM(1,1,2)		EGPM(1,1,3)	
	预测值	APE/%	预测值	APE/%	预测值	APE/%	预测值	APE/%	预测值	APE/%
2004	18.22	5.92	19.14	11.27	20.89	21.47	20.90	21.53	22.98	33.60
2005	20.43	6.99	21.12	3.84	21.66	1.38	21.67	1.33	22.32	1.66
2006	22.90	0.89	23.37	2.97	23.14	1.95	23.15	2.00	23.28	2.57
2007	25.68	0.09	25.95	0.97	25.32	1.49	25.33	1.45	25.47	0.90
2008	28.79	0.17	28.89	0.52	28.15	2.05	28.16	2.02	28.55	0.64
2009	32.28	3.59	32.24	3.47	31.61	1.45	31.62	1.47	32.29	3.63
2010	36.19	9.27	36.07	8.90	35.68	7.72	35.68	7.73	36.50	10.21
2011	40.58	9.43	40.43	9.74	40.31	10.02	40.32	10.01	41.10	8.26
2012	45.49	2.01	45.42	1.83	45.50	2.01	45.50	2.02	46.09	3.35
2013	51.01	2.14	51.10	2.33	51.20	2.53	51.21	2.54	51.60	3.32
2014	57.19	0.47	57.59	0.22	57.41	0.08	57.42	0.08	57.86	0.69
2015	64.12	0.58	64.99	0.76	64.10	0.62	64.10	0.62	65.23	1.14
MAPE_{in}/%		3.46		3.90		4.40		4.40		5.83
2016	71.90	1.47	73.43	3.65	71.24	0.55	71.24	0.55	74.25	4.80
2017	80.61	0.73	83.07	2.30	78.82	2.93	78.81	2.94	85.60	5.42
2018	90.38	4.61	94.07	8.87	86.81	0.48	86.80	0.46	100.15	15.91
MAPE_{out}/%		2.27		4.94		**1.32**		**1.32**		8.71
2019	101.33		106.61		95.21		95.18		118.98	
2020	113.61		120.93		103.98		103.93		143.40	

APE 为绝对百分误差 (absolute percentage error) 的缩写。

对比分析表 3.2 中不同阶数的显式灰色多项式模型和 EGPM(1,1,p) 的预测结果，易得如下结论。

(1) 与 EGPM(1,1,3) 模型相比，其他四种模型具有更小拟合误差 (MAPE_{in} 均小于 5.0%) 和预测误差 (MAPE_{out} 均小于 5.0%)，表明其他四种模型均优于 EGPM(1,1,3) 模型。

(2) 前四阶 EGPM 模型的拟合误差 MAPE_{in} 相差微小，但零阶、二阶和三阶模型相比，一阶模型 EGPM(1,1,0) 的拟合误差更小，表明了该模型相对于其他模型的优越性。

(3) 一阶模型 EGPM(1,1,1) 和二阶模型 EGPM(1,1,2) 的拟合预测误差均相同，但分析二者之间的结构特征可知：二阶模型较一阶模型多了二次项 b_2t^2，表明一阶模型 EGPM(1,1,1) 是更为约简的或参数有效的模型 [129]。事实上，二阶模型的参数估计值为

$$\hat{a} = -0.0395,\ \hat{b}_0 = 0.4509,\ \hat{b}_1 = 0.7717,\ \hat{b}_2 = -0.0018,\ \hat{\eta} = 20.9025$$

其中，二次项的估计系数估计值 $\hat{b}_2$ 接近于 0，且其他项的系数估计值近似于一阶模型的估计系数

$$\hat{a} = -0.0458,\ \hat{b}_0 = 0.5761,\ \hat{b}_1 = 0.7730,\ \hat{\eta} = 20.8931$$

(4) 与 EGPM(1,1,$\emptyset$) 模型相比，一阶模型有较大的拟合误差 MAPE_{in} 和较小的预测误差 MAPE_{out}。究其原因，一阶模型的初值估计与观测值之间的误差较大。若不考虑第一个样本数据，在 2005~2015 年，EGPM(1,1,$\emptyset$) 模型和 EGPM(1,1,1) 模型的拟合误差分别为 3.24% 和 2.85%，说明一阶模型在拟合与预测上均具有优势。

(5) EGPM(1,1,$\emptyset$) 模型的参数估计为 $\hat{a} = 0.1144$，$\hat{\eta} = 18.2176$，据此得到的时间响应函数为 $\hat{x}(t) = 16.2482\exp(0.1144t)$，揭示了指数级的增长规律 (增长太快而显得不真实)。因此，据此作中长期预测的时候需要谨慎 (2018 年的绝对百分误差 APE = 4.61% 也从一定程度上说明了这样的现象)。

总的来说，一阶模型 EGPM(1,1,1) 是显式灰色多项式模型中的最优模型。此外，与该显式模型对应的隐式模型为二阶 IGPM(1,1,2) 模型 [128]，其模型结构为

$$\frac{\mathrm{d}}{\mathrm{d}t}y(t) = ay(t) + b_2t^2 + b_1t + c$$

求解该模型对应的拟合预测结果，如图 3.2所示。

由图 3.2可知，两模型的拟合预测曲线基本重合，再次验证了前面关于显式模型与隐式模型等价的论述。特别地，两模型之间的微小差异来源于二者的初值估

计方法不同。具体地，EGPM(1,1,1) 模型的状态空间方程为

$$\frac{\mathrm{d}}{\mathrm{d}t}s(t) = -0.04578s(t) + 0.7730t + 0.5761,\ s(1) = 20.8931,\ t \geqslant 1$$

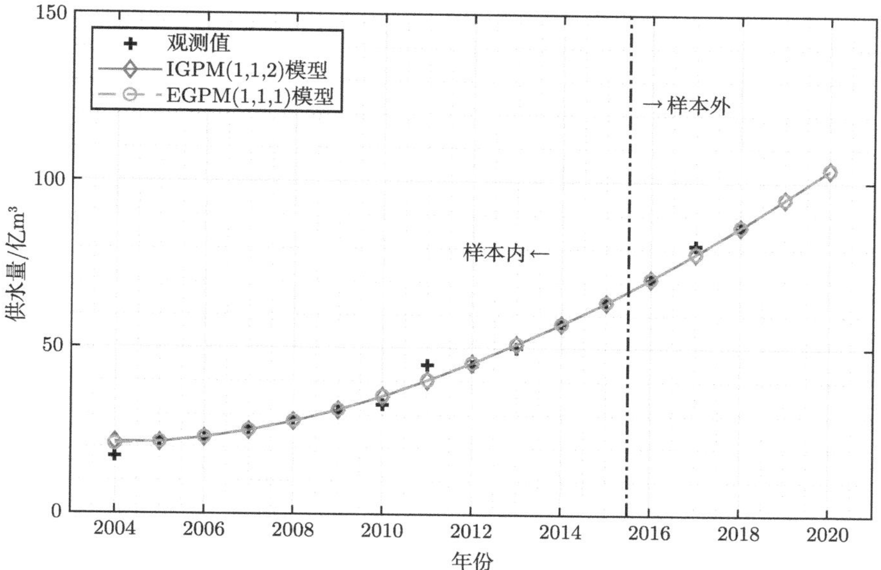

图 3.2 显式 EGPM(1,1,1) 模型与隐式 IGPM(1,1,2) 模型的预测曲线

IGPM(1,1,2) 模型的状态空间方程为

$$\frac{\mathrm{d}}{\mathrm{d}t}y(t) = -0.04578y(t) + 0.3865t^2 + 0.9626t + 20.6123,\ y(1) = 21.5509,\ t \geqslant 1$$

据此得到时间响应函数分别为

$$\hat{x}_{\text{explicit}}(t) = 16.8847t + 377.1157\exp(-0.04578t) - 356.2318,\ t \geqslant 1$$

和

$$\hat{y}(t) = 8.4424t^2 - 347.7895t - 8046.2287\exp(-0.04578t) + 8047.0682,\ t \geqslant 1$$

结合逆累积和算子易得

$$\begin{aligned}\hat{x}_{\text{implicit}}(t) &= \frac{\hat{y}(t) - \hat{y}(t-1)}{t-(t-1)} \\ &= 16.8847t + 376.9255\exp(-0.04578t) - 356.2318,\ t \geqslant 2\end{aligned}$$

比较 $\hat{x}_{\text{explicit}}(t)$ 和 $\hat{x}_{\text{implicit}}(t)$ 易知，显式模型与隐式模型具有基本相同的时间响应函数。隐式模型是一种基于累积和算子的隐式建模方法，显式模型是一种直接建模方式，后者具有更好的可解释性。

3.5.3 与其他经典模型的比较分析

为进一步验证本节模型的优越性，将其与经典预测模型作对比，包括线性回归 (linear regression, LR)、支持向量回归 (support vector regression, SVR)、自回归滑动平均 (autoregressive integrated moving average, ARIMA) 和神经网络自回归 (neural network autoregression, NNAR)。在各模型的计算结果以及在每一观测时刻，预测值的 APE 如表 3.3和图 3.3所示 ①。

在线性回归中，决定系数为 $R^2 = 0.9548$；在自回归滑动平均模型中，最优模型阶数为 ARIMA(0,1,0)；在神经网络自回归中，网络类型为前向反馈神经网络 (3 个节点，1 个隐含层)，延迟阶数为 2；在支持向量回归中，模型类型为 ϵ-SVR，嵌入位数为 2，核函数类型为 RBF 径向基函数。

表 3.3 显式灰色多项式模型与经典模型的预测结果

	EGPM(1,1,1)		LR		ARIMA		NNAR		SVR	
	预测值	APE /%	预测值	APE /%	预测值	APE /%	预测值	APE /%	预测值	APE /%
2004	20.89	21.47	14.22	17.30	17.19	0.07				
2005	21.66	1.38	18.33	16.51	21.50	2.09				
2006	23.14	1.95	22.44	1.13	26.26	15.68	24.21	6.66	26.26	15.70
2007	25.32	1.49	26.55	3.31	27.00	5.06	25.88	0.71	27.11	5.47
2008	28.15	2.05	30.66	6.68	30.00	4.38	26.74	6.96	27.98	2.64
2009	31.61	1.45	34.77	11.58	33.04	6.03	29.93	3.96	31.33	0.55
2010	35.68	7.72	38.88	17.38	35.46	7.07	35.63	7.57	35.11	6.00
2011	40.31	10.02	42.99	4.05	37.42	16.47	43.64	2.60	38.07	15.02
2012	45.50	2.01	47.10	5.59	49.10	10.09	44.63	0.07	46.02	3.18
2013	51.20	2.53	51.20	2.53	48.90	2.08	50.11	0.34	51.36	2.84
2014	57.41	0.08	55.31	3.74	54.24	5.60	57.32	0.24	56.05	2.46
2015	64.10	0.62	59.42	7.87	61.76	4.25	64.46	0.05	60.25	6.59
$\mathrm{MAPE_{in}}$/%		4.40		8.14		6.57		2.92		6.05
2016	71.24	0.55	63.53	10.33	68.80	2.89	69.34	2.13	53.91	23.91
2017	78.82	2.93	67.64	16.70	73.10	9.98	70.85	12.74	49.19	39.42
2018	86.81	0.48	71.75	16.96	77.40	10.42	70.27	18.67	54.83	36.54
$\mathrm{MAPE_{out}}$/%		1.32		14.66		7.76		11.18		33.29
2019	95.21		75.86		81.70		69.34		59.84	
2020	103.98		79.97		86.00		68.80		57.75	

由表 3.3可知，五个模型的 $\mathrm{MAPE_{in}}$ 都小于 10%，但它们的 $\mathrm{MAPE_{out}}$ 差异很大，说明它们的拟合精度几乎相同，但预测精度不同。线性回归 (LR) 的决定系数很高，说明模型的阶数是合适的，但它没有考虑时间序列的自相关性质，因此预测性能不佳。相反，ARIMA 考虑了自相关，比 LR 有更好的表现。NNAR

① 计算程序来源: ARIMA 和 NNAR 分别运用 R 软件 forecast [130] 包中的 auto.arima 和 nnetar 函数实现，SVR 运用 R 软件 e1071 包 [131] 中的 svm 函数实现。

获得最小的拟合误差，但预测误差较大，SVR 在拟合方面表现较好，但在预测方面表现较差。NNAR 和 SVR 的拟合效果好但预测效果差的原因可能是：样本量小导致了过拟合，尽管已通过简化模型结构尽力避免这一现象。

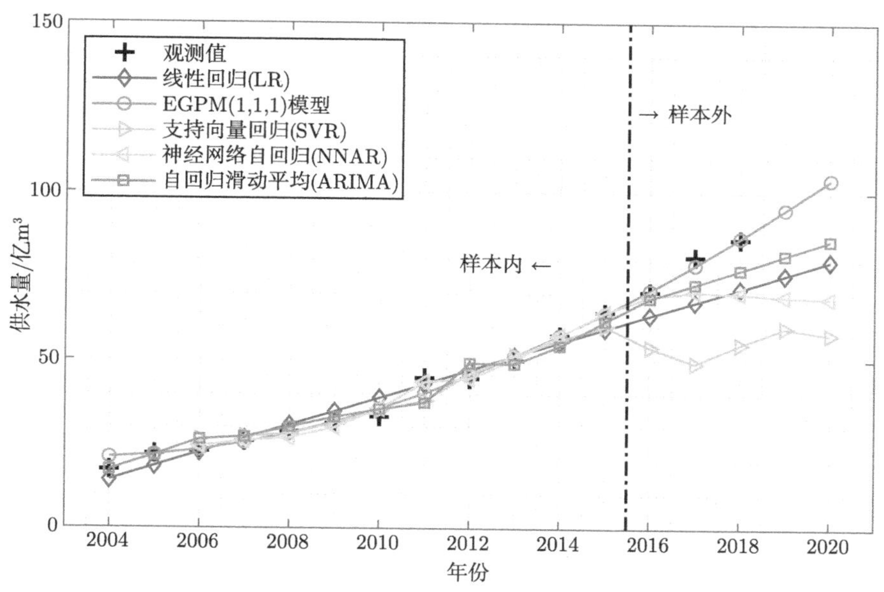

图 3.3 显式 EGPM(1,1,1) 模型与其他经典模型的预测曲线

总的来讲，本章的显式灰色多项式模型具有可接受的拟合误差 ($\mathrm{MAPE_{in}} = 4.40\%$) 和最小的预测误差 ($\mathrm{MAPE_{out}} = 1.32\%$)，是本案例的最优模型选择。

3.6 本章小结

本章从经典的连续时间灰色内生模型出发，总结归纳出了该类模型统一表征的隐式形式，并分析该形式对已有模型的兼容性。随后，引出该隐式形式约简与重构的两个重要引理，并据此提出连续时间灰色多项式模型的显式表征形式。从显式表征的状态方程出发，引入积分匹配方法来同步估计模型的结构参数与初值条件，将隐式模型的三步建模方法约简为两步建模方法，不但简化了建模步骤，而且增强了模型的可解释性，为后续的不确定性量化提供便捷。最后，将连续时间灰色内生模型拓展到向量序列，分别推导了向量观测序列数据的隐式形式和显式形式。以连续时间灰色多项式模型为例，说明了隐式与显式模型在实践应用过程中的联系与区别。

第 4 章　离散时间灰色内生模型

连续时间灰色系统模型的建模过程可简要概括为：离散 (点观测) → 连续 (时间响应式) → 离散 (点预测)。显然，连续和离散之间的转换会不可避免地引入误差，推导无须“连续 (时间响应式)”离散化的直接建模方法，有望提升模型精度 [132]。基于“离散 (点观测) → 离散 (点预测)”的视角，谢乃明和刘思峰 [5] 从连续时间单变量一阶 (微分) 灰色 GM(1,1) 模型出发，推导出了离散时间单变量一阶 (延迟) 灰色 DGM(1,1) 模型，形成了离散时间灰色系统模型的建模范式。随后，学者提出了适用于不同时间序列特征的离散时间灰色系统模型，并产出了一系列优秀的理论与应用成果。

现有各离散灰色系统模型具有自身独特的结构特征和适用范围，对比分析不同模型的结构表达式，归纳出具有向下兼容和向上拓展能力的综合表达式，不仅有助于模型性质的分析，弱化对模型应用者先验知识的要求 (从众多模型中选择合适的结构)，也有利于科学正确使用模型。

不同于连续时间灰色内生模型的微分方程形式，离散时间灰色内生模型通过构建离散形式的模型进行参数估计和模型求解，但是离散时间灰色内生模型的表达式可以由连续时间灰色内生模型推导而来。

4.1　离散时间灰色内生模型概述

离散时间灰色内生模型的伪状态空间表征为

$$\text{累积和算子}\quad y(t_k)=\sum_{i=1}^{k}h_ix(t_i),\ k\geqslant 1 \tag{4.1}$$

$$\text{累积和状态方程}\quad y(t_k)=ay(t_{k-1})+b^{\mathrm{T}}v(t_k)+c,\ y(t_1)=\eta,\ k\geqslant 2 \tag{4.2}$$

其中，$x(t_i)$ 为状态变量观测，$y(t_k)$ 为状态变量观测累积和，a，b，c 为未知结构参数，η 为未知初值条件，$v(t_k)=[v_1(t_k),v_2(t_k),\cdots,v_p(t_k)]^{\mathrm{T}}$ 为确定性时间函数向量。

1. 参数估计

式(4.2)可看作特殊的多元回归，将数据矩阵 $\Theta(y,v)$ 划分为两部分：$\Theta(y,v)=[y\ v]$，其中，y 为第一列向量，v 由剩下的向量组成。设 y 不在 v 的列生成子空间

中，则 $\Theta(y,v)$ 为列满秩矩阵。结构参数的最小二乘估计可通过最小化目标函数

$$\|\epsilon\|_2^2 = \|X - \Theta(y,v)\beta\|_2^2 = (X - \Theta(y,v)\beta)^{\mathrm{T}} (X - \Theta(y,v)\beta)$$

求解得

$$\begin{pmatrix}\hat{a} & \hat{b}^{\mathrm{T}} & \hat{c}\end{pmatrix}^{\mathrm{T}} = \left(\Theta^{\mathrm{T}}(y,v)\Theta(y,v)\right)^{-1} \Theta^{\mathrm{T}}(y,v)X \tag{4.3}$$

其中：

$$X = \begin{pmatrix} y(t_2) \\ y(t_3) \\ \vdots \\ y(t_n) \end{pmatrix}, \ \Theta(y,v) = \begin{pmatrix} y(t_1) & v(t_2)^{\mathrm{T}} & 1 \\ y(t_2) & v(t_3)^{\mathrm{T}} & 1 \\ \vdots & & \\ y(t_{n-1}) & v(t_n)^{\mathrm{T}} & 1 \end{pmatrix}$$

2. *趋势外推*

将结构参数估计值代入累积和状态方程(4.2)

$$\hat{y}(t_k) = \hat{a}y(t_{k-1}) + \hat{b}^{\mathrm{T}}v(t_k) + \hat{c}$$

其中，$\mathring{y}(t_1) = \eta \in \mathbb{R}$ 为未知初值条件。常用的三种初值条件选择策略及其对应的递推公式分别如下。

(1) 不动始点策略，$\hat{\eta} = y(t_1)$，则递推公式为

$$\hat{y}(t_k) = \hat{a}^{k-1}y(t_1) + \hat{b}^{\mathrm{T}}\sum_{1}^{k} v(t_j)a^{k-j} + \frac{1-\hat{a}^{k-1}}{1-\hat{a}}\hat{c}$$

(2) 不动终点策略，$\hat{\eta} = y(t_n)$，则递推公式为

$$\hat{y}(t_k) = \hat{a}^{k-1}y(t_n) + \hat{b}^{\mathrm{T}}\sum_{1}^{k} v(t_j)a^{k-j} + \frac{1-\hat{a}^{k-1}}{1-\hat{a}}\hat{c}$$

(3) 最小二乘策略，$\hat{\eta} = \arg\min\limits_{\eta} \sum\limits_{i=1}^{n} \left(y(t_i) - \mathring{y}(t_i,\eta)\right)^2$，则递推公式为

$$\hat{y}(t_k) = \hat{a}^{k-1}\hat{\eta} + \hat{b}^{\mathrm{T}}\sum_{1}^{k} v(t_j)a^{k-j} + \frac{1-\hat{a}^{k-1}}{1-\hat{a}}\hat{c}$$

3. *累减还原*

将离散时间网格点 $\{t_1, t_2, \cdots, t_n, \cdots, t_{n+r}\}$(其中 r 为预测步长) 代入递推公式得累积和序列的拟合预测值 $\{\hat{y}(t_1), \hat{y}(t_2), \cdots, \hat{y}(t_n), \cdots, \hat{y}(t_{n+r})\}$；施用逆累

积和 (累减还原) 算子可得原始时间序列拟合预测值 $\{\hat{x}(t_1),\hat{x}(t_2),\cdots,\hat{x}(t_n),\cdots,\hat{x}(t_{n+r})\}$，其中：

$$\hat{x}(t_k)=\begin{cases}\hat{y}(t_1), & k=1\\ \dfrac{1}{h_k}\left(\hat{y}(t_k)-\hat{y}(t_{k-1})\right), & k\geqslant 2\end{cases}\tag{4.4}$$

对于累积和状态方程式(4.2)，分析时间函数向量 $v(t_k)$ 的取值知：当抽样间隔为单位间隔 $h_k=1,\forall k\geqslant 2$ 时，该模型可退化为一系列经典的离散时间灰色预测模型。

(1) 若 $v(t_k)=0$，则退化为经典的离散时间 DGM(1, 1) 模型 [4,5]，其伪线性回归方程为

$$y(k)=ay(k-1)+c$$

(2) 若 $v(t_k)=k$，则退化为离散时间 NDGM(1, 1, t) 模型 [133]，其伪线性回归方程为

$$y(k)=ay(k-1)+bk+c$$

(3) 若 $v(t_k)=k^p$，$p\in\mathbb{N}^+$，则退化为离散时间 DGM(1, 1, k^p) 模型，其伪线性回归方程为

$$y(k)=ay(k-1)+bk^p+c$$

(4) 若 $v(t_k)=[k,k^2,\cdots,k^p]^{\mathrm{T}}$，$p\in\mathbb{N}^+$，则退化为离散时间 DGPM(1,1,$p$) 模型 [33]，其伪线性回归方程为

$$y(k)=ay(k-1)+\sum_{j=1}^{p}b_jk^j+c$$

4.2　模型显式表征推演的引理

引理 4.1

设 $\{y_{\mathrm{a}}(t_1),y_{\mathrm{a}}(t_2),\cdots,y_{\mathrm{a}}(t_n)\}$ 为累积和 $\{y(t_1),y(t_2),\cdots,y(t_n)\}$ 的仿射变换，满足

$$y_{\mathrm{a}}(t_k)=\rho y(t_k)+\xi\tag{4.5}$$

其中，$\rho\in\mathbb{R}$ 且 $\rho\neq 0$ 为伸缩系数，$\xi\in\mathbb{R}$ 为平移系数。则累积和序列及其仿射变换序列的建模结果满足

(1) $\hat{a}_{\mathrm{a}}=\hat{a}$，$\hat{b}_{\mathrm{a}}=\rho\hat{b}$，$\hat{c}_{\mathrm{a}}=\rho\hat{c}-\xi\hat{a}$；

(2) $\hat{y}_{\mathrm{a}}(t)=\rho\hat{y}(t)+\xi$，$t\geqslant t_1$；
(3) $\hat{x}_{\mathrm{a}}(t_k)=\rho\hat{x}(t_k)$，$k\geqslant 2$。

证明 (1) 将式(4.5)代入式(4.2)易知仿射变换序列对应的伪线性回归的响应变量和数据矩阵分别为

$$x_{\mathrm{a}}=\begin{pmatrix} y_{\mathrm{a}}(t_2)-y_{\mathrm{a}}(t_1)\\ y_{\mathrm{a}}(t_3)-y_{\mathrm{a}}(t_2)\\ \vdots \\ y_{\mathrm{a}}(t_n)-y_{\mathrm{a}}(t_{n-1})\end{pmatrix}=\rho x$$

和

$$\Theta^{\mathrm{T}}(y_{\mathrm{a}},t)=\begin{pmatrix} \rho\frac{1}{2}\left(y(t_1)+y(t_2)\right)+\xi & \frac{1}{2}\left(v(t_1)+v(t_2)\right)^{\mathrm{T}} & 1\\ \rho\frac{1}{2}\left(y(t_2)+y(t_3)\right)+\xi & \frac{1}{2}\left(v(t_2)+v(t_3)\right)^{\mathrm{T}} & 1\\ \vdots & & \\ \rho\frac{1}{2}\left(y(t_{n-1})+y(t_n)\right)+\xi & \frac{1}{2}\left(v(t_{n-1})+v(t_n)\right)^{\mathrm{T}} & 1\end{pmatrix}=\Theta(y,t)R$$

其中：

$$R=\begin{pmatrix}\rho & 0 & 0\\ 0 & I_p & 0\\ \xi & 0 & 1\end{pmatrix},\ R^{-1}=\frac{1}{\rho}\begin{pmatrix}1 & 0 & 0\\ 0 & \rho I_p & 0\\ -\xi & 0 & \rho\end{pmatrix}$$

代入式(4.3)得仿射变换序列对应的参数估计值为

$$\begin{pmatrix}\hat{a}_{\mathrm{a}}\\ \hat{b}_{\mathrm{a}}\\ \hat{c}_{\mathrm{a}}\end{pmatrix}=\rho R^{-1}\begin{pmatrix}\hat{a}\\ \hat{b}\\ \hat{c}\end{pmatrix}=\begin{pmatrix}1 & 0 & 0\\ 0 & \rho I_p & 0\\ -\xi & 0 & \rho\end{pmatrix}\begin{pmatrix}\hat{a}\\ \hat{b}\\ \hat{c}\end{pmatrix}=\begin{pmatrix}\hat{a}\\ \rho\hat{b}\\ \rho\hat{c}-\xi\hat{a}\end{pmatrix} \tag{4.6}$$

(2) 对于不动始点和不动终点两种初值条件选择策略，易知 $\hat{\eta}_{\mathrm{a}}=\rho\hat{\eta}+\xi$；对于最小二乘策略，有

$$X_{\mathrm{a}}=\Theta(y_{\mathrm{a}})\hat{\beta}_{\mathrm{a}}=(\Theta(y)PQ)\left(\rho Q^{-1}P^{-1}\hat{\beta}\right)=\rho\Theta(y)\hat{\beta}=\rho\hat{X}\quad\Rightarrow\quad \hat{x}_{\mathrm{a}}(k)=\rho\hat{x}(k)$$

故

$$\hat{\eta}_{\mathrm{a}} = \arg\min_{\eta_{\mathrm{a}}} \sum_{i=1}^{n} \left(\rho y(t_i) + \xi - \mathring{y}_{\mathrm{a}}(t_i, \eta_{\mathrm{a}})\right)^2 = \rho\hat{\eta} + \xi$$

分别代入递推公式易知结论成立。

(3) 由逆累积和算子式(4.4)易知，

$$\hat{x}_{\mathrm{a}}(t_k) = \frac{\hat{y}_{\mathrm{a}}(t_k) - \hat{y}_{\mathrm{a}}(t_{k-1})}{h_k} = \rho\frac{\hat{y}(t_k) - \hat{y}(t_{k-1})}{h_k} = \rho\hat{x}(t_k),\ k \geqslant 2$$

■

引理 4.1表明累积和序列的仿射变换不改变模型的预测结果。事实上，累积和序列的仿射变换可通过对原始序列作如下变换获得

$$x_{\mathrm{a}}(t_k) = \begin{cases} \rho x(t_1) + \xi, & k = 1 \\ \rho x(t_k), & k \geqslant 2 \end{cases}$$

特别地，当伸缩系数 $\rho = 1$ 时，结合引理 4.1易知，对任意的 $\xi \in \mathbb{R}$，总有 $\hat{x}_{\mathrm{a}}(t_k) = \hat{x}(t_k)$，$k \geqslant 2$。也就是说，平移系数 ξ 的取值 (对应于原始序列的第一个元素) 不影响模型的预测结果。因此，在不改变预测结果的前提下，累积和算子式(4.1)可定义为更一般的形式：

$$y(t_k) = \begin{cases} \xi, & k = 1 \\ \xi + \sum\limits_{i=2}^{k} h_i x(t_i), & k \geqslant 2 \end{cases} \tag{4.7}$$

其中，$\xi \in \mathbb{R}$ 为任意实数。

4.3 标量序列的离散时间灰色内生模型

标量序列的离散时间灰色内生模型的显式形式可重写为状态空间形式：

观测方程 $x(t_k) = s(t_k) + e(k),\ k = 1, 2, \cdots, n$ (4.8)

状态方程 $x(t_k) = \alpha y(t_{k-1}) + \left(v(t_k) - v(t_1)\right)^{\mathrm{T}} \beta + \gamma,\ k = 2, 3, \cdots, n$ (4.9)

其中，$s(t_k) \in \mathbb{R}$ 为状态变量，$x(t_k)$ 为状态变量在 t_k 时刻的观测值，$e(k) \in \mathbb{R}$ 为 t_k 时刻观测的测量误差，$y(t_{k-1})$ 为在 t_{k-1} 时刻状态变量的观测累积和，$v(t) = [v_1(t), v_2(t), \cdots, v_p(t)]^{\mathrm{T}}$ 为已知时间函数向量，$\alpha \in \mathbb{R}$，$\beta \in \mathbb{R}^p$ 和 γ 为未知结构参数，η 为未知初值条件。

如 3.3节所示，利用积分变换对模型进行约简重构，得到伪线性回归方程(3.19)，即为离散时间灰色内生模型的隐式形式。

1. 显式形式

将离散时间灰色内生模型隐式形式进行简单的变形，得到一个显式的伪线性回归方程

$$x(t_k)=\alpha y(t_{k-1})+\left(v(t_k)-v(t_1)\right)^{\mathrm{T}}\beta+\gamma+e(k) \tag{4.10}$$

其中：

$$\alpha=\frac{2}{2-ha}a,\ \beta=\frac{2}{2-ha}b,\ e(k)=\frac{2}{2-ha}\varepsilon(k),\ \gamma=\frac{h-2}{2-ha}ax(t_1)+\frac{2}{2-ha}\eta$$

2. 参数估计

标量序列离散时间灰色内生模型的参数的最小二乘估计为

$$\begin{pmatrix}\hat{\alpha} & \hat{\beta} & \hat{\gamma}\end{pmatrix}^{\mathrm{T}}=\left(\varXi^{\mathrm{T}}(x,v)\varXi(x,v)\right)^{-1}\varXi^{\mathrm{T}}(x,v)x \tag{4.11}$$

其中：

$$\varXi(y,v)=\begin{pmatrix} y(t_1) & \left(v(t_2)-v(t_1)\right)^{\mathrm{T}} & 1\\ y(t_2) & \left(v(t_3)-v(t_1)\right)^{\mathrm{T}} & 1\\ \vdots & \vdots & \vdots\\ y(t_n-1) & \left(v(t_n)-v(t_1)\right)^{\mathrm{T}} & 1\end{pmatrix}.$$

3. 趋势递归外推

将结构参数和初值条件的估计代入回归方程(4.10)，得到拟合值

$$\hat{x}(t_k)=\hat{\alpha}y(t_{k-1})+\left(v(t_k)-v(t_1)\right)^{\mathrm{T}}\hat{\beta}+\hat{\gamma},\ k=2,\ 3,\cdots,\ n \tag{4.12}$$

基于递归估计策略，得到 r 步预测值

$$\hat{x}\left(t_{n+r}\right)=\begin{cases}\hat{\alpha}y\left(t_n\right)+\left(v(t_{n+r})-v(t_1)\right)^{\mathrm{T}}\hat{\beta}+\hat{\gamma}, & r=1\\ \hat{\alpha}\hat{y}\left(t_{n+r-1}\right)+\left(v(t_{n+r})-v(t_1)\right)^{\mathrm{T}}\hat{\beta}+\hat{\gamma}, & r\geqslant 2\end{cases} \tag{4.13}$$

4.4 离散时间灰色内生模型的向量序列拓展形式

基于标量序列的离散时间灰色内生模型，进一步将离散时间灰色内生模型的状态变量扩展为状态向量，可得到向量序列离散时间内生模型的状态空间形式：

观测方程 $x(t_k)=s(t_k)+e(k),\ k=1,2,\cdots,n$ (4.14)

$$\text{状态方程}\quad x(t_k) = \alpha y(t_{k-1}) + \beta\left(v(t_k) - v(t_1)\right) + \gamma,\ k = 2, 3, \cdots, n \tag{4.15}$$

其中，$s(t_k) \in \mathbb{R}^d$ 为状态向量，$x(t_k)$ 为状态变量在 t_k 时刻的观测，$e(k) \in \mathbb{R}^d$ 为 t_k 时刻观测的测量误差向量，$y(t_{k-1}) \in \mathbb{R}^{d\times 1}$ 为在 t_{k-1} 时刻状态变量的观测累积和，$v(t_k) = [v_1(t_k), v_2(t_k), \cdots, v_p(t_k)]^{\mathrm{T}}$ 为已知时间函数向量，$\alpha \in \mathbb{R}^{d\times d}$，$\beta \in \mathbb{R}^{d\times p}$ 和 γ 为未知结构参数，η 为未知初值条件。

与标量序列离散时间灰色内生模型类似，向量序列离散时间灰色内生模型的建模过程也分为以下三个步骤。

1. 积分变换

在区间 $[t_1, t]$ 上，对状态方程(3.35)积分，有

$$s(t) = \eta + A\int_{t_1}^{t} s(\tau)\mathrm{d}\tau + B\int_{t_1}^{t} u(\tau)\mathrm{d}\tau \tag{4.16}$$

其中：

$$\int_{t_1}^{t} u(\tau)\mathrm{d}\tau = v(t) - v(t_1) \tag{4.17}$$

和

$$\int_{t_1}^{t} s(\tau)\mathrm{d}\tau \approx \frac{1}{2}\sum_{i=2}^{n} h_i s(t_{i-1}) + \frac{1}{2}\sum_{i=2}^{n} h_i s(t_i) \tag{4.18}$$

将式(4.17)和式(4.18)代入式(4.16)，得到离散时间方程

$$s(t_k) = A\left(\frac{1}{2}\sum_{i=2}^{k} h_i x(t_{i-1}) + \frac{1}{2}\sum_{i=2}^{k} h_i x(t_i)\right) + B\left(v(t_k) - v(t_1)\right) + \eta \tag{4.19}$$

由于状态变量 $s(t)$ 不可获得，运用其含噪观测 $x(t)$ 近似替代，有伪线性回归方程为

$$s(t_k) = A\left(\frac{1}{2}\sum_{i=2}^{k} h_i x(t_{i-1}) + \frac{1}{2}\sum_{i=2}^{k} h_i x(t_i)\right) + B\left(v(t_k) - v(t_1)\right) + \eta + \varepsilon(k) \tag{4.20}$$

其中，$\varepsilon(k)$ 为离散误差与模型误差的和。

对于等间隔时间序列，得到一个显式的伪线性回归方程

$$\hat{x}(t_k) = \alpha\hat{y}(t_{k-1}) + \beta\left(v(t_k) - v(t_1)\right) + \gamma + e(k) \tag{4.21}$$

其中：

$$\alpha=\left(I-\frac{h}{2}A\right)^{-1}A,\ \beta=\left(I-\frac{h}{2}A\right)^{-1}B,\ e(k)=\left(I-\frac{h}{2}A\right)^{-1}\varepsilon(k),$$

$$\gamma=\frac{h-2}{2}\left(I-\frac{h}{2}A\right)^{-1}Ax(t_1)+\left(I-\frac{h}{2}A\right)^{-1}\eta$$

2. 参数估计

向量序列离散时间灰色内生模型的最小二乘估计为

$$\begin{pmatrix}\hat{\alpha}^{\mathrm{T}} & \hat{\beta}^{\mathrm{T}} & \hat{\gamma}^{\mathrm{T}}\end{pmatrix}^{\mathrm{T}}=\left(\varXi^{\mathrm{T}}(y,t)\varXi(y,t)\right)^{-1}\varXi^{\mathrm{T}}(y,t)x \tag{4.22}$$

其中：

$$\varXi(y,t)=\begin{pmatrix}y^{\mathrm{T}}(t_1) & (v(t_2)-v(t_1))^{\mathrm{T}} & 1\\ y^{\mathrm{T}}(t_2) & (v(t_3)-v(t_1))^{\mathrm{T}} & 1\\ \vdots & \vdots & \vdots\\ y^{\mathrm{T}}(t_n-1) & (v(t_n)-v(t_1))^{\mathrm{T}} & 1\end{pmatrix}$$

3. 趋势递归外推

将结构参数和初值条件的估计代入回归方程(4.21)，得到拟合值

$$\hat{x}(t_k)=\hat{\alpha}y(t_{k-1})+\hat{\beta}\left(v(t_k)-v(t_1)\right)+\hat{\gamma},\ k=2,\ 3,\cdots,\ n \tag{4.23}$$

基于递归估计策略，得到 r 步预测值

$$\hat{x}\left(t_{n+r}\right)=\begin{cases}\hat{\alpha}y\left(t_n\right)+\hat{\beta}\left(v(t_{n+r})-v(t_1)\right)+\hat{\gamma}, & r=1\\ \hat{\alpha}\hat{y}\left(t_{n+r-1}\right)+\hat{\beta}\left(v(t_{n+r})-v(t_1)\right)+\hat{\gamma}, & r\geqslant 2\end{cases} \tag{4.24}$$

4.5 离散时间灰色多项式模型

离散时间灰色多项式模型的方程形式如下：

$$x(t_k)=\alpha y(t_{k-1})+\beta_0+\beta_1t_k+\cdots+\beta_Nt_k^N+e(t_k) \tag{4.25}$$

1. 多项式特征选择

进行模型参数估计的前提假设多项式阶数 N 已知，但在实践中很难依据先验知识确定多项式阶数，这限制了模型的实用性。与连续时间灰色多项式模型类

似，这里仍然倾向于选择低阶多项式，其原因是高阶模型易产生过拟合：拟合曲线在序列的两端剧烈震荡，使得结果模型具有好的拟合、差的预测外推。

为此，令多项式阶数上界为 $N=4$，在参数估计过程中，通过约束模型的结构复杂度，降低过拟合风险，也就是说，求解结构参数最小二乘估计值的目标函数重写为

$$
\begin{aligned}
&\sum_{k=2}^{n}\left(x(t_k)-\alpha y(t_{k-1})-\beta_0-\sum_{j=1}^{N}\beta_j t_k^j\right)^2 \\
&\text{s.t.}\ \sum_{j=1}^{N}\mathcal{I}(\beta_j\neq 0)=s
\end{aligned}
\tag{4.26}
$$

其中，$0\leqslant s\leqslant N$ 为结构复杂度控制因子，$\mathcal{I}(\cdot)$ 为指示函数，若条件为真则为 1，反之则为 0。

带约束目标函数式(4.26)的最小化是一个混合整数规划求解问题，可结合最优子集选择设计求解算法。由多项式阶数上界 $N=4$ 知，$s\in\{0,1,2,3,4\}$，共 $2^N=16$ 种可能的模型结构。运用留出交叉验证法，将原始时间序列划分为两部分：训练集 (training set) 和验证集 (validation set)。对每一候选模型结构，在训练集上建立模型并据此进行预测，并在验证集上评估模型的预测精度或泛化能力，详细过程参见算法 4.1。

实际上，可将式(4.26)中约束条件下目标函数最小化视为最佳子集选择策略，并由调整因子 s 控制子集大小。然后利用验证集方法估计模型的预测误差，将原始序列分为两部分：用于建模的训练集和用于预测的验证集。用 MAPE 作为性能测度，同时得到拟合误差和预测误差

$$
\text{MAPE }=\frac{1}{n_2-n_1+1}\sum_{k=n_1}^{n_2}\left|\frac{x^{(0)}(k)-\hat{x}^{(0)}(k)}{x^{(0)}(k)}\right|\times 100\% \tag{4.27}
$$

其中，$n_1<n_2$ 且 n_1，$n_2\in\mathbb{N}$。如果 $n_1=2$ 且 $n_2=m$，则 MAPE 为训练集上的平均绝对百分误差；如果 $n_1=m+1$ 且 $n_2=n$，则 MAPE 为测试集上的平均绝对百分误差。

2. 预测算法与步骤

离散时间灰色多项式模型的结构选择算法如算法 4.1 所示。

3. 数值仿真

为了进一步验证理论分析，我们设计了一个仿真试验，通过在指数函数和线性函数中加入随机误差来生成原始时间序列，即

$$
x^{(0)}(t)=\mathrm{e}^{\alpha}+b_0+b_1t+\varepsilon_t \tag{4.28}
$$

其中，$\varepsilon_t \sim \mathcal{N}(0,\sigma^2)$ 为随机误差。

算法 4.1 基于数据的结构特征选择

输入: 原始序列：$\{x(1),x(2),\cdots,x(n)\}$

输出: 最优模型结构：$\mathcal{M}_{\text{opt}}$

将原始序列划分为训练集和验证集：

$$X_{\text{train}}=\{x(1),x(2),\cdots,x(m)\} \text{ 和 } X_{\text{valid}}=\{x(m+1),x(m+2),\cdots,x(n)\}$$

其中，$m=\left[\dfrac{4}{5}n\right]$ 为不大于 $\dfrac{4}{5}n$ 的最大整数；初始化：令 $\mathcal{M}_0$ 表示零模型 $(s=0)$；

% 式(4.25)右端仅含累积和项与常数项

foreach $s\in\mathcal{S}=\{1,2,3\}$ **do**

% 式(4.25)的右端包含 $s+2$ 项 (1 个累积和项、1 个常数项、s 个其他项)

拟合所有候选模型：

$$\mathcal{M}(s,1),\mathcal{M}(s,2),\cdots,\mathcal{M}(s,\varpi),\ \varpi=\binom{N}{s}$$；% 候选模型的初筛，剪除 (训练) 平均绝对百分误差大于 η_1 的候选模型

选择次优候选模型：

$$\mathcal{M}_{s,q}=\mathop{\arg\min}_{\mathcal{M}(s,\cdot)}\{\mathcal{M}(\text{MAPE}_{\text{train}})\leqslant\eta_1\},\ q=1,2,\cdots$$

其中，$\eta_1\in(0,1]$ 为拟合误差上界，通常设置为 0.10~0.15；

end

选择最优模型结构：

$$\mathcal{M}_{\text{opt}}=\mathop{\arg\min}_{\mathcal{M}(s,q)}\text{Ord}(\mathcal{M})$$
$$\text{s.t.}\quad \mathcal{M}(\text{MAPE}_{\text{valid}})\leqslant\eta_2$$

其中，$\text{Ord}(\mathcal{M})$ 为次优模型 $\mathcal{M}$ 的多项式阶数；$\eta_2\in(0,1]$ 为预测误差上界，通常设置为 0.10~0.15。

参数设置为 $(a,b_0,b_1)=(0.5,5.0,-2.0)$，高斯白噪声标准差 σ 的取值分别为 0.05, 0.06, 0.07, 0.08, 0.09, 0.10。在区间 $[0,7]$ 内，以 0.25 为抽样间隔，共生成 29 个样本数据。在每一方差取值下，对每一组样本数据分别建立零阶至三阶的离散时间灰色多项式模型，共产生 $6\times4=24$ 种组合情景。在每一情景下，将原始序列划分为两部分：前 23 个样本数据 (in-sample period) 用于拟合模型、后 6 个样本数据 (out-of-sample period) 用于检验模型的泛化能力，且每一情景重复 500 次 (每次生成的高斯白噪声均不相同)，以分析建模结果的稳定性、统计比较不同阶模型之间的差异。为量化不同情景下各阶模型的拟合和预测误差，取所有重复试验的平均绝对百分误差：

$$\mathrm{MAPE_{in}} = \frac{1}{500}\sum_{i=1}^{500}\mathrm{MAPE_{in}}[i],\ \mathrm{MAPE_{out}} = \frac{1}{500}\sum_{i=1}^{500}\mathrm{MAPE_{out}}[i]$$

其中：

$$\mathrm{MAPE_{in}}[i] = \frac{1}{22}\sum_{k=2}^{23}\left|\frac{x^{[i]}(k) - \hat{x}^{[i]}(k)}{x^{[i]}(k)}\right| \times 100\%$$

$$\mathrm{MAPE_{out}}[i] = \frac{1}{6}\sum_{k=24}^{29}\left|\frac{x^{[i]}(k) - \hat{x}^{[i]}(k)}{x^{[i]}(k)}\right| \times 100\%$$

且结合式(4.25)易知，$x^{[i]}(k)$ 为第 i 次重复试验时原始序列的第 k 个样本值，$\hat{x}^{[i]}(k)$ 为第 i 次重复试验时原始序列的第 k 个样本的拟合预测值。

在每一噪声水平设置下，分别计算每个模型的 500 次重复试验结果：拟合误差 $\mathrm{MAPE_{in}}$ 和预测误差 $\mathrm{MAPE_{out}}$。绘制拟合误差与预测误差的箱线图，以直观地分析误差的分布情况，如图 4.1所示；汇总 500 次重复试验拟合误差与预测误差的样本均值，如表 4.1所示。

图 4.1和表 4.1表明：当多项式阶数相等时，拟合误差与预测误差随着白噪声标准差的增大而增加；当白噪声的标准差相等时，拟合误差随着阶数的增大而减小，预测误差随着阶数的增大先减小后增大；对所有阶模型，DGPM(1,1,2) 模型和 DGPM(1,1,3) 模型的拟合误差与预测误差均远小于其余两模型。此外，在所有的噪声水平情景下，DGPM(1,1,2) 模型和 DGPM(1,1,3) 模型的拟合误差 $\mathrm{MAPE_{in}}$ 之间的差小于 0.05%，预测误差 $\mathrm{MAPE_{out}}$ 之间的差小于 2.00%，表明二者具有很接近的拟合预测性能，但 DGPM(1,1,2) 模型具有更简单的模型结构。

为从统计意义上比较 DGPM(1,1,2) 模型和 DGPM(1,1,3) 模型，对二者的拟合与预测误差分别做显著性假设检验。对于每一次重复试验，$\mathrm{MAPE_{in}}$ 和 $\mathrm{MAPE_{out}}$ 是同一数据序列不同阶数模型的拟合（预测）误差，所以，误差的差 $\mathrm{MAPE}_{2,\mathrm{in}}[i]-\mathrm{MAPE}_{3,\mathrm{in}}[i]$ 和 $\mathrm{MAPE}_{2,\mathrm{out}}[i]-\mathrm{MAPE}_{3,\mathrm{out}}[i]$ 就度量了阶数的效果。将 $d_i = \mathrm{MAPE}_{2,\cdot}[i]-\mathrm{MAPE}_{3,\cdot}[i]$，$i=1,2,\cdots,500$，看成来自正态总体 $\mathcal{N}(\mu_d,\sigma_d^2)$ 的样本。其中，样本均值 μ_d 就是模型阶数的平均效果。运用配对 T 检验方法，有原假设 H_0 ：$\mu_d \leqslant 0$ 和备择假设 H_1：$\mu_d > 0$、检验统计量为 $t = \dfrac{\bar{d}}{S_d/\sqrt{n}} \sim t_{n-1}$ 以及假设检验 $p = \Pr(T > t)$ 值，其中，$\bar{d}$ 为 d_i 的样本均值，S_d 为 d_i 的样本方差，n 为试验重复次数 500，假设检验结果如表 4.2所示。

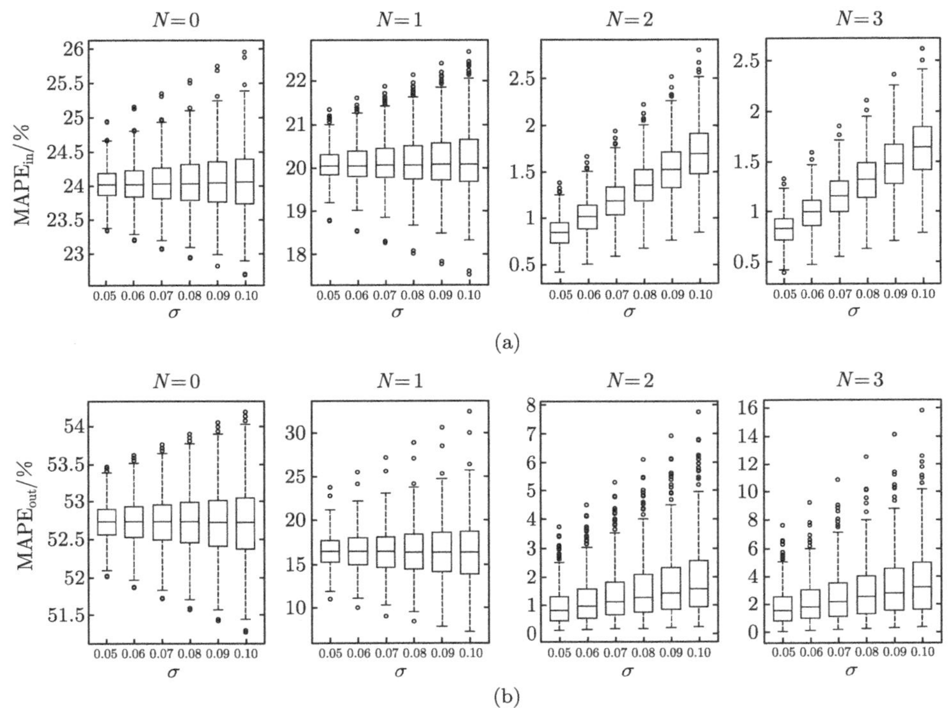

图 4.1 不同噪声水平下不同阶模型的拟合误差与预测误差分布

表 4.1 不同噪声水平下不同阶模型的拟合误差与预测误差的样本均值

误差/%	阶	高斯噪声的标准差					
		0.05	0.06	0.07	0.08	0.09	0.10
MAPE$_{in}$	0	24.02	24.03	24.04	24.05	24.06	24.07
	1	20.08	20.09	20.11	20.12	20.14	20.15
	2	0.85	1.02	1.19	1.35	1.52	1.69
	3	0.82	0.99	1.15	1.31	1.48	1.64
MAPE$_{out}$	0	52.73	52.73	52.72	52.72	52.71	52.71
	1	16.53	16.54	16.55	16.55	16.55	16.55
	2	0.96	1.15	1.34	1.53	1.72	1.92
	3	1.79	2.15	2.51	2.87	3.22	3.59

由表 4.2可知，两模型拟合预测误差之间存在显著性差异。假设检验结果表明：DGPM(1,1,2) 模型的拟合误差 MAPE$_{in}$ 显著大于 DGPM(1,1,3) 模型的拟合误差，但 DGPM(1,1,2) 模型的预测误差 MAPE$_{out}$ 显著小于 DGPM(1,1,3) 模型的预测误差。

综上可知，零阶 DGPM(1,1,0) 模型和一阶 DGPM(1,1,1) 模型具有高拟合误差和高预测误差，为欠拟合模型；三阶 DGPM(1,1,3) 模型具有低拟合误差和高预测误差，为过拟合模型；二阶 DGPM(1,1,2) 模型具有低拟合误差和低预测误差，为适拟合模型，且对随机噪声的干扰表现出一定的鲁棒性能。

表 4.2　不同噪声水平下二阶与三阶模型拟合 (预测) 误差的统计比较

误差/%	重复次数	高斯噪声的标准差					
		0.05	0.06	0.07	0.08	0.09	0.10
$MAPE_{in}$	25	0.02 (0.003*)	0.03 (0.003*)	0.03 (0.003*)	0.04 (0.003*)	0.05 (0.002*)	0.06 (0.002*)
	50	0.02 (0.000*)	0.03 (0.000*)	0.04 (0.000*)	0.05 (0.000*)	0.05 (0.000*)	0.06 (0.000*)
	100	0.03 (0.000*)	0.03 (0.000*)	0.04 (0.000*)	0.05 (0.000*)	0.05 (0.000*)	0.06 (0.000*)
	500	0.02 (0.000*)	0.03 (0.000*)	0.03 (0.000*)	0.04 (0.000*)	0.05 (0.000*)	0.05 (0.000*)
$MAPE_{out}$	25	−0.63 (0.004*)	−0.77 (0.003*)	−0.91 (0.002*)	−1.06 (0.002*)	−1.23 (0.001*)	−1.40 (0.001*)
	50	−0.80 (0.000*)	−0.97 (0.000*)	−1.13 (0.000*)	−1.31 (0.000*)	−1.48 (0.000*)	−1.67 (0.000*)
	100	−0.64 (0.000*)	−0.77 (0.000*)	−0.91 (0.000*)	−1.04 (0.000*)	−1.18 (0.000*)	−1.32 (0.000*)
	500	−0.83 (0.000*)	−1.00 (0.000*)	−1.16 (0.000*)	−1.33 (0.000*)	−1.50 (0.000*)	−1.67 (0.000*)

注：* 表示 1% 的显著水平。

4.6　案 例 研 究

目前，我国能源消费总量 (annual total energy consumption, ATEC) 的测算与统计主要采用两种方法：发电煤耗核算法 (coal equivalent calculation) 和电热当量核算法 (calorific value calculation)。两种核算方法的区别在于对水电、核电的核算方法：发电煤耗核算法将水电、核电按当年平均火力发电煤耗换算成标准煤；电热当量核算法中水电、核电仅按电的热功当量换算成标准煤 [134]。为记号方便，下面将发电煤耗核算法和电热当量核算法对应的能源消费总量分别记为 $ATEC_{cec}$ 和 $ATEC_{cvc}$。为尽可能保证数据的可获得性和一致性，选择 1990~2014 年为研究时间段，两种核算方法对应的能源消费总量数据如表 4.3所示。数据来源于《2015 年中国能源统计年鉴》。

为验证各模型的预测精度，将原始时间序列划分为两部分：样本内和样本外。将 1990~2009 年的 20 个样本数据组成样本内序列，用于构建模型；将 2010~2014 年的 5 个样本数据组成的样本外序列，用于检验模型的预测精度。具体地，能源消费总量序列 $ATEC_{cvc}$ 与 $ATEC_{cec}$ 的划分如图 4.2所示。

表 4.3和图 4.2表明：虽然每一年 $ATEC_{cvc}$ 与 $ATEC_{cec}$ 的观测值均不相同，但它们具有高度相似的总体趋势。由于两序列具有类似的建模过程，下面仅列出 $ATEC_{cvc}$ 序列的计算过程，对于 $ATEC_{cec}$ 序列，则直接列出其对应的计算结果。

首先，对于 $ATEC_{cvc}$ 序列，依据算法 4.1所描述的步骤，对训练集 (1990~2005 年) 建立离散时间灰色多项式模型，并计算其在验证集 (2006~2009 年) 的验证误差。所有候选模型的训练误差 $MAPE_{train}$ 和验证误差 $MAPE_{valid}$ 的分布如图 4.3

所示[①]。

表 4.3 1990~2014 年中国能源消费总量 (单位：亿吨标准煤)

年份	$ATEC_{cvc}$	$ATEC_{cec}$	年份	$ATEC_{cvc}$	$ATEC_{cec}$	年份	$ATEC_{cvc}$	$ATEC_{cec}$
1990	9.54	9.87	1999	13.51	14.06	2008	30.65	32.06
1991	10.04	10.38	2000	14.10	14.70	2009	32.13	33.61
1992	10.56	10.92	2001	14.83	15.55	2010	34.36	36.06
1993	11.15	11.60	2002	16.19	16.96	2011	37.02	38.70
1994	11.81	12.27	2003	18.93	19.71	2012	38.15	40.21
1995	12.35	13.12	2004	22.07	23.03	2013	39.48	41.69
1996	12.97	13.52	2005	25.08	26.14	2014	40.03	42.58
1997	13.01	13.59	2006	27.51	28.65			
1998	13.03	13.62	2007	29.93	31.14			

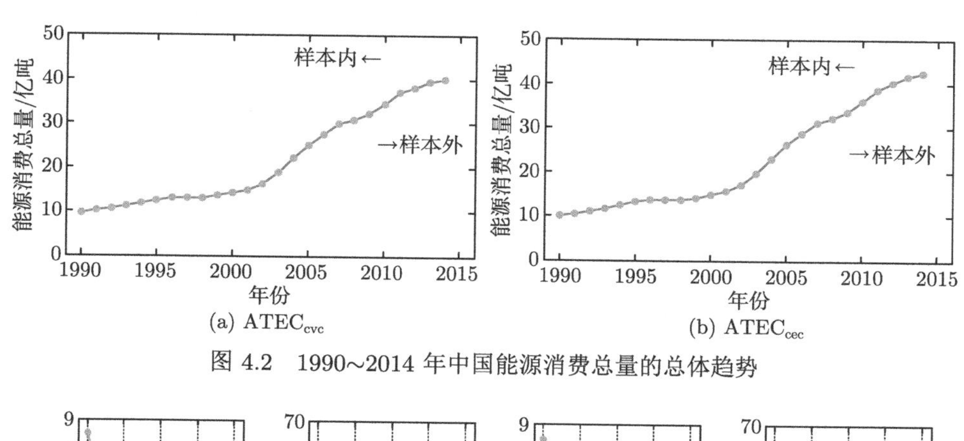

图 4.2 1990~2014 年中国能源消费总量的总体趋势

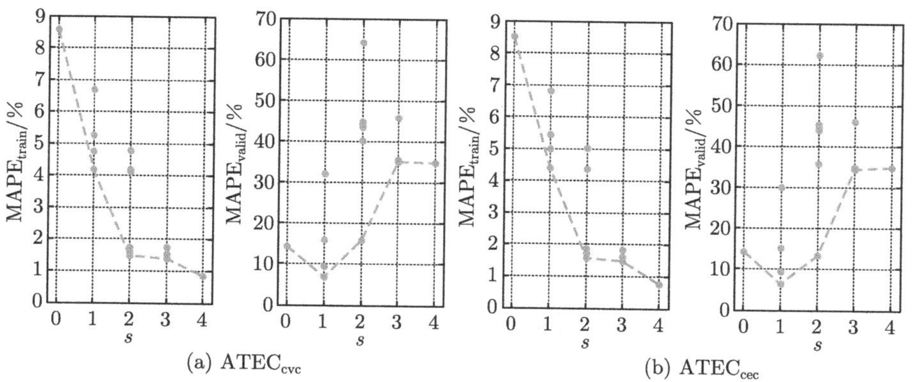

图 4.3 数据集 $ATEC_{cvc}$ 和 $ATEC_{cec}$ 对应候选模型的训练误差和验证误差的分布

① 注：灰点表示每个候选模型的训练或验证误差值，虚线连接了每一个子集规模的最佳结构模型，为帕累托前沿曲线。

由图 4.3可知，对于 $\mathrm{ATEC_{cvc}}$ 序列，随着候选特征规模的增加，训练误差 $\mathrm{MAPE_{train}}$ 从 8.6% 快速减少为 0.9%，验证误差 $\mathrm{MAPE_{valid}}$ 则先减少而后快速增加。所有候选模型的训练误差均小于 10%，但仅有 $\mathcal{M}_{1,2}$ 模型 $(x(k)=\alpha y(k)+\beta_0+\beta_2k^2)$ 和 $\mathcal{M}_{1,3}$ 模型 $(x(k)=\alpha y(k)+\beta_0+\beta_2k^3)$ 的验证误差 $\mathrm{MAPE_{valid}}$ 小于 10%。根据算法 4.1的简约原则知，$\mathrm{Ord}(\mathcal{M}_{1,2})=2<\mathrm{Ord}(\mathcal{M}_{1,3})=3$，即 $\mathcal{M}_{1,2}$ 为最优模型。随后，对样本内序列 (1990~2009 年) 建立最优模型 $\mathcal{M}_{1,2}$，代入结构参数估计值得递归方程

$$\mathrm{ATEC_{cvc}}:\ x(k)=-0.08569752y(k-1)+11.07645+0.1206434k^2$$

据此计算得到的原始序列的拟合和递归预测结果如表 4.4所示。

表 4.4　能源消费总量 $\mathrm{ATEC_{cvc}}$ 的拟合预测结果及误差分布

	灰色预测模型								经典预测模型					
	GPMB		DGPM		NDGM		NBGM [a]		QPR [b]		SVR [c]		NNAR [d]	
	值	APE/%	值	APE/%	值	APE/%	值	APE/%	值	APE/%	值	APE/%	值	APE/%
1990	10.07	5.62	—	—	9.96	4.37	—	—	10.89	14.19	—	—	—	—
1991	8.24	17.98	10.74	6.97	9.86	1.85	8.01	20.21	10.59	5.49	—	—	—	—
1992	8.90	15.77	10.48	0.72	10.21	3.34	8.68	17.83	10.46	0.96	11.52	9.10	10.76	1.89
1993	9.61	13.83	10.42	6.50	10.61	4.84	9.39	15.82	10.50	5.91	11.51	3.22	11.13	0.20
1994	10.38	12.13	10.55	10.61	11.07	6.26	10.14	14.10	10.69	9.48	11.67	1.19	11.60	1.78
1995	11.20	9.25	10.87	11.97	11.59	6.12	10.96	11.26	11.05	10.51	12.05	2.37	12.20	1.22
1996	12.10	6.67	11.38	12.24	12.19	6.00	11.83	8.75	11.58	10.72	12.62	2.69	12.70	2.02
1997	13.07	0.47	12.08	7.15	12.87	1.06	12.78	1.79	12.27	5.69	13.33	2.50	13.42	3.19
1998	14.11	8.36	13.01	0.09	13.65	4.77	13.79	5.87	13.13	0.77	13.80	5.98	13.31	2.16
1999	15.24	12.80	14.19	5.01	14.53	7.56	14.89	10.15	14.15	4.70	13.85	2.49	13.32	1.40
2000	16.46	16.76	15.57	10.40	15.55	10.27	16.07	13.94	15.34	8.78	14.23	0.94	14.07	0.19
2001	17.78	19.92	17.13	15.55	16.70	12.65	17.34	16.94	16.69	12.57	15.11	1.95	14.95	0.81
2002	19.20	18.58	18.88	16.58	18.02	11.28	18.71	15.53	18.21	12.44	16.27	0.48	16.17	0.14
2003	20.74	9.57	20.75	9.62	19.52	3.16	20.19	6.66	19.89	5.10	18.18	3.96	18.74	1.01
2004	22.40	1.46	22.62	2.49	21.24	3.77	21.78	1.32	21.74	1.51	21.50	2.60	22.23	0.72
2005	24.19	3.57	24.47	2.44	23.20	7.51	23.50	6.31	23.76	5.30	24.47	2.45	24.96	0.50
2006	26.12	5.06	26.30	4.40	25.43	7.56	25.36	7.84	25.93	5.74	26.76	2.72	27.62	0.37
2007	28.21	5.73	28.17	5.88	27.98	6.49	27.36	8.59	28.28	5.51	29.18	2.50	29.73	0.67
2008	30.47	0.58	30.07	1.89	30.89	0.81	29.51	3.70	30.79	0.47	30.67	0.09	30.89	0.79
2009	32.91	2.40	32.15	0.04	34.21	6.48	31.84	0.92	33.46	4.14	30.84	4.01	32.03	0.34
$\mathrm{MAPE_{in}}$/%		9.32		6.87		5.81		9.87		6.50		2.85		1.08
2010	35.54	3.43	34.34	0.06	38.00	10.60	34.35	0.04	36.30	5.66	30.38	11.58	32.08	6.64
2011	38.38	3.68	36.58	1.17	42.33	14.35	37.05	0.10	39.31	6.19	30.05	18.82	32.65	11.79
2012	41.45	8.64	38.88	1.90	47.26	23.88	39.97	4.77	42.48	11.34	30.77	19.35	32.56	14.66
2013	44.76	13.39	41.22	4.40	52.89	33.97	43.12	9.22	45.82	16.05	30.81	21.95	32.76	17.02
2014	48.35	20.77	43.60	8.91	59.31	48.17	46.51	16.20	49.32	23.20	30.63	23.49	32.71	18.30
$\mathrm{MAPE_{out}}$/%		9.98		3.29		26.19		6.06		12.49		19.04		13.68

注：a 幂指数和背景系数为 0.01 和 0.5；b 决定系数为 $R^2=0.9749$；c 嵌入维数等于 2，核函数为径向基函数；d 嵌入维数等于 2，单隐含层神经网络含 3 个节点。

类似地，对于 $\mathrm{ATEC_{cec}}$ 序列结果，最优模型结构和递归方程为

$$\mathrm{ATEC_{cec}}:\ x(k) = -0.08146799y(k-1) + 11.42946 + 0.1227668k^2$$

据此计算得到的原始序列的拟合和递归预测，如表 4.5所示。

表 4.5 能源消费总量 $\mathrm{ATEC_{cec}}$ 的拟合预测结果及误差分布

	灰色预测模型								经典预测模型					
	GPMB		DGPM		NDGM		NBGM [a]		QPR [b]		SVR [c]		NNAR [d]	
	值	APE/%	值	APE/%	值	APE/%	值	APE/%	值	APE/%	值	APE/%	值	APE/%
1990	10.41	5.48	—	—	10.28	4.10	—	—	11.29	14.43	—	—	—	—
1991	8.59	17.28	11.12	7.11	10.28	0.96	8.35	19.51	11.00	5.96	—	—	—	—
1992	9.27	15.06	10.88	0.30	10.65	2.48	9.05	17.12	10.87	0.42	12.17	11.46	11.10	1.71
1993	10.02	13.65	10.85	6.42	11.07	4.60	9.79	15.63	10.92	5.89	12.12	4.51	11.51	0.76
1994	10.82	11.86	11.01	10.26	11.54	5.94	10.58	13.82	11.13	9.30	12.26	0.13	12.12	1.22
1995	11.68	10.93	11.37	13.36	12.09	7.83	11.43	12.89	11.52	12.19	12.63	3.73	12.74	2.89
1996	12.62	6.65	11.89	12.03	12.71	5.96	12.34	8.71	12.08	10.67	13.32	1.44	13.70	1.34
1997	13.63	0.29	12.63	7.05	13.42	1.22	13.33	1.95	12.81	5.77	14.07	3.53	13.93	2.48
1998	14.72	8.11	13.61	0.04	14.24	4.54	14.39	5.65	13.71	0.65	14.40	5.77	13.86	1.75
1999	15.90	13.13	14.84	5.54	15.16	7.87	15.53	10.49	14.78	5.14	14.48	2.99	13.87	1.33
2000	17.18	16.87	16.27	10.70	16.22	10.37	16.76	14.07	16.02	9.02	14.81	0.77	14.61	0.59
2001	18.55	19.26	17.89	15.04	17.43	12.03	18.09	16.32	17.44	12.09	15.66	0.67	15.59	0.21
2002	20.04	18.16	19.70	16.15	18.80	10.88	19.53	15.14	19.02	12.17	16.93	0.16	17.00	0.24
2003	21.64	9.81	21.63	9.75	20.37	3.38	21.07	6.91	20.78	5.42	18.93	3.97	19.49	1.13
2004	23.38	1.51	23.58	2.42	22.17	3.74	22.74	1.26	22.70	1.40	22.25	3.39	23.21	0.79
2005	25.25	3.40	25.51	2.38	24.21	7.35	24.53	6.13	24.80	5.10	25.40	2.82	26.03	0.43
2006	27.27	4.81	27.44	4.23	26.55	7.32	26.47	7.59	27.07	5.49	27.86	2.74	28.72	0.25
2007	29.45	5.43	29.40	5.60	29.22	6.19	28.56	8.29	29.51	5.23	30.36	2.52	30.94	0.64
2008	31.81	0.78	31.40	2.05	32.26	0.61	30.82	3.88	32.13	0.20	31.94	0.38	32.36	0.94
2009	34.36	2.22	33.58	0.10	35.73	6.30	33.25	1.08	34.91	3.86	32.12	4.43	33.47	0.41
$\mathrm{MAPE_{in}}$/%		9.23		6.87		5.68		9.81		6.52		3.08		1.06
2010	37.11	2.90	35.88	0.52	39.69	10.06	35.87	0.53	37.86	4.99	31.60	12.39	33.78	6.34
2011	40.08	3.57	38.23	1.22	44.21	14.23	38.70	0.00	40.99	5.90	31.20	19.38	34.23	11.56
2012	43.30	7.66	40.64	1.06	49.37	22.78	41.76	3.83	44.29	10.13	32.04	20.32	34.28	14.75
2013	46.76	12.16	43.10	3.38	55.26	32.55	45.05	8.05	47.75	14.54	32.12	22.97	34.38	17.53
2014	50.51	18.62	45.60	7.10	61.98	45.57	48.60	14.13	51.39	20.69	31.91	25.07	34.40	19.22
$\mathrm{MAPE_{out}}$/%		8.98		2.66		25.04		5.31		11.25		20.03		13.88

注：a 幂指数和背景系数为 0.01 和 0.5；b 决定系数为 $R^2 = 0.9752$；c 嵌入维数等于 2，核函数为径向基函数；d 嵌入维数等于 2，单隐含层神经网络含 3 个节点。

为进一步对比说明本书模型的优势，对 $\mathrm{ATEC_{cvc}}$ 和 $\mathrm{ATEC_{cec}}$ 序列分别建立经典预测模型，并分析预测结果和能源消费总量隐含的 (短期) 发展趋势。对比模型包括非线性灰色模型 (NBGM)[87]、非齐次离散时间灰色模型 (NDGM)[6]，以及二次回归模型 (quadratic polynomial regression,QPR)[135]、支持向量回归 (SVR)[135] 和神经网络自回归 (NNAR)[130]。为各模型计算结果的可比性，原始时间序列的划

分与前两节相同，如图 4.2所示。1990~2009 年的样本内序列用于拟合，2010~2014 年的样本外序列用于比较预测精度。$\mathrm{ATEC_{cvc}}$ 和 $\mathrm{ATEC_{cec}}$ 序列对应的各对比模型的计算结果如表 4.4和表 4.5所示。

由表 4.4和表 4.5可知，所有灰色系统模型的拟合误差 $\mathrm{MAPE_{in}}$ 均小于 10%，且离散时间灰色多项式模型 DGPM 与 NDGM 的拟合误差相差较小，均小于连续时间灰色系统模型 NBGM 和 GPMB 的拟合误差，一定程度上说明了离散时间模型在预测方面较连续时间模型的优势。在预测区间 2010~2014 年，四个灰色系统模型的预测误差 $\mathrm{MAPE_{out}}$ 相差很大，且结果表明 DGPM 模型具有更高的预测精度。值得注意的是，NDGM 模型 [133] 运用最小二乘法求解递归初值，虽然进一步减小了该模型的拟合误差 $\mathrm{MAPE_{in}}$，但并未增强该模型的预测能力。NDGM 模型 $y(k)=\alpha y(k-1)+\beta k+\gamma$ 与 DGPM 候选模型 $x(k)=\alpha y(k-1)+\beta k+\gamma$ 等价，但二者所选择的递归初值不同，因此它们的拟合预测结果略有差异。

与其他预测模型相比，二次回归 QPR 模型的拟合误差 $\mathrm{MAPE_{in}}$ 与 DGPM 模型基本相等，表明二者有接近的拟合性能，但其预测误差 $\mathrm{MAPE_{out}}$ 远大于 DGPM 模型，表明 QPR 模型的预测性能差。究其原因为 QPR 模型是静态模型，未考虑序列元素间的自相关关系，从而导致预测精度较低。分析支持向量回归 SVR①和神经网络自回归 NNAR②的结果易知，二者的拟合误差 $\mathrm{MAPE_{in}}$ 均很小，呈现出极高的拟合精度，但二者的预测误差 $\mathrm{MAPE_{out}}$ 均很大，表现出很差的预测泛化能力，具有典型的过拟合特征。其原因为样本数据规模较小 [135] 导致模型过拟合 (虽然在建模时选择了最简单的模型结构以尽可能地避免过拟合)。

综上可知，$\mathrm{ATEC_{cvc}}$ 和 $\mathrm{ATEC_{cec}}$ 序列对应的最优模型的结构均为 $x(k)=\alpha y(k-1)+\beta k^2+\gamma$，$\alpha<0$，$\beta>0$，且该最优模型具有可接受的拟合误差 $\mathrm{MAPE_{in}}=6.87\%$ 和 $\mathrm{MAPE_{in}}=6.87\%$，以及最小的预测误差 $\mathrm{MAPE_{out}}=3.29\%$ 和 $\mathrm{MAPE_{out}}=2.66\%$，是本案例的最佳模型选择。

此外，上述所有模型在多步预测时涌现出共同的现象：随着预测步长的增加，点预测精度降低。以 DGPM 模型为例，该模型在 2014 年的点预测的绝对百分误差达到了 8.91% 和 7.10%，提示实践者在运用该模型进行中长期多步预测时需要谨慎，这与预测实践基本原理 [136] 一致。由 DGPM 模型的最优结构知，能源消费序列中包含二次增长趋势和弱衰减趋势两个主要成分，这与现实中能源市场发展规律和国家能源调控情景吻合度高，故该模型能够生成精度较高的中短期预测结果。事实上，DGPM 模型高精度的预测结果在一定程度上说明了累积和算子

① 支持向量回归运用 R 软件 e1071 包 svm 函数实现；网址：https://mirrors.ustc.edu.cn/CRAN/web/packages/e1071/e1071.pdf

② 神经网络自回归运用 R 软件 forecast 包 nnetar 函数实现；网址：https://mirrors.ustc.edu.cn/CRAN/web/packages/forecast/forecast.pdf

对不确定性冲击扰动 [120,137] 具有一定的鲁棒性。不确定性冲击扰动，如中国政府在“十一五”规划中提出的节能减排政策以及 2008 年北京奥运会的举办，改变了 2008 年和 2009 年“本应该”的观测值 (数据统计存在一阶延迟)，破坏了数据的一致性 (或者说数据不再满足时不变的一致性假设)。从这个角度分析，任何预测方法都极有可能不准确，需要在相当大的不确定性范围内探索和调整预测方法。

4.7 本章小结

本章主要工作如下。

(1) 从连续时间灰色内生模型的微分形式推导离散时间灰色内生模型的显式表征，并据此给出多步预测的递归策略，阐述显式直接建模方法的简洁性。

(2) 证明离散时间灰色系统显式形式和隐式形式之间的等价性，论证该模型对已有离散时间灰色内生模型的兼容能力，以及演绎新型离散时间灰色系统模型的拓展能力。

(3) 设计多项式结构自适应辨识算法，证明仿射变换不变性和无偏拟合性质，不但为数据预测方法的选择提供指导，而且进一步明晰模型的适用范围和误差边界。

(4) 数值仿真与应用算例说明了多项式结构选择的重要性，揭示了设计数据驱动的模型结构自适应辨识算法的必要性。

第 5 章 连续时间灰色外生模型

前两章介绍了连续、离散形式的灰色内生模型，这些模型不受其他系统外部变量的影响。本章考虑由系统外部确定并输入系统的外生变量，运用常微分方程描述受外部输入影响的动态系统，研究以连续 GM(1,N) 模型和多输入输出的 MGM(1,N) 模型为典型的连续时间灰色外生模型。延续第 3 章的写作思路，本章首先总结多变量连续灰色外生模型的统一形式，然后介绍模型约简和重构的引理，在此基础上给出连续时间灰色外生模型的约简形式，并研究基于积分匹配的参数估计方法，最后将这些研究结果扩展至向量序列建模。

5.1 连续灰色外生模型建模过程

从表 1.3可以看出，连续型多变量灰色预测模型的状态变量 $x_1(t)$ 不仅受其累积和 $y_1(t)$ 的影响，还与外生变量的累积和 $y_2, y_3, \cdots, y_N$ 有关。为了区别于状态变量，将状态变量记为 $x(t)$，其累积和记为 $y(t)$，外生变量记为 $u(t)=[u_1(t), u_2(t), \cdots, u_p(t)]^{\mathrm{T}}$，外生变量对应的累积和记为 $v(t)=[v_1(t), v_2(t), \cdots, v_p(t)]^{\mathrm{T}}$，则表 1.3 中连续时间灰色外生模型的伪状态空间形式可归纳为

$$\text{累积和算子}\quad y(t_k)=\sum_{i=1}^{k} h_i x(t_i),\ k \geqslant 1 \tag{5.1}$$

$$v_j(t_k)=\sum_{i=1}^{k} h_i u_j(t_i),\ k \geqslant 1,\ j=1,2,\cdots,p \tag{5.2}$$

$$\text{累积和状态方程}\quad \frac{\mathrm{d}}{\mathrm{d}t} y(t)=a y(t)+b^{\mathrm{T}} v(t)+c,\ y(t_1)=\eta_y,\ t \geqslant t_1 \tag{5.3}$$

其中，$\{x(t_k)\}_{k=1}^{n}$ 和 $\{u(t_k)\}_{k=1}^{n}$ 为状态变量和外生变量在时刻 $\{t_k\}_{k=1}^{n}$ 的观测值，$a \in \mathbb{R}$，$b \in \mathbb{R}^p$ 和 $c \in \mathbb{R}$ 为未知结构参数，η_y 为未知初值条件，它们均需要估计。

1. 参数估计

在观测时刻的相邻子区间 $[t_{k-1}, t_k]$ 内对累积和状态方程(5.3)进行积分，得

$$y(t_k)-y(t_{k-1})=a\int_{t_{k-1}}^{t_k} y(\tau)\mathrm{d}\tau+b^{\mathrm{T}}\int_{t_{k-1}}^{t_k} v(\tau)\mathrm{d}\tau+c\int_{t_{k-1}}^{t_k}\mathrm{d}\tau \tag{5.4}$$

采用梯形公式近似 $y(t)$ 和 $v(t)$ 的积分，有

$$\int_{t_{k-1}}^{t_k} y(\tau)\mathrm{d}\tau \approx \frac{h_k}{2}\left(y(t_k)+y(t_{k-1})\right) \tag{5.5}$$

$$\int_{t_{k-1}}^{t_k} v(\tau)\mathrm{d}\tau \approx \frac{h_k}{2}\left(v(t_k)+v(t_{k-1})\right) \tag{5.6}$$

将式(5.5)和式(5.6) 代入式(5.4)得伪线性回归方程

$$x(t_k)=\left(\frac{y(t_{k-1})+y(t_k)}{2}\right)a+\left(\frac{v(t_k)+v(t_{k-1})}{2}\right)^{\mathrm{T}}b+c+\varepsilon(k) \tag{5.7}$$

其中，$\varepsilon(k)$ 为包含离散误差和观测误差的模型误差。

于是，该方程参数的最小二乘估计为

$$\begin{pmatrix}\hat{a} & \hat{b}^{\mathrm{T}} & \hat{c}\end{pmatrix}^{\mathrm{T}}=\left(\Theta^{\mathrm{T}}(y,v)\Theta(y,v)\right)^{-1}\Theta^{\mathrm{T}}(y,v)x \tag{5.8}$$

其中：

$$x=\begin{pmatrix}x(t_2)\\x(t_3)\\\vdots\\x(t_n)\end{pmatrix},\ \Theta(y,v)=\begin{pmatrix}\frac{1}{2}\left(y(t_1)+y(t_2)\right) & \frac{1}{2}\left(v(t_1)+v(t_2)\right)^{\mathrm{T}} & 1\\ \frac{1}{2}\left(y(t_2)+y(t_3)\right) & \frac{1}{2}\left(v(t_2)+v(t_3)\right)^{\mathrm{T}} & 1\\ \vdots & \vdots & \vdots\\ \frac{1}{2}\left(y(t_{n-1})+y(t_n)\right) & \frac{1}{2}\left(v(t_{n-1})+v(t_n)\right)^{\mathrm{T}} & 1\end{pmatrix}$$

2. 趋势外推

将结构参数估计值代入状态方程(5.3)的解析解，得

$$\mathring{y}(t)=\exp\left(\hat{a}(t-t_1)\right)\left\{\eta+\int_{t_1}^{t}\exp\left(\hat{a}(t_1-\tau)\right)\left(\hat{b}^{\mathrm{T}}v(\tau)+\hat{c}\right)\mathrm{d}\tau\right\}$$

其中，$\mathring{y}(t_1)=\eta_y\in\mathbb{R}$ 为未知初值条件。常用的三种初值条件选择策略及其对应的时间响应函数分别如下。

(1) 不动始点策略，$\hat{\eta}_y=y(t_1)$，则时间响应函数为

$$\hat{y}(t)=\exp\left(\hat{a}(t-t_1)\right)\left\{y(t_1)+\int_{t_1}^{t}\exp\left(\hat{a}(t_1-\tau)\right)\left(\hat{b}^{\mathrm{T}}v(\tau)+\hat{c}\right)\mathrm{d}\tau\right\}$$

(2) 不动终点策略，$\hat{\eta}_y = y(t_n)$，则时间响应函数为

$$\hat{y}(t) = \exp\left(\hat{a}(t-t_n)\right)\left\{y(t_n) + \int_{t_n}^{t} \exp\left(\hat{a}(t_n-\tau)\right)\left(\hat{b}^{\mathrm{T}}v(\tau)+\hat{c}\right)\mathrm{d}\tau\right\}$$

(3) 最小二乘策略，$\hat{\eta}_y = \arg\min\limits_{\eta_y} \sum\limits_{i=1}^{n}\left(y(t_i) - \mathring{y}(t_i,\eta)\right)^2$，则时间响应函数为

$$\hat{y}(t) = \exp\left(\hat{a}(t-t_1)\right)\left\{\hat{\eta}_y + \int_{t_1}^{t} \exp\left(\hat{a}(t_1-\tau)\right)\left(\hat{b}^{\mathrm{T}}v(\tau)+\hat{c}\right)\mathrm{d}\tau\right\}$$

3. 累减还原

将观测时刻 $\{t_1,t_2,\cdots,t_n,\cdots,t_{n+r}\}$ 代入时间响应函数，得到累积和的拟合值和预测值 $\{\hat{y}(t_1),\hat{y}(t_2),\cdots,\hat{y}(t_n),\cdots,\hat{y}(t_{n+r})\}$。然后运用逆累积和 (累减还原) 算子可得原始时间序列的拟合值和预测值 $\{\hat{x}(t_1),\hat{x}(t_2),\cdots,\hat{x}(t_n),\cdots,\hat{x}(t_{n+r})\}$，其中：

$$\hat{x}(t_k) = \begin{cases} \hat{y}(t_1), & k=1 \\ \dfrac{1}{h_k}\left(\hat{y}(t_k)-\hat{y}(t_{k-1})\right), & k\geqslant 2 \end{cases} \tag{5.9}$$

上述过程给出了从“原始序列”到“预测序列”的计算过程，下面对建模细节作进一步的分析。

(1) 参数估计步骤中，若外生变量的累积和函数 $v(t)$ 已知且可积，并记 $w(t) := \int v(t)\mathrm{d}t$，则伪线性回归(5.7)可重写为

$$x(t_k) = \left(\frac{1}{2}y(t_{k-1}) + \frac{1}{2}y(t_k)\right)a + \left(\frac{1}{h_k}w(t_k) - \frac{1}{h_k}w(t_{k-1})\right)^{\mathrm{T}} b + c + \epsilon(k)$$

则模型误差 $\epsilon(k)$ 不再包含外生变量的数值积分误差。

(2) 参数估计步骤中，累积和算子(5.1)已经隐含了初始点 $\eta_y = y(t_1) = x(t_1)$。趋势外推步骤中再次对初值进行了优化，这可能导致模型陷入“过优化”陷阱。为了避免这种情况，设计结构参数与初值条件的同步估计算法是很有必要的。

特别地，对于累积和状态方程(5.2)，分析累积和 $v(t)$ 的取值知：当采样间隔相等，即 $h_k=1, \forall k\geqslant 2$ 时，该模型可退化为如下经典的连续时间灰色外生模型。

(1) 若 $v(t) = [v_1(t),v_2(t),\cdots,v_{N-1}(t)]^{\mathrm{T}}$, $N\in\mathbb{N}^+$，且 $c=0$，则该模型退化为连续时间 GM(1,N) 模型 [52]，其白化微分方程和伪线性回归方程分别为

$$\frac{\mathrm{d}}{\mathrm{d}t}y(t) = ay(t) + \sum_{j=1}^{N-1} b_j v_j(t)$$

$$x(k)=\frac{1}{2}\left(y(k-1)+y(k)\right)a+\sum_{j=1}^{N-1}\frac{1}{2}\left(v_j(k-1)+v_j(k)\right)b_j+\varepsilon(k)$$

(2) 若 $v(t)=[v_1(t),v_2(t),\cdots,v_{N-1}(t)]^{\mathrm{T}}$, $N\in\mathbb{N}^+$，则该模型退化为卷积 GMC(1,N) 模型 [62]，其白化微分方程和伪线性回归方程分别为

$$\frac{\mathrm{d}}{\mathrm{d}t}y(t)=ay(t)+\sum_{j=1}^{N-1}b_jv_j(t)+c$$

$$x(k)=\frac{1}{2}\left(y(k-1)+y(k)\right)a+\sum_{j=1}^{N-1}\frac{1}{2}\left(v_j(k-1)+v_j(k)\right)b_j+c+\varepsilon(k)$$

(3) 若 $v(t)=[v_1^{\gamma_1}(t),v_2^{\gamma_2}(t),\cdots,v_{N-1}^{\gamma_{N-1}}(t)]^{\mathrm{T}}$, $N\in\mathbb{N}^+$，则该模型退化为卷积 GMP(1,N) 模型 [138]，其白化微分方程和伪线性回归方程分别为

$$\frac{\mathrm{d}}{\mathrm{d}t}y(t)=ay(t)+\sum_{j=1}^{N-1}b_jv_j^{\gamma_j}(t)+c$$

$$x(k)=\frac{1}{2}\left(y(k-1)+y(k)\right)a+\sum_{j=1}^{N-1}\frac{1}{2}\left(v_j^{\gamma_j}(k-1)+v_j^{\gamma_j}(k)\right)b_j+c+\varepsilon(k)$$

(4) 若 $\phi(t)$ 是关于 $v(t)$ 的非线性函数且可表示为 $\phi(t)=\varPsi^{\mathrm{T}}\varphi(v_1(t),v_2(t),\cdots,v_{N-1}(t))$，则该模型退化为 KGM(1,$N$) 模型 [65]，其白化微分方程和伪线性回归方程分别为

$$\frac{\mathrm{d}}{\mathrm{d}t}y(t)=ay(t)+\phi(t)+c$$

$$x(k)=\frac{1}{2}\left(y(k-1)+y(k)\right)a+\varPsi^{\mathrm{T}}\varphi(t)+c+\varepsilon(k)$$

由此可见，伪状态方程(5.3)是现有连续灰色外生模型的统一形式。

5.2 模型约简与重构的引理

引理 5.1

设累积和序列 $\{y(t_1),y(t_2),\cdots,y(t_n)\}$ 的仿射变换为 $\{y_{\mathrm{a}}(t_1),y_{\mathrm{a}}(t_2),\cdots,y_{\mathrm{a}}(t_n)\}$，满足

$$y_{\mathrm{a}}(t_k)=\rho y(t_k)+\xi \tag{5.10}$$

其中，$\rho\in\mathbb{R}$ 且 $\rho\neq0$ 为伸缩系数，$\xi\in\mathbb{R}$ 为平移系数。则累积和序列的结

果满足

(1) $\hat{a}_{\mathrm{a}}=\hat{a}$，$\hat{b}_{\mathrm{a}}=\rho\hat{b}$，$\hat{c}_{\mathrm{a}}=\rho\hat{c}-\xi\hat{a}$；

(2) $\hat{y}_{\mathrm{a}}(t)=\rho\hat{y}(t)+\xi$，$t\geqslant t_1$；

(3) $\hat{x}_{\mathrm{a}}(t_k)=\rho\hat{x}(t_k)$，$k\geqslant 2$。 ♡

证明　(1) 将式(5.10)代入式(5.8)，易知仿射变换序列对应的伪线性回归的响应变量和数据矩阵分别为

$$x_{\mathrm{a}}=\begin{pmatrix} y_{\mathrm{a}}(t_2)-y_{\mathrm{a}}(t_1)\\ y_{\mathrm{a}}(t_3)-y_{\mathrm{a}}(t_2)\\ \vdots\\ y_{\mathrm{a}}(t_n)-y_{\mathrm{a}}(t_{n-1})\end{pmatrix}=\rho x_{\mathrm{a}}$$

$$\Theta(y_{\mathrm{a}},v,t)=\begin{pmatrix} \dfrac{\rho}{2}\left(y(t_1)+y(t_2)\right)+\xi & \dfrac{1}{2}\left(v(t_1)+v(t_2)\right)^{\mathrm{T}} & 1\\ \dfrac{\rho}{2}\left(y(t_2)+y(t_3)\right)+\xi & \dfrac{1}{2}\left(v(t_2)+v(t_3)\right)^{\mathrm{T}} & 1\\ \vdots & \vdots & \vdots\\ \dfrac{\rho}{2}\left(y(t_{n-1})+y(t_n)\right)+\xi & \dfrac{1}{2}\left(v(t_{n-1})+v(t_n)\right)^{\mathrm{T}} & 1\end{pmatrix}=\Theta(y,v,t)R$$

其中：

$$R=\begin{pmatrix}\rho & 0 & 0\\ 0 & I_p & 0\\ \xi & 0 & 1\end{pmatrix},\quad R^{-1}=\frac{1}{\rho}\begin{pmatrix}1 & 0 & 0\\ 0 & \rho I_p & 0\\ -\xi & 0 & \rho\end{pmatrix}$$

将 x_{a} 和 $\Theta(y_{\mathrm{a}},v,t)$ 代入式(5.8)得 Y_{a} 的参数估计

$$\begin{pmatrix}\hat{a}_{\mathrm{a}}\\ \hat{b}_{\mathrm{a}}\\ \hat{c}_{\mathrm{a}}\end{pmatrix}=\rho R^{-1}\begin{pmatrix}\hat{a}\\ \hat{b}\\ \hat{c}\end{pmatrix}=\begin{pmatrix}1 & 0 & 0\\ 0 & \rho I_p & 0\\ -\xi & 0 & \rho\end{pmatrix}\begin{pmatrix}\hat{a}\\ \hat{b}\\ \hat{c}\end{pmatrix}=\begin{pmatrix}\hat{a}\\ \rho\hat{b}\\ \rho\hat{c}-\xi\hat{a}\end{pmatrix}\tag{5.11}$$

(2) 对于不动始点和不动终点两种初值条件选择策略，易知 $\hat{\eta}_{\mathrm{a}}=\rho\hat{\eta}+\xi$；对于最小二乘策略，有

$$\mathring{y}_{\mathrm{a}}(t)=\exp\left(\hat{a}(t-t_1)\right)\left\{\eta_{\mathrm{a}}+\int_{t_1}^{t}\exp\left(\hat{a}(t_1-\tau)\right)\left(\rho\hat{b}^{\mathrm{T}}v(\tau)+\rho\hat{c}-\xi\hat{a}\right)\mathrm{d}\tau\right\}$$

$$= \exp\left(\hat{a}(t-t_1)\right)\left\{\eta_{\rm a} - \xi + \rho\int_{t_1}^{t}\exp\left(\hat{a}(t_1-\tau)\right)\left(\hat{b}^{\rm T}v(\tau)+\hat{c}\right){\rm d}\tau\right\} + \xi$$

$$= \rho\exp\left(\hat{a}(t-t_1)\right)\left\{\frac{\eta_{\rm a}-\xi}{\rho} + \int_{t_1}^{t}\exp\left(\hat{a}(t_1-\tau)\right)\left(\hat{b}^{\rm T}v(\tau)+\hat{c}\right){\rm d}\tau\right\} + \xi$$

故

$$\hat{\eta}_{\rm a} = \arg\min_{\eta_{\rm a}}\sum_{i=1}^{n}\left(\rho y(t_i)+\xi-\mathring{y}_{\rm a}(t_i,\eta_{\rm a})\right)^2 = \rho\hat{\eta}+\xi$$

将 $\hat{\eta}_{\rm a}$ 代入时间响应函数，得

$$\begin{aligned}
\mathring{y}_{\rm a}(t) &= \exp\left(\hat{a}(t-t_1)\right)\left\{\eta_{\rm a} + \int_{t_1}^{t}\exp\left(\hat{a}(t_1-\tau)\right)\left(\hat{b_{\rm a}}^{\rm T}v(\tau)+\hat{c}_{\rm a}\right){\rm d}\tau\right\}\\
&= \exp\left(\hat{a}(t-t_1)\right)\left\{\rho\hat{\eta}+\xi + \int_{t_1}^{t}\exp\left(\hat{a}(t_1-\tau)\right)\left(\rho\hat{b}^{\rm T}v(\tau)+\rho\hat{c}-\xi\hat{a}\right){\rm d}\tau\right\}\\
&= \exp\left(\hat{a}(t-t_1)\right)\left\{\rho\hat{\eta}+\xi + \int_{t_1}^{t}\exp\left(\hat{a}(t_1-\tau)\right)\left(\rho\hat{b}^{\rm T}v(\tau)+\rho\hat{c}\right){\rm d}\tau\right.\\
&\quad\left. -\xi\int_{t_1}^{t}\hat{a}\exp\left(\hat{a}(t_1-\tau)\right){\rm d}\tau\right\}\\
&= \exp\left(\hat{a}(t-t_1)\right)\left\{\rho\hat{\eta}+\xi + \int_{t_1}^{t}\exp\left(\hat{a}(t_1-\tau)\right)\left(\rho\hat{b}^{\rm T}v(\tau)+\rho\hat{c}\right){\rm d}\tau\right.\\
&\quad\left. +\xi\left(\exp\left(\hat{a}(t_1-\tau)\right)-1\right)\right\}\\
&= \exp\left(\hat{a}(t-t_1)\right)\left\{\rho\hat{\eta} + \int_{t_1}^{t}\exp\left(\hat{a}(t_1-\tau)\right)\left(\rho\hat{b}^{\rm T}v(\tau)+\rho\hat{c}\right){\rm d}\tau\right\}+\xi\\
&= \rho\exp\left(\hat{a}(t-t_1)\right)\left\{\hat{\eta} + \int_{t_1}^{t}\exp\left(\hat{a}(t_1-\tau)\right)\left(\hat{b}^{\rm T}v(\tau)+\hat{c}\right){\rm d}\tau\right\}+\xi\\
&= \rho\mathring{y}(t)+\xi
\end{aligned}$$

(3) 由逆累积和算子式(5.9)易知

$$\hat{x}_{\rm a}(t_k) = \frac{\hat{y}_{\rm a}(t_k)-\hat{y}_{\rm a}(t_{k-1})}{h_k} = \rho\frac{\hat{y}(t_k)-\hat{y}(t_{k-1})}{h_k} = \rho\hat{x}(t_k),\ k\geqslant 2 \qquad \blacksquare$$

引理 5.1表明累积和序列的仿射变换不改变模型的预测结果。事实上，累积和序列的仿射变换可通过对原始序列作如下变换获得

$$x_{\mathrm{a}}(t_k)=\begin{cases}\rho x(t_1)+\xi, & k=1\\ \rho x(t_k), & k\geqslant 2\end{cases}$$

特别地，当伸缩系数 $\rho=1$ 时，结合引理 5.1易知，对任意的 $\xi\in\mathbb{R}$，总有 $\hat{x}_{\mathrm{a}}(t_k)=\hat{x}(t_k),\ k\geqslant 2$。也就是说，平移系数 ξ 的取值 (对应于原始序列的第一个元素) 不影响模型的预测结果。因此，在不改变预测结果的前提下，累积和算子式(5.1)可定义为更一般的形式：

$$y(t_k)=\begin{cases}\xi, & k=1\\ \xi+\sum\limits_{i=2}^{k}h_i x(t_i), & k\geqslant 2\end{cases}\tag{5.12}$$

其中，$\xi\in\mathbb{R}$ 为任意实数。

引理 5.2

若

$$y(t)=\eta_y+\int_{t_1}^{t}s(\tau)\mathrm{d}\tau\tag{5.13}$$

则微分方程

$$\frac{\mathrm{d}}{\mathrm{d}t}y(t)=ay(t)+b^{\mathrm{T}}v(t)+c,\ y(t_1)=\eta_y,\ t\geqslant t_1\tag{5.14}$$

可等价地约简为

$$\frac{\mathrm{d}}{\mathrm{d}t}s(t)=as(t)+b^{\mathrm{T}}u(t),\ s(t_1)=\eta_s,\ t\geqslant t_1\tag{5.15}$$

其中：

$$\eta_s=a\eta_y+b^{\mathrm{T}}v(t_1)+c,\quad u(t)=\frac{\mathrm{d}}{\mathrm{d}t}v(t)$$

证明　必要性：将式(5.13)代入式(5.14)，有

$$s(t)=a\left(\eta_y+\int_{t_1}^{t}s(\tau)\mathrm{d}\tau\right)+b^{\mathrm{T}}v(t)+c$$

两边同时对 t 求微分得

$$\frac{\mathrm{d}}{\mathrm{d}t}s(t)=as(t)+b^{\mathrm{T}}\frac{\mathrm{d}}{\mathrm{d}t}v(t)=as(t)+b^{\mathrm{T}}u(t)$$

且初值条件满足

$$s(t_1) = \frac{\mathrm{d}}{\mathrm{d}t}y(t)|_{t=t_1} = ay(t_1) + b^{\mathrm{T}}v(t_1) + c$$

即

$$\eta_s = a\eta_y + b^{\mathrm{T}}v(t_1) + c$$

充分性：在区间 $[t_1, t]$ 上对式(5.15)积分，有

$$s(t) = a\int_{t_1}^{t} s(\tau)\mathrm{d}\tau + b^{\mathrm{T}}\int_{t_1}^{t} u(\tau)\mathrm{d}\tau + s(t_1)$$

将式(5.13)代入并整理，得

$$\frac{\mathrm{d}}{\mathrm{d}t}y(t) = ay(t) + b^{\mathrm{T}}v(t) + \eta_s - a\eta_y - b^{\mathrm{T}}v(t_1) = ay(t) + b^{\mathrm{T}}v(t) + c$$

且初值条件满足

$$y(t_1) = \eta_y$$ ■

引理 5.2表明：对于任意的微分方程(5.14)，总存在其等价约简微分方程式(5.15)，满足 $\eta_s = a\eta_y + b^{\mathrm{T}}v(t_1) + c, u(t) = \frac{\mathrm{d}}{\mathrm{d}t}v(t)$；反之，对于任意的约简微分方程式(5.15)，也总存在与其等价的微分方程(5.12)。

分析式(5.13)和式(5.14)可以发现，二者分别对应 5.1节灰色外生模型的累积和算子与累积和状态方程，累积和算子式(5.1)是积分算子式(5.13)的离散近似。另外，引理 5.1表明累积和算子的第一个元素不影响预测结果，这为运用式(5.15)直接对原始序列建立微分方程模型提供了理论基础。

5.3 连续时间灰色外生模型的约简重构

引理 5.2论证了累积和状态方程和约简微分方程之间的等价关系，本节将在约简微分方程的基础上，重新构建标量序列的连续时间灰色外生模型。

定义 5.1

设原始时间序列为 $\{x(t_1), x(t_2), \cdots, x(t_n)\}$，连续时间灰色外生模型可重写为状态空间形式：

$$\text{观测方程}\quad x(t_k) = s(t_k) + e(t_k),\ k = 1, 2, \cdots, n \tag{5.16}$$

$$\text{状态方程}\quad \frac{\mathrm{d}}{\mathrm{d}t}s(t) = as(t) + b^{\mathrm{T}}u(t),\ s(t_1) = \eta,\ t \geqslant t_1 \tag{5.17}$$

其中，$s(t)$ 为状态变量，$x(t_k)$ 为状态变量在 t_k 时刻的观测值，$u(t) = [u_1(t), u_2(t), \cdots, u_p(t)]^{\mathrm{T}}$ 为关于时间 t 的外生向量，它们的表达式一般是未知的，$a \in \mathbb{R}, b \in \mathbb{R}^p$ 为未知结构参数，η 为未知初值条件。♣

与 5.1节传统灰色模型运用梯度匹配估计结构参数的方法不同，本节运用积分匹配方法，结合积分算子和最小二乘估计，同时估计结构参数和初值条件，具体步骤如下。

1. 积分变换

在区间 $[t_1, t]$ 上，对状态方程(5.17)进行积分，有

$$s(t) = \eta + a\int_{t_1}^{t} s(\tau)\mathrm{d}\tau + b^{\mathrm{T}}\int_{t_1}^{t} u(\tau)\mathrm{d}\tau \tag{5.18}$$

同样采用梯形公式近似 $\int_{t_1}^{t} s(\tau)\mathrm{d}\tau$ 和 $\int_{t_1}^{t} u(\tau)\mathrm{d}\tau$，于是

$$\int_{t_1}^{t_k} s(\tau)\mathrm{d}\tau \approx \frac{1}{2}\sum_{i=2}^{k} h_i s(t_i) + \frac{1}{2}\sum_{i=2}^{k} h_i s(t_{i-1}) \tag{5.19}$$

和

$$\int_{t_1}^{t_k} u(\tau)\mathrm{d}\tau \approx \frac{1}{2}\sum_{i=2}^{k} h_i u(t_i) + \frac{1}{2}\sum_{i=2}^{k} h_i u(t_{i-1}) \tag{5.20}$$

其中，$k = 2, 3, \cdots, n$。

2. 参数估计

将含有噪声的观测值 $x(t)$ 近似替代状态变量 $s(t)$，得到伪线性回归方程

$$\begin{aligned} x(t_k) = &\frac{1}{2}\left(\sum_{i=2}^{n} h_i s(t_i) + \sum_{i=2}^{n} h_i s(t_{i-1})\right) a \\ &+ \frac{1}{2}\left(\sum_{i=2}^{n} h_i u(t_i) + \sum_{i=2}^{n} h_i u(t_{i-1})\right)^{\mathrm{T}} b + \eta + \varepsilon(k) \end{aligned} \tag{5.21}$$

其中，$\varepsilon(k)$ 包括离散误差和模型误差。易见，该伪线性回归方程的参数的最小二乘估计为

$$\begin{pmatrix}\hat{a} & \hat{b}^{\mathrm{T}} & \hat{c}\end{pmatrix}^{\mathrm{T}}=\left(\varXi^{\mathrm{T}}(x,u)\varXi(x,u)\right)^{-1}\varXi^{\mathrm{T}}(x,u)x \tag{5.22}$$

其中：

$$\varXi(x,u)=\begin{pmatrix}\dfrac{1}{2}\displaystyle\sum_{i=2}^{2}h_i\left(x(t_i)+x(t_{i-1})\right) & \dfrac{1}{2}\left(\displaystyle\sum_{i=2}^{n}h_iu(t_i)+\sum_{i=2}^{n}h_iu(t_{i-1})\right)^{\mathrm{T}} & 1\\ \dfrac{1}{2}\displaystyle\sum_{i=2}^{3}h_i\left(x(t_i)+x(t_{i-1})\right) & \dfrac{1}{2}\left(\displaystyle\sum_{i=2}^{n}h_iu(t_i)+\sum_{i=2}^{n}h_iu(t_{i-1})\right)^{\mathrm{T}} & 1\\ \vdots & \vdots & \vdots\\ \dfrac{1}{2}\displaystyle\sum_{i=2}^{n}h_i\left(x(t_i)+x(t_{i-1})\right) & \dfrac{1}{2}\left(\displaystyle\sum_{i=2}^{n}h_iu(t_i)+\sum_{i=2}^{n}h_iu(t_{i-1})\right)^{\mathrm{T}} & 1\end{pmatrix}.$$

3. 趋势外推

将结构参数和初值条件的估计值代入状态方程(5.17)的解析解

$$s(t)=\exp\left(a(t-t_1)\right)\left\{\eta+\int_{t_1}^{t}\exp\left(a(t_1-\tau)\right)b^{\mathrm{T}}u(\tau)\mathrm{d}\tau\right\} \tag{5.23}$$

得时间响应函数为

$$\hat{x}(t)=\exp\left(\hat{a}(t-t_1)\right)\left\{\hat{\eta}+\hat{b}^{\mathrm{T}}\int_{t_1}^{t}\exp\left(\hat{a}(t_1-\tau)\right)u(\tau)\mathrm{d}\tau\right\} \tag{5.24}$$

由于外生向量 $u(t)$ 是可观测的，卷积积分可运用数值积分近似计算。记 $u_j(t)$ 为外生向量 $u(t)$ 的第 j 行，则依据梯形公式有

$$\begin{aligned}\int_{t_1}^{t_k}\exp\left(\hat{a}(t_1-\tau)\right)u_j(\tau)\mathrm{d}\tau=&\frac{h_i}{2}\sum_{l=2}^{k}\exp\left(\hat{a}(t_1-t_l)\right)u_j\left(t_l\right)\\&+\frac{h_i}{2}\sum_{l=2}^{k}\exp\left(\hat{a}(t_1-t_{l-1})\right)u_j\left(t_{l-1}\right)\end{aligned} \tag{5.25}$$

最后，将 $\{t_k\}_{k=1}^{n+r}$ 代入时间响应函数中，得到原始序列的拟合值和预测值。

5.4　连续时间灰色外生模型的向量序列拓展形式

与 3.4节类似，5.1节和 5.3节的模型是基于标量序列的，此外可以进一步拓展到向量序列 $\{x(t_1), x(t_2), \cdots, x(t_n)\}$，$x(t) \in \mathbb{R}^d$，$d \in \mathbb{N}^+$ 的情况。状态变量的观测序列及其对应的累积和序列可表述为矩阵形式，如 3.4节所示。另外，外生变量的观测序列及其对应的累积和序列分别为

$$\begin{pmatrix} | & | & & | \\ u(t_1) & u(t_2) & \cdots & u(t_n) \\ | & | & & | \end{pmatrix} = \begin{pmatrix} u_1(t_1) & u_1(t_2) & \cdots & u_1(t_n) \\ u_2(t_1) & u_2(t_2) & \cdots & u_2(t_n) \\ \vdots & \vdots & \cdots & \vdots \\ u_d(t_1) & u_d(t_2) & \cdots & u_d(t_n) \end{pmatrix}$$

和

$$\begin{pmatrix} | & | & & | \\ v(t_1) & v(t_2) & \cdots & v(t_n) \\ | & | & & | \end{pmatrix} = \begin{pmatrix} v_1(t_1) & v_1(t_2) & \cdots & v_1(t_n) \\ v_2(t_1) & v_2(t_2) & \cdots & v_2(t_n) \\ \vdots & \vdots & \cdots & \vdots \\ v_d(t_1) & v_d(t_2) & \cdots & v_d(t_n) \end{pmatrix}$$

5.4.1　连续时间灰色外生模型的隐式表征

将标量序列的连续时间灰色外生模型拓展到向量序列的连续时间灰色外生模型，该隐式模型表征为

$$\text{累积和算子}\quad y(t_k) = \sum_{i=1}^{k} h_i x(t_i),\ k \geqslant 1 \tag{5.26}$$

$$\text{累积和状态方程}\quad \frac{\mathrm{d}}{\mathrm{d}t} y(t) = Ay(t) + Bv(t) + c \tag{5.27}$$

其中，$y(t)$ 为累积和状态向量，$v(t) = [v_1(t), v_2(t), \cdots, v_p(t)]^{\mathrm{T}}$ 为外生向量的累积和，$A \in \mathbb{R}^{d\times d}$，$B \in \mathbb{R}^{d\times p}$ 和 $c \in \mathbb{R}^d$ 为未知结构参数。

1. 参数估计

运用类似于式(5.4)~ 式(5.7)的步骤，式(5.27)可离散化为

$$x(t_k) = A\frac{y(t_{k-1}) + y(t_k)}{2} + B\frac{v(t_{k-1}) + v(t_k)}{2} + c + e(t_k)$$

其中，$e(t_k)$ 为模型误差。

将得到的 $n-1$ 组代数方程记为矩阵形式，有

$$X = \Theta(y,v)\Psi + E \tag{5.28}$$

其中：

$$X = \begin{pmatrix} x^{\mathrm{T}}(t_2) \\ x^{\mathrm{T}}(t_3) \\ \vdots \\ x^{\mathrm{T}}(t_n) \end{pmatrix}$$

$$\Psi = \begin{pmatrix} A^{\mathrm{T}} \\ B^{\mathrm{T}} \\ c^{\mathrm{T}} \end{pmatrix}, \ \Theta(y,v) = \begin{pmatrix} \dfrac{y^{\mathrm{T}}(t_1)+y^{\mathrm{T}}(t_2)}{2} & \dfrac{v^{\mathrm{T}}(t_1)+v^{\mathrm{T}}(t_2)}{2} & 1 \\ \dfrac{y^{\mathrm{T}}(t_2)+y^{\mathrm{T}}(t_3)}{2} & \dfrac{v^{\mathrm{T}}(t_2)+v^{\mathrm{T}}(t_3)}{2} & 1 \\ \vdots & \vdots & \vdots \\ \dfrac{y^{\mathrm{T}}(t_{n-1})+y^{\mathrm{T}}(t_n)}{2} & \dfrac{v^{\mathrm{T}}(t_{n-1})+v^{\mathrm{T}}(t_n)}{2} & 1 \end{pmatrix},$$

$$E = \begin{pmatrix} e^{\mathrm{T}}(t_2) \\ e^{\mathrm{T}}(t_3) \\ \vdots \\ e^{\mathrm{T}}(t_n) \end{pmatrix}$$

于是，结构参数 Ψ 的最小二乘估计

$$\hat{\Psi} = \left(\Theta(y,v)^{\mathrm{T}}\Theta(y,v)\right)^{-1}\Theta(y,v)^{\mathrm{T}}X \tag{5.29}$$

2. 趋势外推

给定初值条件，依据参数变异法求非齐次矩阵方程(5.27)的解析解，并将结构参数估计值代入得时间响应式为

$$\mathring{y}(t) = \exp\left(\hat{A}(t-t_1)\right)\left\{\eta + \int_{t_1}^{t}\exp\left(\hat{A}(t_1-s)\right)\left(\hat{B}v(s)+\hat{c}\right)\mathrm{d}s\right\} \tag{5.30}$$

其中，$y(t_1)=\eta\in\mathbb{R}^d$ 为初值向量，它的选择策略与 3.4节相同。

3. 累减还原

将 $\{t_1,t_2,\cdots,t_n,\cdots,t_{n+r}\}$ 代入时间响应式(5.30)得到累积和序列的预测结果 $\{\hat{y}(t_1),\hat{y}(t_2),\cdots,\hat{y}(t_n),\cdots,\hat{y}(t_{n+r})\}$。运用逆累积和算子可得原始时间序列的拟合预测值为

$$\hat{x}(t_k) = \begin{cases} \hat{y}(t_1), & k=1 \\ \dfrac{1}{h_k}\left(\hat{y}(t_k)-\hat{y}(t_{k-1})\right), & k\geqslant 2 \end{cases} \tag{5.31}$$

5.4.2 连续时间灰色外生模型的显式表征

定义 5.2

基于累积和状态方程和约简微分方程的等价关系，面向向量序列的连续时间灰色外生模型的显式表征为

$$\text{观测方程}\quad x(t_k) = s(t_k) + e(t_k),\ k=1,2,\cdots,n \tag{5.32}$$

$$\text{状态方程}\quad \frac{\mathrm{d}}{\mathrm{d}t}s(t) = As(t) + Bu(t),\ s(t_1)=\eta,\ t\geqslant t_1 \tag{5.33}$$

其中，$s(t)=[s_1(t),s_2(t),\cdots,s_d(t)]^{\mathrm{T}}$ 为由状态变量组成的状态向量，$x(t_k)$ 为状态变量在 t_k 时刻的观测值，$u(t)=[u_1(t),u_2(t),\cdots,u_p(t)]^{\mathrm{T}}$ 为关于时间 t 的外生向量，它们的表达式一般是未知的，$A\in\mathbb{R}^{d\times d}$，$B\in\mathbb{R}^{d\times p}$ 为未知结构参数，η 为未知初值条件。♣

类似于标量序列的连续时间灰色外生模型，向量序列连续时间灰色外生模型的建模过程依然由以下三个步骤组成。

1. 积分变换

在区间 $[t_1,t]$ 上，对状态方程(5.33)进行积分，有

$$s(t) = \eta + A\int_{t_1}^{t} s(\tau)\mathrm{d}\tau + B\int_{t_1}^{t} u(\tau)\mathrm{d}\tau \tag{5.34}$$

采用梯形公式近似 $\int_{t_1}^{t} s(\tau)\mathrm{d}\tau$ 和 $\int_{t_1}^{t} u(\tau)\mathrm{d}\tau$，有

$$\int_{t_1}^{t_k} s(\tau)\mathrm{d}\tau \approx \frac{1}{2}\sum_{i=2}^{k} h_i s(t_i) + \frac{1}{2}\sum_{i=2}^{k} h_i s(t_{i-1}) \tag{5.35}$$

和

$$\int_{t_1}^{t_k} u(\tau)\mathrm{d}\tau \approx \frac{1}{2}\sum_{i=2}^{k} h_i u(t_i) + \frac{1}{2}\sum_{i=2}^{k} h_i u(t_{i-1}) \tag{5.36}$$

其中，$k=2,3,\cdots,n$。

2. 参数估计

将 $x(t)$ 和 $u(t)$ 的观测值写成矩阵形式

$$\begin{pmatrix} x^{\mathrm{T}}(t_1) \\ x^{\mathrm{T}}(t_2) \\ \vdots \\ x^{\mathrm{T}}(t_n) \end{pmatrix} = \begin{pmatrix} x_1(t_1) & x_2(t_1) & \cdots & x_d(t_1) \\ x_1(t_2) & x_2(t_2) & \cdots & x_d(t_2) \\ \vdots & \vdots & & \vdots \\ x_1(t_n) & x_2(t_n) & \cdots & x_d(t_n) \end{pmatrix},$$

$$\begin{pmatrix} u^{\mathrm{T}}(t_1) \\ u^{\mathrm{T}}(t_2) \\ \vdots \\ u^{\mathrm{T}}(t_n) \end{pmatrix} = \begin{pmatrix} u_1(t_1) & u_2(t_1) & \cdots & u_p(t_1) \\ u_1(t_2) & u_2(t_2) & \cdots & u_p(t_2) \\ \vdots & \vdots & & \vdots \\ u_1(t_n) & u_2(t_n) & \cdots & u_p(t_n) \end{pmatrix}$$

将 $x(t)$ 近似替代状态变量 $s(t)$，得到伪线性回归方程

$$x(t_k) = A\left(\sum_{i=2}^{k}\frac{h_i}{2}x(t_i)+\sum_{i=2}^{k}\frac{h_i}{2}x(t_{i-1})\right)+B\left(\sum_{i=2}^{k}\frac{h_i}{2}u(t_i)+\sum_{i=2}^{k}\frac{h_i}{2}u(t_{i-1})\right)^{\mathrm{T}} + \eta + \epsilon(t_k) \tag{5.37}$$

将 $k=2,3,\cdots,n$ 代入式(5.37)，得到线性方程组

$$X = \varXi(x,u)\varPhi + F \tag{5.38}$$

其中

$$X = \begin{pmatrix} x^{\mathrm{T}}(t_2) \\ x^{\mathrm{T}}(t_3) \\ \vdots \\ x^{\mathrm{T}}(t_n) \end{pmatrix}, F = \begin{pmatrix} \epsilon^{\mathrm{T}}(t_2) \\ \epsilon^{\mathrm{T}}(t_3) \\ \vdots \\ \epsilon^{\mathrm{T}}(t_n) \end{pmatrix}, \varPhi = \begin{pmatrix} A^{\mathrm{T}} \\ B^{\mathrm{T}} \\ \eta^{\mathrm{T}} \end{pmatrix}$$

$$\varXi(x,u) = \begin{pmatrix} \sum\limits_{i=2}^{2}\frac{h_i}{2}x^{\mathrm{T}}(t_2)+\sum\limits_{i=2}^{2}\frac{h_i}{2}x^{\mathrm{T}}(t_1) & \sum\limits_{i=2}^{2}\frac{h_i}{2}u^{\mathrm{T}}(t_i)+\sum\limits_{i=2}^{2}\frac{h_i}{2}u^{\mathrm{T}}(t_{i-1}) & 1 \\ \sum\limits_{i=2}^{3}\frac{h_i}{2}x^{\mathrm{T}}(t_i)+\sum\limits_{i=2}^{3}\frac{h_i}{2}x^{\mathrm{T}}(t_{i-1}) & \sum\limits_{i=2}^{3}\frac{h_i}{2}u^{\mathrm{T}}(t_i)+\sum\limits_{i=2}^{3}\frac{h_i}{2}u^{\mathrm{T}}(t_{i-1}) & 1 \\ \vdots & \vdots & \vdots \\ \sum\limits_{i=2}^{n}\frac{h_i}{2}x^{\mathrm{T}}(t_i)+\sum\limits_{i=2}^{n}\frac{h_i}{2}x^{\mathrm{T}}(t_{i-1}) & \sum\limits_{i=2}^{n}\frac{h_i}{2}u^{\mathrm{T}}(t_i)+\sum\limits_{i=2}^{n}\frac{h_i}{2}u^{\mathrm{T}}(t_{i-1}) & 1 \end{pmatrix}$$

运用最小二乘准则，最小化

$$\mathcal{L}(\varPhi) = \|X - \varXi(x,u)\varPhi\|_{\mathrm{F}}^2$$

其中，$\|\cdot\|_{\mathrm{F}}$ 为矩阵的 F 范数。

对 $\mathcal{L}(\varPhi)$ 关于参数矩阵 $\varPhi$ 求偏导，令其等于 0，得

$$\begin{aligned}\frac{\partial}{\partial \varPhi}\mathcal{L}(\varPhi) &= \frac{\partial}{\partial \varXi}\mathrm{Tr}\left((X - \varXi(x,u)\varPhi)^{\mathrm{T}}(X - \varXi(x,u)\varPhi)\right) \\ &= 2\varXi^{\mathrm{T}}(y,u)\varXi(x,u)\varPhi - 2\varTheta^{\mathrm{T}}(x,u)X = 0\end{aligned}$$

然后，$\varPhi$ 的最小二乘估计为

$$\hat{\varPhi} = \left(\varXi^{\mathrm{T}}(x,u)\varXi(x,u)\right)^{-1}\varXi^{\mathrm{T}}(x,u)X \tag{5.39}$$

3. 趋势外推

将结构参数的估计值 (包括 $\hat{A}$ 和 $\hat{B}$) 和初始值的估计值 $\hat{\eta}$ 代入状态方程(5.27)的解析解，知约简微分方程的时间响应式为

$$\hat{x}(t) = \exp\left(\hat{A}(t-t_1)\right)\left\{\hat{\eta} + \int_{t_1}^{t}\exp\left(\hat{A}(t_1-\tau)\right)\hat{B}u(\tau)\mathrm{d}\tau\right\} \tag{5.40}$$

在外生变量 $u(t)$ 的观测值已知的情况下，式(5.40)的卷积积分可运用数值积分进行近似计算，如式(5.25)所示。

最后，将离散时间节点 $\{t_k\}_{k=1}^{n+r}$ 代入时间响应式(5.40)，得状态变量 $x(t)$ 对应的原始序列的拟合和预测值为

$$\Big\{\underbrace{\hat{x}(t_1),\ \hat{x}(t_2),\ \cdots,\ \hat{x}(t_n),}_{\text{拟合}}\ \underbrace{\hat{x}(t_{n+1}),\ \cdots,\ \hat{x}(t_{n+r})}_{\text{预测}}\Big\}$$

5.5　连续时间灰色外生模型的隐式形式与显式形式关系分析

由引理 5.2可以看到，从微分方程的角度，经典灰色模型的微分方程与约简的降阶微分方程等价。在降阶微分方程的基础上，重构了标量序列和向量序列的连续时间灰色外生模型，并采用积分匹配估计模型参数。细心的读者可能已经发现，二者在参数估计和建模过程中有很多相似性。下面将从参数估计和建模过程的视角分析、讨论经典灰色模型与约简灰色模型之间的区别和联系，并揭示累积和算子的作用机制。

5.5.1 估计参数之间的量化关系

鉴于标量序列的灰色外生模型是向量序列的灰色外生模型的特殊形式，本节将基于向量灰色外生模型讨论隐式模型与显式模型的关系。为了计算与分析便利，此处只考虑原始数据序列是等间距的情形，即 $h_k=h,k=2,3,\cdots,n$。

将经典灰色模型的参数分块为 $\hat{\Psi}_{\mathrm{g}}=\left(\hat{A}_{\mathrm{g}}\ \hat{c}_{\mathrm{g}} \mid \hat{B}_{\mathrm{g}}\right)^{\mathrm{T}}$，满足

$$\hat{\Psi}_{\mathrm{g}}=\left(\begin{pmatrix}Y_{\mathrm{g}}^{\mathrm{T}}\\U_{\mathrm{g}}^{\mathrm{T}}\end{pmatrix}\begin{pmatrix}Y_{\mathrm{g}} & U_{\mathrm{g}}\end{pmatrix}\right)^{-1}\begin{pmatrix}Y_{\mathrm{g}}^{\mathrm{T}}\\U_{\mathrm{g}}^{\mathrm{T}}\end{pmatrix}X=\begin{pmatrix}Y_{\mathrm{g}}^{\mathrm{T}}Y_{\mathrm{g}} & Y_{\mathrm{g}}^{\mathrm{T}}U_{\mathrm{g}}\\U_{\mathrm{g}}^{\mathrm{T}}Y_{\mathrm{g}} & U_{\mathrm{g}}^{\mathrm{T}}U_{\mathrm{g}}\end{pmatrix}^{-1}\begin{pmatrix}Y_{\mathrm{g}}^{\mathrm{T}}X\\U_{\mathrm{g}}^{\mathrm{T}}X\end{pmatrix} \tag{5.41}$$

其中

$$Y_{\mathrm{g}}=\begin{pmatrix}\dfrac{y^{\mathrm{T}}(t_1)+y^{\mathrm{T}}(t_2)}{2} & 1\\ \dfrac{y^{\mathrm{T}}(t_2)+y^{\mathrm{T}}(t_3)}{2} & 1\\ \vdots & \vdots\\ \dfrac{y^{\mathrm{T}}(t_{n-1})+y^{\mathrm{T}}(t_n)}{2} & 1\end{pmatrix},$$

$$U_{\mathrm{g}}=\begin{pmatrix}\dfrac{v^{\mathrm{T}}(t_1)+v^{\mathrm{T}}(t_2)}{2}\\ \dfrac{v^{\mathrm{T}}(t_2)+v^{\mathrm{T}}(t_3)}{2}\\ \vdots\\ \dfrac{v^{\mathrm{T}}(t_{n-1})+v^{\mathrm{T}}(t_n)}{2}\end{pmatrix}=\begin{pmatrix}\dfrac{1}{2}\left(\sum\limits_{i=1}^{1}u^{\mathrm{T}}(t_i)+\sum\limits_{i=1}^{2}u^{\mathrm{T}}(t_i)\right)\\ \dfrac{1}{2}\left(\sum\limits_{i=1}^{2}u^{\mathrm{T}}(t_i)+\sum\limits_{i=1}^{3}u^{\mathrm{T}}(t_i)\right)\\ \cdots\\ \dfrac{1}{2}\left(\sum\limits_{i=1}^{n-1}u^{\mathrm{T}}(t_i)+\sum\limits_{i=1}^{n}u^{\mathrm{T}}(t_i)\right)\end{pmatrix} \tag{5.42}$$

将约简灰色模型的参数估计矩阵分块为 $\hat{\Phi}_{\mathrm{r}}=\left[\hat{A}_{\mathrm{r}}\ \hat{\eta}_{\mathrm{r}} \mid \hat{B}_{\mathrm{r}}\right]$，满足

$$\hat{\Phi}_{\mathrm{r}}=\left(\begin{pmatrix}Y_{\mathrm{r}}^{\mathrm{T}}\\U_{\mathrm{r}}^{\mathrm{T}}\end{pmatrix}\begin{pmatrix}Y_{\mathrm{r}} & U_{\mathrm{r}}\end{pmatrix}\right)^{-1}\begin{pmatrix}Y_{\mathrm{r}}^{\mathrm{T}}\\U_{\mathrm{r}}^{\mathrm{T}}\end{pmatrix}X=\begin{pmatrix}Y_{\mathrm{r}}^{\mathrm{T}}Y_{\mathrm{r}} & Y_{\mathrm{r}}^{\mathrm{T}}U_{\mathrm{r}}\\U_{\mathrm{r}}^{\mathrm{T}}Y_{\mathrm{r}} & U_{\mathrm{r}}^{\mathrm{T}}U_{\mathrm{r}}\end{pmatrix}^{-1}\begin{pmatrix}Y_{\mathrm{r}}^{\mathrm{T}}X\\U_{\mathrm{r}}^{\mathrm{T}}X\end{pmatrix} \tag{5.43}$$

其中

$$Y_{\rm r}=\begin{pmatrix}\dfrac{1}{2}\sum\limits_{i=2}^{2}x^{\rm T}(t_2)+\dfrac{1}{2}\sum\limits_{i=2}^{2}x^{\rm T}(t_1) & 1\\ \dfrac{1}{2}\sum\limits_{i=2}^{3}x^{\rm T}(t_i)+\dfrac{1}{2}\sum\limits_{i=2}^{3}x^{\rm T}(t_{i-1}) & 1\\ \vdots & \vdots\\ \dfrac{1}{2}\sum\limits_{i=2}^{n}x^{\rm T}(t_i)+\dfrac{1}{2}\sum\limits_{i=2}^{n}x^{\rm T}(t_{i-1}) & 1\end{pmatrix},U_{\rm r}=\begin{pmatrix}\dfrac{1}{2}\sum\limits_{i=2}^{2}u^{\rm T}(t_i)+\dfrac{1}{2}\sum\limits_{i=2}^{2}u^{\rm T}(t_{i-1})\\ \dfrac{1}{2}\sum\limits_{i=2}^{3}u^{\rm T}(t_i)+\dfrac{1}{2}\sum\limits_{i=2}^{3}u^{\rm T}(t_{i-1})\\ \vdots\\ \dfrac{1}{2}\sum\limits_{i=2}^{n}u^{\rm T}(t_i)+\dfrac{1}{2}\sum\limits_{i=2}^{n}u^{\rm T}(t_{i-1})\end{pmatrix}\tag{5.44}$$

由 $\frac{1}{2}\sum\limits_{i=2}^{k}x(t_i)+\frac{1}{2}\sum\limits_{i=2}^{k}x(t_{i-1})=\frac{1}{2}(y(t_{k-1})+y(t_k))+\frac{h-2}{2}x(t_1)$ 和 $\frac{1}{2}\sum\limits_{i=2}^{k}u(t_i)+\frac{1}{2}\sum\limits_{i=2}^{k}u(t_{i-1})=\frac{1}{2}(v(t_{k-1})+v(t_k))+\frac{h-2}{2}v(t_1)$ 易知

$$Y_{\rm r}=Y_{\rm g}Q,\quad U_{\rm r}=U_{\rm g}+U\tag{5.45}$$

其中

$$Q=\begin{pmatrix}I_d & 0\\ \dfrac{h-2}{2}x^{\rm T}(t_1) & 1\end{pmatrix},\ Q^{-1}=\begin{pmatrix}I_d & 0\\ -\dfrac{h-2}{2}x^{\rm T}(t_1) & 1\end{pmatrix},\ U=\frac{h-2}{2}\begin{pmatrix}v^{\rm T}(t_1)\\ v^{\rm T}(t_1)\\ \vdots\\ v^{\rm T}(t_1)\end{pmatrix}$$

将 $Y_{\rm r}$ 和 $U_{\rm r}$ 代入式(5.43)，式(5.43)右端的矩阵可分别变换为

$$\begin{pmatrix}Y_{\rm r}^{\rm T}X\\ U_{\rm r}^{\rm T}X\end{pmatrix}=\begin{pmatrix}Q^{\rm T} & 0\\ 0 & I_p\end{pmatrix}\left(\begin{pmatrix}Y_{\rm g}^{\rm T}X\\ U_{\rm g}^{\rm T}X\end{pmatrix}+\begin{pmatrix}0\\ U^{\rm T}X\end{pmatrix}\right)\tag{5.46}$$

和

$$\begin{pmatrix}Y_{\rm r}^{\rm T}Y_{\rm r} & Y_{\rm r}^{\rm T}U_{\rm r}\\ U_{\rm r}^{\rm T}Y_{\rm r} & U_{\rm r}^{\rm T}U_{\rm r}\end{pmatrix}=\begin{pmatrix}Q^{\rm T} & 0\\ 0 & I_p\end{pmatrix}\left(\begin{pmatrix}Y_{\rm g}^{\rm T}Y_{\rm g} & Y_{\rm g}^{\rm T}U_{\rm g}\\ U_{\rm g}^{\rm T}Y_{\rm g} & U_{\rm g}^{\rm T}U_{\rm g}\end{pmatrix}+\begin{pmatrix}0 & Y_{\rm g}^{\rm T}U\\ U^{\rm T}Y_{\rm g} & W\end{pmatrix}\right)\begin{pmatrix}Q & 0\\ 0 & I_p\end{pmatrix}\tag{5.47}$$

其中：

$$W=U_{\rm g}^{\rm T}U+U^{\rm T}U_{\rm g}+U^{\rm T}U$$

将式(5.46)和式(5.47)代入式(5.43)，有

$$\hat{\varPhi}_{\rm r}=\begin{pmatrix}Q^{-1} & 0\\ 0 & I_p\end{pmatrix}\left(\begin{pmatrix}Y_{\rm g}^{\rm T}Y_{\rm g} & Y_{\rm g}^{\rm T}U_{\rm g}\\ U_{\rm g}^{\rm T}Y_{\rm g} & U_{\rm g}^{\rm T}U_{\rm g}\end{pmatrix}+\begin{pmatrix}0 & Y_{\rm g}^{\rm T}U\\ U^{\rm T}Y_{\rm g} & W\end{pmatrix}\right)^{-1}$$

$$\times\left(\begin{pmatrix}Y_{\mathrm{g}}^{\mathrm{T}}X\\U_{\mathrm{g}}^{\mathrm{T}}X\end{pmatrix}+\begin{pmatrix}0\\U^{\mathrm{T}}X\end{pmatrix}\right) \tag{5.48}$$

运用 Sherman-Morrison-Woodbury 等式，逆矩阵可重写为

$$\begin{aligned}&\begin{pmatrix}Y_{\mathrm{g}}^{\mathrm{T}}Y_{\mathrm{g}} & Y_{\mathrm{g}}^{\mathrm{T}}U_{\mathrm{g}}\\U_{\mathrm{g}}^{\mathrm{T}}Y_{\mathrm{g}} & U_{\mathrm{g}}^{\mathrm{T}}U_{\mathrm{g}}\end{pmatrix}^{-1}-\begin{pmatrix}Y_{\mathrm{g}}^{\mathrm{T}}Y_{\mathrm{g}} & Y_{\mathrm{g}}^{\mathrm{T}}U_{\mathrm{g}}\\U_{\mathrm{g}}^{\mathrm{T}}Y_{\mathrm{g}} & U_{\mathrm{g}}^{\mathrm{T}}U_{\mathrm{g}}\end{pmatrix}^{-1}\\&\times\left(\begin{pmatrix}Y_{\mathrm{g}}^{\mathrm{T}}Y_{\mathrm{g}} & Y_{\mathrm{g}}^{\mathrm{T}}U_{\mathrm{g}}\\U_{\mathrm{g}}^{\mathrm{T}}Y_{\mathrm{g}} & U_{\mathrm{g}}^{\mathrm{T}}U_{\mathrm{g}}\end{pmatrix}^{-1}+\begin{pmatrix}0 & Y_{\mathrm{g}}^{\mathrm{T}}U\\U^{\mathrm{T}}Y_{\mathrm{g}} & W\end{pmatrix}^{-1}\right)\\&\times\begin{pmatrix}Y_{\mathrm{g}}^{\mathrm{T}}Y_{\mathrm{g}} & Y_{\mathrm{g}}^{\mathrm{T}}U_{\mathrm{g}}\\U_{\mathrm{g}}^{\mathrm{T}}Y_{\mathrm{g}} & U_{\mathrm{g}}^{\mathrm{T}}U_{\mathrm{g}}\end{pmatrix}^{-1}\end{aligned}$$

因此，参数估计值矩阵 $\hat{\varPsi}_{\mathrm{g}}$ 和 $\hat{\varPhi}_{\mathrm{r}}$ 的量化关系为

$$\begin{aligned}\hat{\varPhi}_{\mathrm{r}}=&\begin{pmatrix}Q^{-1} & 0\\0 & I_p\end{pmatrix}\hat{\varPsi}_{\mathrm{g}}\\&+\begin{pmatrix}Q^{-1} & 0\\0 & I_p\end{pmatrix}\begin{pmatrix}Y_{\mathrm{g}}^{\mathrm{T}}Y_{\mathrm{g}} & Y_{\mathrm{g}}^{\mathrm{T}}U_{\mathrm{g}}\\U_{\mathrm{g}}^{\mathrm{T}}Y_{\mathrm{g}} & U_{\mathrm{g}}^{\mathrm{T}}U_{\mathrm{g}}\end{pmatrix}^{-1}\begin{pmatrix}0\\U^{\mathrm{T}}X\end{pmatrix}\\&-\begin{pmatrix}Q^{-1} & 0\\0 & I_p\end{pmatrix}\begin{pmatrix}Y_{\mathrm{g}}^{\mathrm{T}}Y_{\mathrm{g}} & Y_{\mathrm{g}}^{\mathrm{T}}U_{\mathrm{g}}\\U_{\mathrm{g}}^{\mathrm{T}}Y_{\mathrm{g}} & U_{\mathrm{g}}^{\mathrm{T}}U_{\mathrm{g}}\end{pmatrix}^{-1}\left(\begin{pmatrix}Y_{\mathrm{g}}^{\mathrm{T}}Y_{\mathrm{g}} & Y_{\mathrm{g}}^{\mathrm{T}}U_{\mathrm{g}}\\U_{\mathrm{g}}^{\mathrm{T}}Y_{\mathrm{g}} & U_{\mathrm{g}}^{\mathrm{T}}U_{\mathrm{g}}\end{pmatrix}^{-1}+\begin{pmatrix}0 & Y_{\mathrm{g}}^{\mathrm{T}}U\\U^{\mathrm{T}}Y_{\mathrm{g}} & W\end{pmatrix}^{-1}\right)\hat{\varPsi}_{\mathrm{g}}\\&-\begin{pmatrix}Q^{-1} & 0\\0 & I_p\end{pmatrix}\begin{pmatrix}Y_{\mathrm{g}}^{\mathrm{T}}Y_{\mathrm{g}} & Y_{\mathrm{g}}^{\mathrm{T}}U_{\mathrm{g}}\\U_{\mathrm{g}}^{\mathrm{T}}Y_{\mathrm{g}} & U_{\mathrm{g}}^{\mathrm{T}}U_{\mathrm{g}}\end{pmatrix}^{-1}\left(\begin{pmatrix}Y_{\mathrm{g}}^{\mathrm{T}}Y_{\mathrm{g}} & Y_{\mathrm{g}}^{\mathrm{T}}U_{\mathrm{g}}\\U_{\mathrm{g}}^{\mathrm{T}}Y_{\mathrm{g}} & U_{\mathrm{g}}^{\mathrm{T}}U_{\mathrm{g}}\end{pmatrix}^{-1}+\begin{pmatrix}0 & Y_{\mathrm{g}}^{\mathrm{T}}U\\U^{\mathrm{T}}Y_{\mathrm{g}} & W\end{pmatrix}^{-1}\right)\\&\times\begin{pmatrix}Y_{\mathrm{g}}^{\mathrm{T}}Y_{\mathrm{g}} & Y_{\mathrm{g}}^{\mathrm{T}}U_{\mathrm{g}}\\U_{\mathrm{g}}^{\mathrm{T}}Y_{\mathrm{g}} & U_{\mathrm{g}}^{\mathrm{T}}U_{\mathrm{g}}\end{pmatrix}^{-1}\begin{pmatrix}0\\U^{\mathrm{T}}X\end{pmatrix}\end{aligned}$$

考虑到矩阵 U 是 U_{r} 和 U_{g} 的差异信息，故后三项实际上是运用差异信息修正参数矩阵 $\hat{\varPsi}_{\mathrm{g}}$。

5.5.2 建模步骤之间的对比分析

从连续时间灰色外生模型的经典形式和约简重构形式可以看出，二者均是通过对观测时间序列建立微分方程模型，以描述和揭示时间序列隐含的潜在动态模式，进而实现时间序列的外推预测。比较算法 5.1与算法 5.2易知，连续时间灰色外生模型的经典形式以累积和算子为始、逆累积和算子为终，以参数估计与累积和时间序列的时间响应函数为核心，显式地运用累积和算子，属于间接隐式建模

方法；然而，约简重构后的连续灰色外生模型仅包含参数估计与原始序列的时间响应函数两步，且仅在运用积分匹配估计参数时，隐式地运用累积和算子，属于直接显式建模方法。由此可以看出，直接显式灰色外生模型的建模过程更简洁，避免了逆累积和算子对应的累减还原操作。具体地，间接隐式连续时间灰色外生模型和直接显式连续时间灰色外生模型之间的异同点如下。

算法 5.1 间接隐式连续时间灰色外生模型

输入：状态变量的观测序列 $\{x(t_1),\ x(t_2),\ \cdots,\ x(t_n)\}$ 和外生变量的观测序列 $\{u(t_1),\ u(t_2),\ \cdots,\ u(t_n)\}$

累积和算子：

$$y(t_k)=\sum_{i=1}^{k}h_ix(t_i),v(t_k)=\sum_{i=1}^{k}h_iu(t_i),\quad h_k=\begin{cases}1, & k=1\\ t_k-t_{k-1}, & k\geqslant 2\end{cases}$$

参数估计的伪回归：

$$x(t_k)=A\left(\frac{1}{2}y(t_{k-1})+\frac{1}{2}y(t_k)\right)+B\left(\frac{1}{2}v(t_{k-1})+\frac{1}{2}v(t_k)\right)+c+e(t_k)$$

初值条件的选择策略：

$$\hat{\eta}=\left(I-\hat{A}\right)^{-1}\left(\hat{c}+\hat{B}v(t_1)\right)$$

累积和时间响应函数：

$$\hat{y}(t)=\exp\left(\hat{A}(t-t_1)\right)\left\{\hat{\eta}+\int_{t_1}^{t}\exp\left(\hat{A}(t_1-\tau)\right)\left(\hat{B}v(\tau)+\hat{c}\right)\mathrm{d}\tau\right\}$$

逆累积和算子：

$$\hat{x}(t_k)=\begin{cases}\hat{y}(t_1), & k=1\\ \dfrac{1}{h_k}\left(\hat{y}(t_k)-\hat{y}(t_{k-1})\right), & k\geqslant 2\end{cases}$$

输出：预测序列 $\{\hat{x}(t_1),\ \hat{x}(t_2),\ \cdots,\ \hat{x}(t_n),\ \cdots,\ \hat{x}(t_{n+r})\}$

算法 5.2 直接显式连续时间灰色外生模型

输入：状态变量的观测序列 $\{x(t_1),\ x(t_2),\ \cdots,\ x(t_n)\}$ 和外生变量的观测序列 $\{u(t_1),\ u(t_2),\ \cdots,\ u(t_n)\}$

参数估计的伪回归：

$$x(t_k)=A\int_{t_1}^{t_k}x(\tau)\mathrm{d}\tau+B\int_{t_1}^{t_k}u(\tau)\mathrm{d}\tau+\eta+\epsilon(t_k)$$

其中：

$$\int_{t_1}^{t_k}x(\tau)\mathrm{d}\tau=\frac{1}{2}\sum_{i=2}^{k}h_ix(t_{i-1})+\frac{1}{2}\sum_{i=2}^{k}h_ix(t_i)$$

$$\int_{t_1}^{t_k}u(\tau)\mathrm{d}\tau=\frac{1}{2}\sum_{i=2}^{k}h_iu(t_{i-1})+\frac{1}{2}\sum_{i=2}^{k}h_iu(t_i),\quad k\geqslant 2$$

时间响应函数：

$$\hat{x}(t)=\exp\left(\hat{A}(t-t_1)\right)\left\{\hat{\eta}+\int_{t_1}^{t}\exp\left(\hat{A}(t_1-\tau)\right)\hat{B}u(\tau)\mathrm{d}\tau\right\}$$

输出：预测序列 $\{\hat{x}(t_1),\ \hat{x}(t_2),\ \cdots,\ \hat{x}(t_n),\ \cdots,\ \hat{x}(t_{n+r})\}$

(1) 前者运用微分方程拟合累积和时间序列，后者运用约简微分方程拟合原始时间序列，故后者的结果具有更直接的可解释性。

(2) 二者均运用梯形公式离散化微分方程，以得到用于参数估计的伪回归方程。前者对累积和微分方程运用梯形公式，近似计算累积和状态变量的微分，后者运用梯形公式近似计算原始状态变量的有限区间积分。

(3) 前者需选择一种策略来确定初始条件，后者能够同时得到结构参数和初始条件的估计值，从而避免初值选择策略所引入的误差。此外，结构参数与初值条件的同步估计，更便于模型不确定性的量化分析。

(4) 二者均使用时间响应函数来计算拟合预测结果。前者需要使用逆累积和算子以得到原始序列对应的拟合预测结果，因此较后者的预测更加烦琐，对应的不确定性分析方法更加复杂。

上述两模型的预测均基于基本假设——外生变量 $u(t)$ 可观测或者函数已知。若外生变量不可测，则需将 $u(t)$ 作为“先行变量”，运用单变量预测方法得到外部输入变量在预测时期的值。

5.6 案例研究：高温热处理钢材抗拉强度的间接测量

高温热处理是新型钢材力学性能测试和轴承制造工艺的重要过程。抗拉强度是指钢材在拉断前所能承受的最大应力 (单位：MPa)，是钢材的一个重要力学性能指标。测量钢材的抗拉强度是工业和工程领域的常规操作，但在高温环境下直接测量钢材的抗拉强度不仅操作难度大且试验成本高。例如，在温度超过 800°F (426.7°C) 的情况下，每完成一个抗拉强度数据的测量需要大约两分钟，且要保证测量环境绝缘。与此相反，布氏硬度数据的测量仅需几秒钟，不需绝缘操作，且布氏硬度测量设备相对便宜。因此，若能从布氏硬度推断抗拉强度，不但有望简化试验操作过程、缩短试验周期，而且能够节约成本、提高企业利润。

金属与合金数据集 (Metals and Alloys Data Book 或 Metal Data) 是材料科学领域的权威数据集 [139]。本节从数据集中抽取高温热处理环境下钢材 C8620、C1095、C1144 的抗拉强度和布氏硬度试验数据①，如表 5.1所示。

钢材的冷却或加热过程是严格的单向过程，故温度可看作广义的时间刻度。对三种高温热处理钢材 C8620、C1095 和 C1144 的试验数据，采用相同的划分标准：后 5 期样本 (900~1300°F) 为测试数据，用于检验模型的预测性能；剩余样本为训练数据，用于模型的构建。将抗拉强度作为状态变量 (记作 x)，布氏硬度为外生变量 (记作 v)，建立单输入连续时间灰色外生模型 (continuous-time grey

① 注：为与数据来源一致，本书采用华氏温度 (°F)。华氏温度与摄氏温度 (°C) 的转换公式为：摄氏温度=(华氏温度−32)÷1.8。

exogenous model，CGXM)，以从布氏硬度推断抗拉强度。

表 5.1 高温热处理钢材 C8620、C1095、C1144 的试验数据

温度/°F	钢材 C8620		钢材 C1095		钢材 C1144	
	布氏硬度	抗拉强度/MPa	布氏硬度	抗拉强度/MPa	布氏硬度	抗拉强度/MPa
200	285	896				
300	285	979				
400	280	966	401	1297	555	1931
500	275	952	388	1283	477	1724
600	270	924	375	1269	444	1517
700	260	890	375	1242	415	1345
800	240	848	363	1214	363	1207
900	230	793	352	1166	302	1069
1000	215	745	321	1104	277	952
1100	200	697	293	1007	255	848
1200	190	662	269	897	223	745
1300	185	635	229	759	201	669

依据 5.5节算法 5.1所描述的步骤，对三种钢材的试验数据分别建立 CGXM 模型，计算其在测试集 (900~1300°F) 的预测误差。三种高温热处理钢材抗拉强度推断的连续动态模型为

$$\text{C8620}: \frac{\mathrm{d}}{\mathrm{d}t}x(t) = -0.4185052x(t) + 1.3461v(t),\ x(1) = 996.71,\ t = 1, 2, \cdots$$

$$\text{C1095}: \frac{\mathrm{d}}{\mathrm{d}t}x(t) = -0.3254516x(t) + 1.0347v(t),\ x(1) = 1300.50,\ t = 1, 2, \cdots$$

$$\text{C1144}: \frac{\mathrm{d}}{\mathrm{d}t}x(t) = -0.3652215x(t) + 0.8299v(t),\ x(1) = 2085.90,\ t = 1, 2, \cdots$$

及据此计算得到的拟合和预测结果，如表 5.2所示。这里需要指出的是，在对钢材 C1095 数据建立 CGXM 模型时，采用了与文献 [140] 相同的数据增强操作。

由表 5.2知，CGXM 模型的样本内平均百分误差 MAPE_{in} 分别为 2.62%、6.36% 和 4.52%，表明高精度的拟合结果；样本外平均百分误差 MAPE_{out} 分别为 6.77%、11.72% 和 0.91%，表明预测性能落在可接受范围之内。

为进一步说明本书所提出的灰色外生模型的优势，对三种钢材的试验数据建立经典的灰色预测模型：背景系数和初始条件优化的 GM(1,1) 模型 [141]、非齐次离散灰色 NDGM(1,1) 模型 [6] 和非线性灰色 NBGM(1,1) 模型 [87]。三数据集对应三种模型的拟合性能度量样本内平均百分误差 MAPE_{in} 如表 5.3所示。每种钢材数据对应于三个模型的预测绝对百分误差 (APE)，预测性能度量样本外平均百分误差 MAPE_{out}，如表 5.4、表 5.5和表 5.6所示。此外，值得注意的是，对于三

种高温热处理钢材数据，Tien 提出的灰色卷积模型及其改进①，也获得了较好的预测效果 [62,142,143]。为更清晰地对比分析模型结果，表 5.4、表 5.5和表 5.6也列出了这些模型的计算结果。

表 5.2 高温热处理钢材 C8620、C1095、C1144 对应 CGXM 模型的预测值及误差分布

温度/°F	钢材 C8620			钢材 C1095			钢材 C1144		
	真实值	拟合值	APE/%	真实值	拟合值	APE/%	真实值	拟合值	APE/%
200	896	996.71	11.24						
300	979	973.91	0.52						
400	966	955.54	1.08	1297	1146.70	11.59	1931	2085.90	8.02
500	952	937.87	1.48	1283	1178.70	8.13	1724	1805.50	4.73
600	924	920.66	0.36	1269	1190.20	6.21	1517	1574.70	3.80
700	890	900.39	1.17	1242	1193.70	3.89	1345	1393.00	3.57
800	848	869.17	2.50	1214	1190.00	1.98	1207	1236.90	2.48
$MAPE_{in}$/%			2.62			6.36			4.52
900	793	833.03	5.05	1166	1177.10	0.95	1069	1088.40	1.81
1000	745	794.73	6.68	1104	1147.70	3.96	952	957.29	0.56
1100	697	752.79	8.00	1007	1100.40	9.28	848	849.99	0.23
1200	662	711.81	7.52	897	1043.30	16.31	745	755.91	1.46
1300	635	677.06	6.62	759	972.48	28.13	669	672.26	0.49
$MAPE_{out}$/%			6.77			11.72			0.91

表 5.3 高温热处理钢材 C8620、C1095、C1144 对比模型的样本内平均百分误差

钢材	GM(1,1)	NDGM(1,1)	NBGM(1,1)
C8620	0.89%	0.12%	0.37%
C1095	0.24%	0.09%	0.05%
C1144	0.43%	0.03%	0.56%

表 5.4 高温热处理钢材 C8620 对应对比模型的预测及误差分布

温度/°F	真实值	IGDMC [a]		GM(1,1)		NDGM(1,1)		NBGM(1,1) [b]	
		预测值	APE/%	预测值	APE/%	预测值	APE/%	预测值	APE/%
900	793	811.10	2.28	839.54	5.87	786.52	0.82	812.25	2.43
1000	745	767.95	3.08	816.50	9.60	704.15	5.48	774.46	3.95
1100	697	716.18	2.75	794.10	13.93	592.27	15.03	737.18	5.76
1200	662	673.04	1.67	772.31	16.66	440.32	33.49	700.76	5.85
1300	635	647.15	1.91	751.11	18.29	233.94	63.16	665.41	4.79
$MAPE_{out}$/%			2.34		12.87		23.59		4.56

注：a 文献 [142] 的表 5。b 非线性灰色 NBGM(1,1) 模型的最优幂系数为 0.11。

① 注：由本章知，灰色卷积模型 GMC[62]、IGDMC[142] 和 FGMC[143] 均属于单输入–单输出连续时间灰色外生模型。

表 5.5　高温热处理钢材 C1095 对应对比模型的预测及误差分布

温度/°F	真实值	FGMC [a]		GM(1,1)		NDGM(1,1)		NBGM(1,1) [b]	
		预测值	APE/%	预测值	APE/%	预测值	APE/%	预测值	APE/%
900	1166	1180.49	1.24	1194.68	2.46	1173.88	0.68	1183.57	1.51
1000	1104	1139.52	3.22	1172.61	6.21	1121.60	1.59	1152.36	4.38
1100	1007	1078.86	7.14	1150.95	14.29	1052.78	4.55	1120.86	11.31
1200	897	1010.00	12.60	1129.68	25.94	962.17	7.27	1089.42	21.45
1300	759	928.88	22.38	1108.81	46.09	842.88	11.05	1058.25	39.43
$MAPE_{out}$/%			9.32		19.00		5.03		15.61

注：a 文献 [143] 的表 17。b 非线性灰色 NBGM(1,1) 模型的最优幂系数为 0.04。

表 5.6　高温热处理钢材 C1144 对应对比模型的预测及误差分布

温度/°F	真实值	GMC [a]		GM(1,1)		NDGM(1,1)		NBGM(1,1) [b]	
		预测值	APE/%	预测值	APE/%	预测值	APE/%	预测值	APE/%
900	1069	1057.86	1.04	1062.68	0.59	1092.67	2.21	1060.16	0.83
1000	952	933.97	1.89	942.73	0.97	999.42	4.98	938.54	1.41
1100	848	831.76	1.92	836.31	1.38	923.13	8.86	830.68	2.04
1200	745	742.18	0.38	741.92	0.41	860.70	15.53	735.09	1.33
1300	669	661.39	1.14	658.17	1.62	809.62	21.02	650.42	2.78
$MAPE_{out}$/%			1.27		1.00		10.52		1.68

注：a 文献 [62] 的表 4。b 非线性灰色 NBGM(1,1) 模型的最优幂系数为 0.01。

由表 5.1～ 表 5.6知，本节涉及的所有模型的拟合误差均小于 5%，甚至部分模型 (除了 CGXM 模型) 的拟合误差度量 $MAPE_{in}$ 小于 1%，表明各模型均具有优异的拟合性能。将这些模型分类比较知：

(1) 将表 5.2与表 5.4、表 5.5、表 5.6分别比较知，GMC、IGDMC 和 FGMC 模型作为 CGXM 模型的变种和改进，并不能显著地减小模型误差、提高预测精度。究其原因为，CGXM 模型在本质上和已有模型等价，它们结果的微小差异来源于初值条件的选择策略。

(2) GM(1,1)、NDGM(1,1) 和 NBGM(1,1) 属于灰色内生模型，GM(1,1) 和 NBGM(1,1) 分别为连续时间线性和非线性模型，NDGM(1,1) 为离散时间线性模型。分析表 5.4、表 5.5和表 5.6知，三模型的预测误差度量 $MAPE_{out}$ 均很大，也就是说，三模型中的任何一个均无法在三个数据集上获得较高的预测精度，说明灰色内生模型不适用于抗拉强度的推断。

5.7　本 章 小 结

本章在分析现有连续时间灰色外生模型的基础上，总结了连续时间灰色外生模型的统一表征形式，该形式是现有多变量、多输出灰色预测模型的一般形式，具有更强的兼容和拓展能力。在分析累积和平移变换的等价数学表征的基础上，引入积分算子论证了传统连续形式的灰色预测模型与降阶后的约简灰色外生模型等价。基于标量序列和向量序列的约简微分方程，引入了积分匹配方法以同步估计约简微分方程的结构参数和初值条件，并揭示累积和算子的数学本质——变上限积分算子的数值离散化。从参数估计和建模过程两个视角出发，分析连续时间灰色外生模型与约简灰色外生模型的估计参数之间的量化关系，比较二者的建模步骤以说明约简灰色外生模型的简洁性。最后以高温热处理钢材抗拉强度的间接测量为例，验证模型的有效性。

第 6 章 离散时间灰色外生模型

基于第 4 章关于离散时间灰色内生模型和第 5 章关于连续时间灰色外生模型的分析，本章将探讨离散时间灰色外生模型的统一表征及求解，运用数值近似和分析技巧推导离散时间灰色预测模型的显式直接表征，明晰累积和算子的作用机理，强化建模结果的可解释性，并使其兼容单变量、多变量、多输出离散灰色预测模型 (线性模型)，将有助于进一步完善灰色系统模型的理论体系。

6.1 离散灰色外生模型建模过程

根据表 1.4，现有的离散时间灰色外生模型种类繁多、形式多样化。为便于研究，下面归纳出离散时间灰色外生模型的一般表达形式。

定义 6.1

设 $x(t_k)$ 为状态观测变量，$u(t_k)=[u_1(t_k),u_2(t_k),\cdots,u_p(t_k)]^{\mathrm{T}}$ 为 p 维外生变量，则离散时间灰色外生模型的伪状态空间表征为

累积和算子 $$y(t_k)=\sum_{i=1}^{k}h_i x(t_i),\ k\geqslant 1 \tag{6.1}$$

$$v(t_k)=\sum_{i=1}^{k}h_i u(t_i),\ k\geqslant 1 \tag{6.2}$$

累积和状态方程 $$y(t_k)=ay(t_{k-1})+b^{\mathrm{T}}z(t_k)+c,\ y(t_1)=\eta_y \tag{6.3}$$

其中，$y(t_k)$ 为状态变量观测累积和，$v(t_k)\in\mathbb{N}^p$ 为外生变量累积和，$z(t_k)=\dfrac{v(t_k)+v(t_{k-1})}{2}$ 为累积和的紧邻均值式，a,b,c 为未知结构参数，η_y 为未知初值条件。♣

1. 参数估计

将每个时刻的状态变量观测代入累积和状态方程式(6.3)，易得

$$y(t_k)=ay(t_{k-1})+b^{\mathrm{T}}z(t_k)+c+e(k) \tag{6.4}$$

其中，$e(k)$ 为模型误差。

由式(6.4)可得矩阵方程

$$Y=\Theta(y,v)\Phi+\Gamma_e \tag{6.5}$$

其中

$$\Phi=\begin{pmatrix}a\\b^{\mathrm{T}}\\c\end{pmatrix},\ Y=\begin{pmatrix}y(t_2)\\y(t_3)\\\vdots\\y(t_n)\end{pmatrix},\quad \Theta(y,v)=\begin{pmatrix}y(t_1) & \dfrac{v^{\mathrm{T}}(t_1)+v^{\mathrm{T}}(t_2)}{2} & 1\\ y(t_2) & \dfrac{v^{\mathrm{T}}(t_2)+v^{\mathrm{T}}(t_3)}{2} & 1\\ \vdots & \vdots & \vdots\\ y(t_{n-1}) & \dfrac{v^{\mathrm{T}}(t_{n-1})+v^{\mathrm{T}}(t_n)}{2} & 1\end{pmatrix}$$

$$\Gamma_e=\begin{pmatrix}e(2)\\e(3)\\\vdots\\e(n)\end{pmatrix}$$

依据最小二乘准则，结构参数的最小二乘估计值为

$$\hat{\Phi}=\left(\Theta(y,v)^{\mathrm{T}}\Theta(y,v)\right)^{-1}\Theta(y,v)^{\mathrm{T}}Y \tag{6.6}$$

2. 累减还原

将参数的最小二乘估计 $\hat{\Theta}$ 和 $\{t_1,t_2,\cdots,t_n,\cdots t_{n+r}\}$ 代入式(6.5)，得累积和序列的拟合序列 $\{\hat{y}(t_2)\ \ \hat{y}(t_3)\ \ \cdots\ \ \hat{y}(t_n)\cdots\ \ \hat{y}(t_{n+r})\}$。运用逆累积和算子得到原始时间序列的拟合和预测值为

$$\hat{x}(t_k)=\begin{cases}\hat{y}(t_1), & k=1\\ \dfrac{1}{h_k}\left(\hat{y}(t_k)-\hat{y}(t_{k-1})\right), & k\geqslant 2\end{cases}$$

6.2 模型显式表征推导的引理

引理 6.1

设 $\{y_{\mathrm{a}}(t_1),y_{\mathrm{a}}(t_2),\cdots,y_{\mathrm{a}}(t_n)\}$ 和 $\{v_{\mathrm{a}}(t_1),v_{\mathrm{a}}(t_2),\cdots,v_{\mathrm{a}}(t_n)\}$ 分别为累积和序列的平移变换，满足

$$y_{\mathrm{a}}(t_k)=y(t_k)+\xi_y,\ k=1,2,\cdots,n$$

$$v_{\mathrm{a}}(t_k)=v(t_k)+\xi_v,\ k=1,2,\cdots,n$$

其中，$\xi_y \in \mathbb{R}, \xi_v \in \mathbb{R}^d$ 为任意向量。则累积和序列及其变换序列对应模型的估计参数和拟合预测满足:

(1) $\hat{a}_{\mathrm{a}} = \hat{a}, \hat{b}_{\mathrm{a}} = \hat{b}, \hat{c}_{\mathrm{a}} = \hat{c} - \hat{a}\xi_y - \hat{b}^{\mathrm{T}}\xi_v$;

(2) $\hat{y}_{\mathrm{a}}(t) = \hat{y},\ t \geqslant t_1$;

(3) $\hat{x}_{\mathrm{a}}(t_k) = \hat{x}(t_k),\ k \geqslant 2$。 ♡

证明　将平移变换量 $y_{\mathrm{a}}(t_k) = y(t_k) + \xi_y$ 和 $v_{\mathrm{a}}(t_k) = v(t_k) + \xi_v$ 代入最小二乘估计式知

$$X_{\mathrm{a}} = \begin{pmatrix} \dfrac{1}{h_2} & & & \\ & \dfrac{1}{h_2} & & \\ & & \ddots & \\ & & & \dfrac{1}{h_2} \end{pmatrix} \begin{pmatrix} y_{\mathrm{a}}(t_2) - y_{\mathrm{a}}(t_1) \\ y_{\mathrm{a}}(t_3) - y_{\mathrm{a}}(t_2) \\ \vdots \\ y_{\mathrm{a}}(t_n) - y_{\mathrm{a}}(t_{n-1}) \end{pmatrix} = \begin{pmatrix} x_{\mathrm{a}}(t_2) \\ x_{\mathrm{a}}(t_3) \\ \vdots \\ x_{\mathrm{a}}(t_n) \end{pmatrix} = X$$

和

$$\begin{aligned} \varXi(y_{\mathrm{a}}, v_{\mathrm{a}}) &= \begin{pmatrix} \dfrac{y(t_1)+y(t_2)}{2} + \xi_y & \dfrac{v^{\mathrm{T}}(t_1)+v^{\mathrm{T}}(t_2)}{2} + \xi_v^{\mathrm{T}} & 1 \\ \dfrac{y(t_2)+y(t_3)}{2} + \xi_y & \dfrac{v^{\mathrm{T}}(t_2)+v^{\mathrm{T}}(t_3)}{2} + \xi_v^{\mathrm{T}} & 1 \\ \vdots & \vdots & \vdots \\ \dfrac{y(t_{n-1})+y(t_n)}{2} + \xi_y & \dfrac{v^{\mathrm{T}}(t_{n-1})+v^{\mathrm{T}}(t_n)}{2} + \xi_v^{\mathrm{T}} & 1 \end{pmatrix} \\ &= \varXi(y, v) \begin{pmatrix} 1 & 0 & 0 \\ 0 & I_p & 0 \\ \xi_y & \xi_v^{\mathrm{T}} & 1 \end{pmatrix} \end{aligned}$$

故参数矩阵的最小二乘估计为

$$\begin{pmatrix} \hat{a}_{\mathrm{a}} \\ \hat{b}_{\mathrm{a}}^{\mathrm{T}} \\ \hat{c}_{\mathrm{a}} \end{pmatrix} = \left(\varXi^{\mathrm{T}}(y_{\mathrm{a}}, v_{\mathrm{a}})\varXi(y_{\mathrm{a}}, v_{\mathrm{a}})\right)^{-1} \varXi^{\mathrm{T}}(y_{\mathrm{a}}, v_{\mathrm{a}}) X_{\mathrm{a}}$$

$$
= \begin{pmatrix} 1 & 0 & 0 \\ 0 & I_p & 0 \\ \xi_y & \xi_v^{\mathrm{T}} & 1 \end{pmatrix}^{-1} \begin{pmatrix} \hat{a} \\ \hat{b}^{\mathrm{T}} \\ c \end{pmatrix} = \begin{pmatrix} \hat{a} \\ \hat{b}^{\mathrm{T}} \\ \hat{c} - \xi_y \hat{a} - \xi_v^{\mathrm{T}} \hat{b}^{\mathrm{T}} \end{pmatrix}
$$

对于第 5 章的三种策略中的任一初值选择策略，其初值条件均满足

$$
\hat{\eta}_{\mathrm{a}} = \hat{\eta}_y + \xi_y
$$

故时间响应函数为

$$
\begin{aligned}
\hat{y}_{\mathrm{a}}(t) &= \exp\left(\hat{a}_{\mathrm{a}}(t-t_1)\right)\left\{\hat{\eta}_{\mathrm{a}} + \int_{t_1}^{t} \exp\left(\hat{a}_{\mathrm{a}}(t_1-s)\right)\left(\hat{b}_{\mathrm{a}}^{\mathrm{T}} v_{\mathrm{a}}(s) + \hat{c}_{\mathrm{a}}\right)\mathrm{d}s\right\} \\
&= \exp\left(\hat{a}(t-t_1)\right)\left\{\hat{\eta}_y + \xi_y + \int_{t_1}^{t} \exp\left(\hat{a}(t_1-s)\right)\right. \\
&\quad \left. \cdot\left(\hat{b}^{\mathrm{T}} v(s) + \hat{b}^{\mathrm{T}}\xi_v + \hat{c} - \hat{a}\xi_y - \hat{b}^{\mathrm{T}}\xi_v\right)\mathrm{d}s\right\} \\
&= \exp\left(\hat{a}(t-t_1)\right)\left\{\hat{\eta}_y + \int_{t_1}^{t} \exp\left(\hat{a}(t_1-s)\right)\left(\hat{b}^{\mathrm{T}} v(s) + \hat{c} - \hat{a}\xi_y\right)\mathrm{d}s + \xi_y\right\} \\
&= \exp\left(\hat{a}(t-t_1)\right)\left\{\hat{\eta}_y + \int_{t_1}^{t} \exp\left(\hat{a}(t_1-s)\right)\left(\hat{b}^{\mathrm{T}} v(s) + \hat{c}\right)\mathrm{d}s\right\} \\
&\quad + \exp\left(\hat{a}(t-t_1)\right)\left\{-\int_{t_1}^{t} \exp\left(\hat{a}(t_1-s)\right)\hat{a}\xi_y \mathrm{d}s + \xi_y\right\} \\
&= \hat{y}(t) + \xi_y
\end{aligned}
$$

离散化时间响应函数，并对离散化向量序列施用累减还原算子，有

$$
\hat{x}_{\mathrm{a}}(t_k) = \frac{\hat{y}_{\mathrm{a}}(t_k) - \hat{y}_{\mathrm{a}}(t_{k-1})}{h_k} = \frac{\hat{y}(t_k) - \hat{y}(t_{k-1})}{h_k} = \hat{x}(t_k),\ k \geqslant 2 \qquad \blacksquare
$$

引理 6.1表明，累积和序列的平移变换不影响离散时间灰色外生模型的拟合和预测结果。且累积和序列的平移变换等价于在原始序列的第一个元素加平移系数向量，即 ξ_y 和 ξ_v 的取值，不改变 $\{x(t_1)+\xi_y, x(t_2), \cdots, x(t_n)\}$ 与 $\{u(t_1)+\xi_v, u(t_2), \cdots, u(t_n)\}$ 对应的建模结果。因此，更一般的累积和算子定义为

$$
y(t_k) = \begin{cases} \xi_y, & k = 1 \\ \xi_y + \displaystyle\sum_{i=2}^{k} h_k x(t_k), & k \geqslant 2 \end{cases}
$$

和

$$v(t_k)=\begin{cases}\xi_v, & k=1\\ \xi_v+\sum_{i=2}^{k}h_k u(t_k), & k\geqslant 2\end{cases}$$

其中，$\xi_y\in\mathbb{R}$ 和 $\xi_v\in\mathbb{R}^d$ 为任意实向量。通常，为与累积和算子的直观理解一致，令 $\xi_y=x(t_1)$ 和 $\xi_v=u(t_1)$。

6.3　离散时间灰色外生模型的约简重构

以第 5 章的约简微分方程式(5.15)为基础推导离散时间灰色外生模型的形式表征，揭示累积和算子的引入过程与作用机制。为简单起见，设原始时间序列是等间隔分布的——这也是时间序列分析离散模型的常用假设 [136]，即 $h_k=h,\forall k\geqslant 2$。

标量序列的离散时间灰色外生模型的显式形式可重写为状态空间形式：

$$\text{观测方程}\quad x(t_k)=s(t_k)+e(t_k),\ k=1,2,\cdots,n \tag{6.7}$$

$$\text{状态方程}\quad s(t_k)=\alpha y(t_{k-1})+\beta^{\mathrm{T}}z(t_k)+\gamma,\ s(t_1)=\eta,\ k=2,3,\cdots,n \tag{6.8}$$

其中，$s(t_k)\in\mathbb{R}$ 为状态变量，$x(t_k)$ 为状态变量在 t_k 时刻的观测值，$e(t_k)\in\mathbb{R}$ 为 t_k 时刻观测的测量误差，$y(t_{k-1})$ 为在 t_{k-1} 时刻状态变量观测累积和，$z(t_k)$ 为 t_k 时刻的紧邻均值 [如式(6.1)中的定义]，$\alpha\in\mathbb{R}$，$\beta\in\mathbb{R}^p$ 和 $\gamma\in\mathbb{R}$ 为未知结构参数，η 为未知初始值条件。

1. 显式形式

将微分方程式(5.15)重写为标量形式下的积分方程，则

$$s(t)=a\int_{t_1}^{t_k}s(\tau)\mathrm{d}\tau+b^{\mathrm{T}}\int_{t_1}^{t_k}u(\tau)\mathrm{d}\tau+\eta \tag{6.9}$$

其中，

$$\int_{t_1}^{t_k}s(\tau)\mathrm{d}\tau\approx\frac{1}{2}\sum_{i=2}^{k}hs(t_i)+\frac{1}{2}\sum_{i=2}^{k}hs(t_{i-1})=y(t_{i-1})+\frac{h}{2}s(t_k)+\frac{h-2}{2}s(t_1) \tag{6.10}$$

和

$$\int_{t_1}^{t_k}u(\tau)\mathrm{d}\tau\approx\frac{1}{2}\sum_{i=2}^{k}hu(t_i)+\frac{1}{2}\sum_{i=2}^{k}u(t_{i-1})=\frac{1}{2}v(t_{k-1})+\frac{1}{2}v(t_k)+\frac{h-2}{2}u(t_1)$$

将含有噪声的观测值 $x(t)$ 近似代替状态变量 $s(t)$，则隐式伪回归方程为

$$\left(1-\frac{h}{2}a\right)x(t_k)=a\left(y(t_{k-1})+\frac{h-2}{2}x(t_1)\right)+b^{\mathrm{T}}\left(\frac{1}{2}v(t_{k-1})+\frac{1}{2}v(t_k)+\frac{h-2}{2}u(t_1)\right)+\eta+\epsilon(k)$$

其中，$\epsilon(k)$ 为离散误差和噪声误差的和。

易知

$$z(t_k)=\frac{v(t_k)+v(t_{k-1})}{2}=u(t_1)+\frac{1}{2}\sum_{i=2}^{k-1}hu(t_i)+\frac{1}{2}\sum_{i=2}^{k}hu(t_i) \tag{6.11}$$

对上式进行简单的变形可将隐式伪回归方程变换为显式形式

$$x(t_k)=\alpha y(t_{k-1})+\beta^{\mathrm{T}}z(t_k)+\gamma+e(k) \tag{6.12}$$

其中，

$\alpha=\dfrac{2a}{2-ha}$，$\beta^{\mathrm{T}}=\dfrac{2}{2-ha}b^{\mathrm{T}}$，$\gamma=\dfrac{a(h-2)}{2-ha}x(t_1)+\dfrac{h-2}{2-ha}b^{\mathrm{T}}v(t_1)+\dfrac{2}{2-ha}\eta$，$e(k)=\dfrac{2a}{2-ha}\epsilon(k)$

2. 参数估计

将状态变量观测值代入式(6.8)得到矩阵方程

$$X=\Xi(y,z)\Phi+\Gamma_e \tag{6.13}$$

其中，

$$\Phi=\begin{pmatrix}\alpha\\ \beta^{\mathrm{T}}\\ \gamma\end{pmatrix},\ X=\begin{pmatrix}x(t_2)\\ x(t_3)\\ \vdots\\ x(t_n)\end{pmatrix},\ \Xi(y,z)=\begin{pmatrix}y(t_1) & z^{\mathrm{T}}(t_2) & 1\\ y(t_2) & z^{\mathrm{T}}(t_3) & 1\\ \vdots & \vdots & \vdots\\ y(t_{n-1}) & z^{\mathrm{T}}(t_n) & 1\end{pmatrix},\ \Gamma_e=\begin{pmatrix}e(2)\\ e(3)\\ \vdots\\ e(n)\end{pmatrix}$$

显然，该伪线性回归方程的参数的最小二乘估计为

$$\hat{\Phi}=\left(\Xi^{\mathrm{T}}(y,z)\Xi(y,z)\right)^{-1}\Xi^{\mathrm{T}}(y,z)X \tag{6.14}$$

3. 递归外推

将结构参数估计值代入式(6.13)，得拟合序列为

$$(\hat{x}(t_2)\ \ \hat{x}(t_3)\ \ \cdots\ \ \hat{x}(t_n))^{\mathrm{T}} = \Xi(y,z)\hat{\Phi} \tag{6.15}$$

且基于递归策略 [144] 的第 r 步向前预测序列为

$$\hat{x}(t_{n+r}) = \begin{cases} \hat{\alpha}y(t_n) + \hat{\beta}^{\mathrm{T}}z(t_{n+1}) + \hat{\gamma}, & r=1 \\ \hat{\alpha}\hat{y}(t_{n+r-1}) + \hat{\beta}^{\mathrm{T}}z(t_{n+r}) + \hat{\gamma}, & r \geqslant 2 \end{cases} \tag{6.16}$$

其中，

$$\hat{y}(t_{n+r-1}) = y(t_n) + \sum_{i=1}^{r} h\hat{x}(t_{n+i}), \quad r \geqslant 2 \tag{6.17}$$

$$z(t_{n+r}) = z(t_n) + \frac{1}{2}\sum_{i=n}^{n+r-1} h\hat{u}(t_i) + \frac{1}{2}\sum_{i=n+1}^{n+r} h\hat{u}(t_i), \quad r \geqslant 1 \tag{6.18}$$

6.4 离散时间灰色外生模型的向量序列拓展形式

将 6.3节的结果拓展到向量序列，则对于 $d \in \mathbb{N}^+$ 维状态变量与 $p \in \mathbb{N}^+$ 维外部输入变量 (也可以为时间的确定函数)，其对应状态变量和外生变量的序列观测的矩阵表征分别为

$$\begin{pmatrix} | & | & & | \\ x(t_1) & x(t_2) & \cdots & x(t_n) \\ | & | & & | \end{pmatrix} = \begin{pmatrix} x_1(t_1) & x_1(t_2) & \cdots & x_1(t_n) \\ x_2(t_1) & x_2(t_2) & \cdots & x_2(t_n) \\ \vdots & \vdots & & \vdots \\ x_d(t_1) & x_d(t_2) & \cdots & x_d(t_n) \end{pmatrix}$$

和

$$\begin{pmatrix} | & | & & | \\ u(t_1) & u(t_2) & \cdots & u(t_n) \\ | & | & & | \end{pmatrix} = \begin{pmatrix} u_1(t_1) & u_1(t_2) & \cdots & u_1(t_n) \\ u_2(t_1) & u_2(t_2) & \cdots & u_2(t_n) \\ \vdots & \vdots & & \vdots \\ u_p(t_1) & u_p(t_2) & \cdots & u_p(t_n) \end{pmatrix}$$

可得到向量序列的离散时间灰色外生模型的状态空间形式，其定义如下。

定义 6.2

$$\text{观测方程}\quad x(t_k) = s(t_k) + e(t_k),\ k = 1, 2, \cdots, n \tag{6.19}$$

$$\text{状态方程}\quad s(t_k) = \alpha y(t_{k-1}) + \beta z(t_k) + \gamma,\ s(t_1) = \eta,\ k = 2, 3, \cdots, n \tag{6.20}$$

其中，$s(t_k) \in \mathbb{R}^d$ 为状态变量，$x(t_k)$ 为状态变量在 t_k 时刻的观测值，$e(t_k) \in \mathbb{R}^d$ 为 t_k 时刻观测的测量误差，$y(t_{k-1}) \in \mathbb{R}^d$ 为在 t_{k-1} 时刻状态变量观测累积和，$z(t_k)$ 为 t_k 时刻的紧邻均值 [如式(6.3)的定义]，$\alpha \in \mathbb{R}^{d\times d}$，$\beta \in \mathbb{R}^{d\times p}$ 和 $\gamma \in \mathbb{R}^d$ 为未知结构参数，η 为未知初始值条件。♣

1. 显式形式

为简单起见，将原始序列设为等间隔分布，即 $h_k = h, \forall k \geqslant 2$。同时，在区间 $[t_1, t_k]$ 对微分方程式(5.27)进行积分，有

$$s(t) = A\int_{t_1}^{t} s(\tau)\mathrm{d}\tau + B\int_{t_1}^{t} u(\tau)\mathrm{d}\tau + \eta \tag{6.21}$$

其中，

$$\int_{t_1}^{t_k} s(\tau)\mathrm{d}\tau \approx \frac{1}{2}\sum_{i=2}^{k} hs(t_i) + \frac{1}{2}\sum_{i=2}^{k} hs(t_{i-1}) = y(t_{i-1}) + \frac{h}{2}s(t_k) + \frac{h-2}{2}s(t_1) \tag{6.22}$$

和

$$\int_{t_1}^{t_k} u(s)\mathrm{d}s \approx \frac{1}{2}\sum_{i=2}^{k} hu(t_i) + \frac{1}{2}\sum_{i=2}^{k} u(t_{i-1}) = \frac{1}{2}v(t_{k-1}) + \frac{1}{2}v(t_k) + \frac{h-2}{2}u(t_1) \tag{6.23}$$

将含有噪声的观测值 $x(t)$ 近似代替状态变量 $s(t)$，则隐式伪回归方程为

$$\begin{aligned}\left(I - \frac{h}{2}A\right)x(t_k) = {} & A\left(y(t_{k-1}) + \frac{h-2}{2}x(t_1)\right) \\ & + B\left(\frac{1}{2}v(t_{k-1}) + \frac{1}{2}v(t_k) + \frac{h-2}{2}u(t_1)\right) + \eta + \epsilon(k)\end{aligned}$$

其中，$\epsilon(k)$ 为离散误差和噪声误差的和。

易知

$$z(t_k) = \frac{v(t_k) + v(t_{k-1})}{2} = u(t_1) + \frac{1}{2}\sum_{i=2}^{k-1} hu(t_i) + \frac{1}{2}\sum_{i=2}^{k} hu(t_i) \tag{6.24}$$

对式 (6.24) 进行简单的变形可将隐式伪回归方程变换为显式形式

$$x(t_k) = \alpha y(t_{k-1}) + \beta z(t_k) + \gamma + e(k) \tag{6.25}$$

其中，

$$\alpha = \left(I - \frac{h}{2}A\right)^{-1} A,\ \beta = \left(I - \frac{h}{2}A\right)^{-1} B,\ e(k) = \left(I - \frac{h}{2}A\right)^{-1} \epsilon(t_k)$$

$$\gamma = \frac{h-2}{2}\left(I - \frac{h}{2}A\right)^{-1} Ax(t_1) + \frac{h-2}{2}\left(I - \frac{h}{2}A\right)^{-1} Bu(t_1) + \left(I - \frac{h}{2}A\right)^{-1} \eta(t_k)$$

2. *参数估计*

将状态变量观测代入式(6.20)得到矩阵方程

$$X = \varXi(y, z)\varPhi + \varGamma_e \tag{6.26}$$

其中，

$$\varPhi = \begin{pmatrix} \alpha^{\mathrm{T}} \\ \beta^{\mathrm{T}} \\ \gamma^{\mathrm{T}} \end{pmatrix},\ X = \begin{pmatrix} x^{\mathrm{T}}(t_2) \\ x^{\mathrm{T}}(t_3) \\ \vdots \\ x^{\mathrm{T}}(t_n) \end{pmatrix}$$

$$\varXi(y, z) = \begin{pmatrix} y^{\mathrm{T}}(t_1) & z^{\mathrm{T}}(t_2) & 1 \\ y^{\mathrm{T}}(t_2) & z^{\mathrm{T}}(t_3) & 1 \\ \vdots & \vdots & \vdots \\ y^{\mathrm{T}}(t_{n-1}) & z^{\mathrm{T}}(t_n) & 1 \end{pmatrix},\ \varGamma_e = \begin{pmatrix} e^{\mathrm{T}}(2) \\ e^{\mathrm{T}}(3) \\ \vdots \\ e^{\mathrm{T}}(n) \end{pmatrix}$$

依据最小二乘准则，参数矩阵的最小二乘估计对应的目标函数为

$$\mathcal{L}(\varPhi) = \|Y - \varXi(y, z)\varPhi\|_{\mathrm{F}}^2 = \mathrm{Tr}\left((Y - \varXi(y, z)\varPhi)^{\mathrm{T}}(Y - \varXi(y, z)\varPhi)\right)$$

由连续函数极值定理 (依次对 $Y - \varXi(y, z)\varPhi$ 的每个变量求偏微分，并令其等于零) 知，正则方程为

$$\frac{\partial}{\partial \varPhi}\mathcal{L}(\varPhi) = 2\varXi^{\mathrm{T}}(y, z)\varXi(y, z)\varPhi - 2\varXi^{\mathrm{T}}(y, z)Y = 0$$

即参数估计值为

$$\hat{\varPhi} = \left(\varXi^{\mathrm{T}}(y,z)\varXi(y,z)\right)^{-1}\varXi^{\mathrm{T}}(y,z)X \tag{6.27}$$

3. 递归外推

将结构参数估计值代入式(6.26)，得拟合序列为

$$\left[\hat{x}^{\mathrm{T}}(t_2)\ \ \hat{x}^{\mathrm{T}}(t_3)\ \ \cdots\ \ \hat{x}^{\mathrm{T}}(t_n)\right] = \varXi(y,z)\hat{\varPhi} \tag{6.28}$$

且基于递归策略的第 r 步向前预测序列为

$$\hat{x}(t_{n+r}) = \begin{cases} \hat{\alpha}y(t_n) + \hat{\beta}^{\mathrm{T}}z(t_{n+1}) + \hat{\gamma}, & r=1 \\ \hat{\alpha}\hat{y}(t_{n+r-1}) + \hat{\beta}^{\mathrm{T}}z(t_{n+r}) + \hat{\gamma}, & r \geqslant 2 \end{cases} \tag{6.29}$$

其中，

$$\hat{y}(t_{n+r-1}) = y(t_n) + \sum_{i=1}^{r} h\hat{x}(t_{n+i}), \quad r \geqslant 2$$

$$z(t_{n+r}) = z(t_n) + \frac{1}{2}\sum_{i=n}^{n+r-1} h\hat{v}(t_i) + \frac{1}{2}\sum_{i=n+1}^{n+r} h\hat{v}(t_i), \quad r \geqslant 1$$

6.5 离散时间灰色外生模型的隐式形式与显式形式关系分析

6.5.1 显式直接模型与经典隐式间接模型的等价性

经典离散时间灰色外生模型属于间接建模方法——以累积和序列为基本研究对象的自回归模型 [4,6,14,145,146]，且该类模型的一般表征方式为

$$y(t_k) = \phi y(t_{k-1}) + \varphi z(t_k) + \psi + \epsilon(k) \tag{6.30}$$

其中，$y(t_k)$ 为累积和式(6.1)，$z(t_k)$ 为累积和的紧邻均值式(6.11)。

式(6.30)与式(6.25)的表征形式有一定差异。总的来说，式(6.30)为隐式间接形式，式(6.25)为显式直接形式。具体地，从数学分析和参数估计两方面，分析模型(6.30)与模型(6.25)之间的关系。

由累积和算子式(6.1)知

$$y(t_k) = y(t_{k-1}) + hx(t_k)$$

代入式(6.30)，并与式(6.25)比较知，参数矩阵满足

$$\phi = I + h\alpha,\ \varphi = h\beta,\ \psi = h\gamma,\ \epsilon(k) = he(k) \tag{6.31}$$

与 6.4节的参数估计和递归外推类似，可得式(6.30)对应的参数矩阵最小二乘估计值为

$$\left(\hat{\phi} \ \ \hat{\varphi} \ \ \hat{\psi}\right)^{\mathrm{T}} = \left(\varXi^{\mathrm{T}}(y,z)\varXi(y,z)\right)^{-1}\varXi^{\mathrm{T}}(y,z)Y \tag{6.32}$$

其中，

$$Y = \begin{pmatrix} y^{\mathrm{T}}(t_2) \\ y^{\mathrm{T}}(t_3) \\ \vdots \\ y^{\mathrm{T}}(t_n) \end{pmatrix} = h\begin{pmatrix} x^{\mathrm{T}}(t_2) \\ x^{\mathrm{T}}(t_3) \\ \vdots \\ x^{\mathrm{T}}(t_n) \end{pmatrix} + \begin{pmatrix} y^{\mathrm{T}}(t_1) \\ y^{\mathrm{T}}(t_2) \\ \vdots \\ y^{\mathrm{T}}(t_{n-1}) \end{pmatrix} := hX + \gamma \tag{6.33}$$

将式(6.33) 代入式(6.32)，有

$$\left(\hat{\phi} \ \ \hat{\varphi} \ \ \hat{\psi}\right)^{\mathrm{T}} = h\left(\varXi^{\mathrm{T}}(y,z)\varXi(y,z)\right)^{-1}\varXi^{\mathrm{T}}(y,z)X + \left(\varXi^{\mathrm{T}}(y,z)\varXi(y,z)\right)^{-1}\varXi^{\mathrm{T}}(y,z)\gamma$$

其中，由矩阵 γ 为矩阵 $\varXi^{\mathrm{T}}(y,z)$ 的前 d 列知，等式右边的第二项为

$$\left(\varXi^{\mathrm{T}}(y,z)\varXi(y,z)\right)^{-1}\varXi^{\mathrm{T}}(y,z)\gamma = (I_d \ \ 0 \ \ 0)^{\mathrm{T}}$$

结合式(6.27) 易知

$$\left(\hat{\phi} \ \ \hat{\varphi} \ \ \hat{\psi}\right) = h\left(\hat{\alpha} \ \ \hat{\beta} \ \ \hat{\gamma}\right) + (I_d \ \ 0 \ \ 0) = \left(h\hat{\alpha} + I_d \ \ h\hat{\beta} \ \ h\hat{\gamma}\right) \tag{6.34}$$

且将式(6.34) 代入式(6.30) 知，两模型残差之间的关系为

$$\hat{\epsilon}(k) = y(t_k) - \hat{\phi}y(t_{k-1}) - \hat{\varphi}z(t_k) - \hat{\psi} = hx(t_k) - h\left(\hat{\alpha}y(t_{k-1}) + \hat{\beta}z(t_k) + \hat{\gamma}\right) = he(k) \tag{6.35}$$

式(6.31)、式(6.32)和式(6.35)表明，就模型表达式、参数估计和残差量化而言，经典离散时间灰色预测模型式(6.30) 完全可由式(6.25)推导演绎而来，即经典离散时间灰色系统模型也可由式(6.25)表征。但是，正如前面所述，经典模型属于间接方法，其必须运用累积和算子及其逆算子，才能计算原始序列对应的拟合预测结果。本章提出的直接显式表征方式，仅隐式地运用累积和算子，不需运用逆累积和算子，就可直接计算原始序列对应的拟合预测结果。因此，显式直接的建模方法具有更简洁的建模步骤和更易于解释的建模结果。此外，进一步分析式(6.25)知，显式直接建模方法本质上是将累积和算子作为一种模式辨识和数据变换技术来使用的。

6.5.2 统一表征模型的退化模型族

6.5.1节证明了间接模型与直接模型之间的等价性，本节主要分析统一表征形式对已有的经典 (单变量、多变量、多输出) 离散灰色模型的兼容性，以及据此可拓展的新型模型，如图 6.1所示。

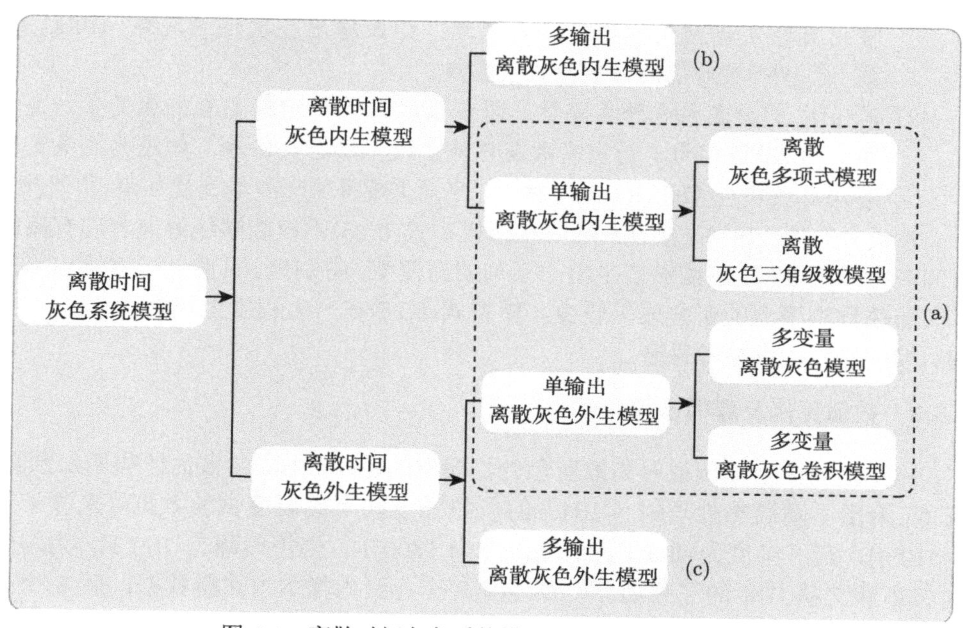

图 6.1 离散时间灰色系统模型的框架与分类准则

图 6.1系统地梳理了离散时间灰色预测模型，并依据外部输入变量 u_ι 的取值情况，将模型划分为两个大类，内生模型族 (u_ι 为时间函数，即 $u_\iota(t)$ 是关于 t 的确定函数) 与外生模型族 (v_ι 为外生状态变量，即仅知 $u_\iota(t_k)$ 的有限样本信息)。在每个子类目录下，又将模型划分为单输出和多输出两个子类，以及每个子类下的示例模型集。

性质 6.1 当状态变量维数 $d=1$ 时，显式直接模型式(6.25) 涵盖了单输出离散灰色内生和外生模型族。

(1) 若 $u(t)$ 的每个分量均是时间的确定性函数，则模型(6.25)退化为单输出离散灰色内生模型族。具体地，如齐次离散灰色 DGM(1, 1) 模型 [4] 及其变形 [147,148]、非齐次离散灰色 NDGM(1, 1) 模型 [6] 及其变形 [149]、离散灰色多项式模型 (第 4章) 及其变形 [133,145,146]，以及耦合三角函数的非齐次离散灰色模型 [37]。

(2) 若 $u(t)$ 的分量包含外生变量，即存在至少一个 $u(t)$ 依赖外生变量，则模型式(6.25)退化为单输出离散灰色外生模型族。具体地，如经典的多变量齐次离散灰色 DGM(1, N) 模型 [14] 及其卷积 [78] 和非齐次拓展 [76,80,150]。

性质 6.2　当状态变量维数 $d \geqslant 2$ 时，显式直接模型式(6.25) 涵盖了多输出离散灰色内生和外生模型族。

(1) 若 $u(t)$ 的每个列分量均是时间的确定性函数，则模型式(6.25)退化为单输出离散灰色内生模型族。具体地，如多输出齐次连续灰色 MGM 模型 [109,110,151] 对应的离散形式及拓展。

(2) 若 $u(t)$ 的分量包含外生变量，即存在至少一个 $u(t)$ 依赖外生变量，则模型式(6.25)退化为单输出离散灰色外生模型族。具体地，如经典的多变量齐次离散灰色 DGM(1, N) 模型 [14] 及其卷积 [78] 和非齐次拓展 [76,80,150]。

性质 6.1 和性质 6.2 表明，显式直接模型式(6.25)不仅能够统筹兼容现有离散时间灰色系统模型，还能够衍生出一系列的新模型。特别地，目前关于多输出离散时间灰色预测模型的研究成果较少，模型式(6.25)在一定程度上填补了这一空白，为后续的研究提供参考思路。

6.5.3　数值算例及建模步骤

本节运用数值算例说明离散灰色外生模型的建模过程、参数估计和递归预测。表 6.1给出了高温热处理钢 C1040 的抗拉强度和布氏硬度试验数据 (来源于文献 [139])，最低温度为 400°F，最高温度为 1300°F，温度间隔为 100°F。为与文献 [63] 和文献 [78] 的序列划分一致，前 5 个元素为样本内建模数据，后 5 个元素为样本外测试数据。

表 6.1　热处理钢 C1040 的布氏硬度与抗拉强度的试验数据及其对应的建模结果　(单位：MPa)

温度/°F	布氏硬度	抗拉强度	GMC [a]		RDGM [b]		DGXM	
	v	x	$\hat{x}(t_k)$	APE/%	$\hat{x}(t_k)$	APE/%	$\hat{x}(t_k)$	APE/%
400	514	897						
500	495	897	894.08	0.33	896.61	0.04	896.61	0.04
600	444	890	888.97	0.12	891.27	0.14	891.21	0.14
700	401	876	872.57	0.39	874.62	0.16	874.74	0.14
800	352	848	846.72	0.15	848.51	0.06	848.43	0.05
MAPE_{in}/%				0.25		0.10		0.09
900	293	814	810.69	0.41	812.20	0.22	812.20	0.22
1000	269	779	769.10	1.27	770.34	1.11	770.34	1.11
1100	235	738	725.92	1.64	726.91	1.50	726.91	1.50
1200	201	669	680.10	1.66	680.86	1.77	680.86	1.77
1300	187	600	634.55	5.76	635.11	5.85	635.11	5.85
MAPE_{out}/%				2.15		2.09		2.09

注：a 参见文献 [63] 的表 8；b 参见文献 [78] 的表 3。

以布氏硬度为外生输入变量，抗拉强度为状态变量，对 400~800°F 的样本数据对建立离散时间灰色外生 DGXM 模型，具体步骤如下。

步骤 1：依据式(6.1)计算 $x[t_1:t_5]$ 对应的累积和序列、式(6.11)计算 $v(t_1:t_5)$ 对应的紧邻均值序列 $z[t_2:t_5]$，分别为

$$v[t_1:t_5]=\begin{pmatrix}897 & 1794 & 2684 & 3560 & 4408\end{pmatrix}^{\mathrm{T}}$$

$$z[t_2:t_5]=\begin{pmatrix}761.5 & 1231.0 & 1653.5 & 2030.0\end{pmatrix}^{\mathrm{T}}$$

步骤 2：依据式(6.13)计算数据矩阵 $\Xi(y,z)$，并代入式(6.14)得参数估计值为

$$\Xi(y,z)=\begin{pmatrix}897 & 761.5 & 1\\ 1794 & 1231.0 & 1\\ 2684 & 1653.5 & 1\\ 3560 & 2030.0 & 1\end{pmatrix},\ X=\begin{pmatrix}897\\ 890\\ 876\\ 848\end{pmatrix},\ \begin{pmatrix}\hat{\phi}\\ \hat{\varphi}\\ \hat{\psi}\end{pmatrix}=\begin{pmatrix}-0.1403\\ 0.25656\\ 827.09\end{pmatrix}$$

步骤 3：依据式(6.15)计算 $\hat{x}(t_2:t_5)$ 对应的拟合值、绝对百分误差 $\mathrm{APE}(t_2:t_5)$ 以及样本内平均绝对百分误差 $\mathrm{MAPE_{in}}=0.09\%$。

步骤 4：将 $v(t_6:t_{10})$ 作为“先行变量”样本数据，依据式(6.16)计算 5 步预测 $\hat{x}[t_6:t_{10}]$、绝对百分误差 $\mathrm{APE}[t_6:t_{10}]$ 以及样本外平均绝对百分误差 $\mathrm{MAPE_{out}}=2.09\%$。

由表 6.1可知，本章的离散时间系统模型 (DGXM) 与文献 [78] 的递归多变量离散灰色模型 (RDGM) 具有基本相同的拟合预测精度，均优于文献 [63] 的离散多变量灰色卷积模型 (GMC)。

6.5.4 试验仿真

为分析显式直接模型的有限样本性能，基于蒙特卡罗随机模型的思想，设计大规模数值仿真试验，评估显式直接方法的准确度和有效性。不失一般性，考虑二维状态变量 $(d=2)$ 齐次方程 $(p=0)$ 对应的内生模型，其原始时间序列的观测值依据以下状态空间方程生成

$$\text{状态方程}\quad \frac{\mathrm{d}}{\mathrm{d}t}x(t)=Ax(t),\ x(t_1)=\eta,\ t\geqslant t_1 \tag{6.36}$$

$$\text{观测方程}\quad \tilde{x}(t_k)=x(t_k)+e(k),\ e(k)\sim\mathcal{N}(0,\sigma^2I_d) \tag{6.37}$$

其中，结构参数与初值向量的真实值分别为

$$A=\begin{pmatrix}-0.25 & 0.60\\ 0.75 & -0.25\end{pmatrix},\quad \eta=\begin{pmatrix}7.0\\ 5.5\end{pmatrix}$$

与第 5章相同，模型性能评价指标包括：拟合精度度量准则为样本内平均绝对百分误差

$$\mathrm{MAPE}_{\mathrm{in}}[x_\ell]=\frac{1}{n-1}\sum_{k=2}^{n}\left|\frac{\hat{x}(t_k)-x(t_k)}{x(t_k)}\right|\times 100\%$$

预测精度度量准则为样本外平均绝对百分误差

$$\mathrm{MAPE}_{\mathrm{out}}[x_\ell]=\frac{1}{r}\sum_{k=n+1}^{n+r}\left|\frac{\hat{x}(t_k)-x(t_k)}{x(t_k)}\right|\times 100\%$$

其中，$x_\ell(\ell=1,2)$ 为状态变量的第 ℓ 个成分分量。

样本规模和噪声水平是影响模型精度的重要参数，因此分析不同样本规模 (n) 和噪声水平 (σ) 组合下，模型拟合误差和预测误差的分布情况。在区间 $t\in[0,5]$ 内，以 $h\in[0.20,0.10,0.05]$ 为间隔进行抽样，产生 $n\in[26,51,101]$ 种不同的样本规模。将式(6.36)生成的无噪时间序列分为两部分，将前 $[16,41,91]$ 个样本数据代入式(6.37)生成样本内序列，用于模型参数估计，其中，噪声标准差分别设置为 $\sigma\in[0.5,1.0,1.5]$；相应地，紧随其后的 $r\in[1,5,10]$ 个无噪样本数据被用作样本外序列以评估多步预测精度。在每一组样本规模 (n) 和噪声水平 (σ) 组合下，重复 500 次蒙特卡罗试验 (每次试验设置不同的随机种子，以生成互不相同的高斯白噪声)。500 次重复试验对应的拟合误差和预测误差的分布如图 6.2所示。

图 6.2表明，若固定样本规模，可将 9 种情景 (不同样本规模和噪声水平组合) 重新划分为 3 组，且在每一组中，随着噪声标准差的增大，拟合误差和多步预测误差均快速增大；另外，若固定噪声标准差，也可将 9 种情景重新划分为 3 组，且在每一组中，随着样本规模的增大，拟合误差和多步预测误差均逐渐减小，在一定程度上揭示了渐进性质。具体地，在 9 种情景下模型的拟合误差都小于 15%，然而多步预测误差的差异很大 [参见图 6.2(a) 和图 6.2(b)]。在小样本规模 ($n=16$) 情景下，当噪声标准差较小 ($\sigma=0.5$) 时，状态变量两分量 x_1 和 x_2 的拟合误差均小于 5%，且分量 x_1 (x_2) 的一步、五步、十步预测误差分别小于 6%、10%、20% (6%、9%、12%)，表现出高拟合精度与可接受的预测误差；当噪声标准差较大 (σ =1.0 和 1.5) 时，尽管状态变量两分量 x_1 和 x_2 的拟合与预测误差均在可接受范围内，但由箱线图中异常点的分布易知，仍有一定概率 (虽然较小) 得到差的预测结果。在大样本规模 (n =41 和 91) 情景下，状态变量两分量 x_1 和 x_2 的拟合误差以及 (一步、五步、十步) 预测误差均小于 10%，表现出极好的拟合性能以及较高的多步预测精度。

总的来说，若能获得足够多的样本或样本具有小噪声扰动特征的先验信息，则该类模型能够生成高精度的拟合与多步外推预测结果。此外，在使用该类模型解

决小样本预测问题时需要谨慎；幸运的是，可以运用增加样本规模的数据增强技术或降低噪声水平的预滤波技术来提升建模结果准确性及对噪声的鲁棒性。

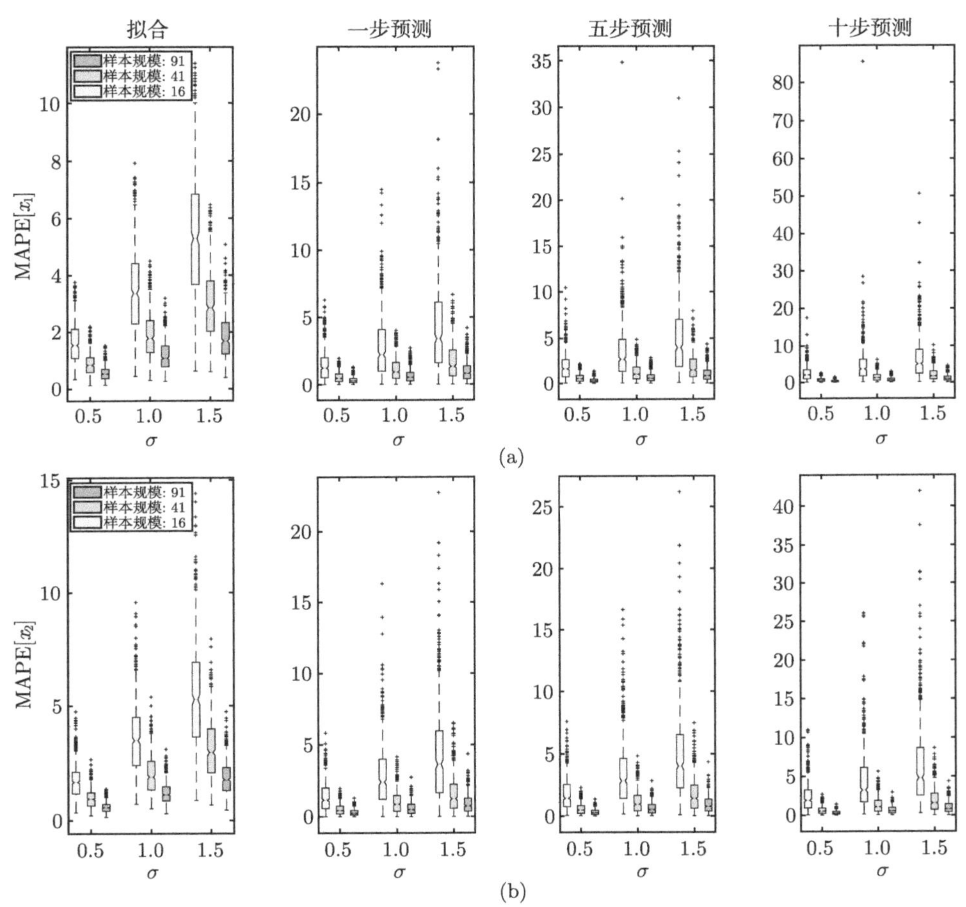

图 6.2 多输出情景下离散时间灰色系统模型的拟合与预测误差分布

6.6 案例研究：热处理钢抗拉强度的间接测量

热处理钢材料的抗拉强度测量在工业与工程领域中具有重要地位，但直接测量抗拉强度的操作难度较大且成本较高。例如，在温度超过 800°F 的情况下，完成每个抗拉强度数据的测量大约需要两分钟，且测量过程需要绝缘环境，但是完成每个布氏硬度数据的测量仅需几秒钟，且不需绝缘操作。此外，布氏硬度测量设备较抗拉强度测量设备相对便宜 [139]，因此，若能从布氏硬度推断抗拉强度，不仅能简化试验操作过程，而且能节约成本、提高利润。

以四种热处理钢 C1040、C8620、C1095 和 C1144 的试验数据为基础，演示离散时间灰色系统模型的建模步骤，以及运用该模型作抗拉强度推断或间接测量。显然，抗拉强度为状态变量 (x) 而布氏硬度为外生变量 (v)，即对应图 6.1的单输出离散灰色外生模型 (scalar discrete-time grey exogenous model，SDGXM)。下面以热处理钢 C1040 为例，说明建模步骤，并对热处理钢 C8620、C1095、C1144 的抗拉强度作推断。

表 6.2给出了三种热处理钢 C8620、C1095、C1144 的布氏硬度和抗拉强度实验数据。细晶粒钢 C8620 采用油淬方式，从 1525°F 开始，数据来源于文献 [139] 的表 152；细晶粒钢 C1095 也采用油淬方式，从 1450°F 开始，数据来源于文献 [139] 的表 122；粗晶粒钢 C1144 采用水淬方式，从 1550°F 开始，数据来源于文献 [139] 的表 124。

表 6.2 热处理钢 C8620、C1095、C1144 的布氏硬度与抗拉强度试验数据

温度/°F	C8620		C1095		C1144	
	布氏硬度	抗拉强度/MPa	布氏硬度	抗拉强度/MPa	布氏硬度	抗拉强度/MPa
200	285	896				
300	285	979				
400	280	966	401	1297	555	1931
500	275	952	388	1283	477	1724
600	270	924	375	1269	444	1517
700	260	890	375	1242	415	1345
800	240	848	363	1214	363	1207
900	230	793	352	1166	302	1069
1000	215	745	321	1104	277	952
1100	200	697	293	1007	255	848
1200	190	662	269	897	223	745
1300	185	635	229	759	201	669

划分三种热处理钢对应的时间序列，后 5 个时间序列元素组成样本外序列，用于检验模型的预测精度；剩余时间序列元素用于建立各自对应的 SDGXM 模型，计算结果如表 6.3 所示。

由表 6.3 易知，三时间序列数据集对应 SDGXM 的拟合误差 APE 均小于 1.0%，且大部分均小于 0.5%。三数据集对应 SDGXM 的样本内平均绝对百分误差 $\mathrm{MAPE_{in}}$ 分别为 0.41%、0.27% 和 0.12%，表明 SDGXM 具有优异的拟合性能。

此外，为比较 SDGXM 的性能，对三时间序列数据集分别建立经典灰色预测模型，背景系数优化的 GM(1, 1) 模型 [128]、非齐次离散 NDGM(1, 1) 模型 [6]、非线性灰色 NBGM(1, 1) 模型 [87]。对于每一个数据集，三种模型均生成了高拟合精度，对于热处理钢 C1144，三模型的样本内平均绝对百分误差 $\mathrm{MAPE_{in}}$ 分别为

0.43%、0.03%、0.56%；对于热处理钢 C8620，三模型的样本内平均绝对百分误差 $MAPE_{in}$ 分别为 0.89%、0.12%、0.37%；对于热处理钢 C1095，三模型的样本内平均绝对百分误差 $MAPE_{in}$ 分别为 0.24%、0.09%、0.05%，如表 6.4 所示。

表 6.3 高温热处理钢材 C8620、C1095、C1144 对应 SDGXM 模型的预测值及误差分布

温度/°F	钢材 C8620			钢材 C1095			钢材 C1144		
	真实值	拟合值	APE/%	真实值	拟合值	APE/%	真实值	拟合值	APE/%
200	896								
300	979	981.59	0.26						
400	966	967.24	0.13	1297			1931		
500	952	946.16	0.61	1283	1286.06	0.24	1724	1724.39	0.02
600	924	919.98	0.44	1269	1266.42	0.20	1517	1514.98	0.13
700	890	897.41	0.83	1242	1237.87	0.33	1345	1347.95	0.22
800	848	846.61	0.16	1214	1217.65	0.30	1207	1205.67	0.11
$MAPE_{in}$ /%			0.41			0.27			0.12
900	793	780.48	1.58	1166	1185.46	1.67	1069	1066.22	0.26
1000	745	754.00	1.21	1104	1104.77	0.07	952	940.05	1.26
1100	697	687.17	1.41	1007	1003.78	0.32	848	836.43	1.36
1200	662	658.88	0.47	897	920.09	2.57	745	745.89	0.12
1300	635	634.68	0.05	759	809.86	6.70	669	664.34	0.70
$MAPE_{out}$ /%			0.94			2.27			0.74

表 6.4 热处理钢 C8620、C1095、C1144 的抗拉强度拟合值及误差分布 (单位：MPa)

温度/°F	C8620			C1095			C1144		
	真实值	拟合值	APE/%	真实值	拟合值	APE/%	真实值	拟合值	APE/%
200	896								
300	979	981.59	0.26						
400	966	967.24	0.13	1297			1931		
500	952	946.16	0.61	1283	1286.06	0.24	1724	1724.39	0.02
600	924	919.98	0.44	1269	1266.42	0.20	1517	1514.98	0.13
700	890	897.41	0.83	1242	1237.87	0.33	1345	1347.95	0.22
800	848	846.61	0.16	1214	1217.65	0.30	1207	1205.67	0.11
$MAPE_{in}$/%			0.41			0.27			0.12

值得注意的是，对于三种热处理钢试验数据，Tien 运用连续时间灰色卷积模型及其变形和改进 (GMC[62]、IGDMC [142]、FGMC [143])，也获得了不错的预测结果。为此，下面将与这些模型的预测结果作对比。热处理钢 C1144、C8620、C1095 对应的所有模型的建模结果分别如表 6.5、表 6.6、表 6.7所示。

表 6.5、表 6.6和表 6.7的所有模型可划分为两类，灰色内生模型和灰色外生模型，其中，GM(1, 1)、NDGM(1, 1)、NBGM(1, 1) 属于灰色内生模型，剩余的均属于灰色外生模型。且结果表明，外生模型的精度均高于内生模型。由表 6.5(钢

C1144) 和表 6.6(钢 C8620) 易知，SDGXM 的样本外预测误差 APE 和 $\mathrm{MAPE}_{\mathrm{out}}$ 最小，表明 SDGXM 的多步预测性能优于 GMC 和 IGDMC。由表 6.7(钢 C1095) 知：SDGXM 的预测误差 APE 远小于 FGMC，特别在后四个预测值的表现上，直接导致 SDGXM 的样本外预测误差 $\mathrm{MAPE}_{\mathrm{out}}$=2.27% 远小于 FGMC 的样本外预测误差 $\mathrm{MAPE}_{\mathrm{out}}$=9.32%；且结合文献 [143] 的比较结果 (FGMC 优于 GMC) 知，SDGXM 优于 FGMC 和 GMC。

综上可知，SDGXM 具有最好的拟合和多步预测性能，是上述三种热处理钢数据建模的最优选择。

表 6.5 热处理钢 C1144 的抗拉强度预测值及误差分布 (单位：MPa)

温度/°F	真实值	SDGXM		GMC [a]		GM(1, 1)		NDGM(1, 1)		NBGM(1, 1) [b]	
		预测值	APE/%	预测值	APE%	预测值	APE/%	预测值	APE/%	预测值	APE/%
900	1069	1066.22	0.26	1057.86	1.04	1062.68	0.59	1092.67	2.21	1060.16	0.83
1000	952	940.05	1.26	933.97	1.89	942.73	0.97	999.42	4.98	938.54	1.41
1100	848	836.43	1.36	831.76	1.92	836.31	1.38	923.13	8.86	830.68	2.04
1200	745	745.89	0.12	742.18	0.38	741.92	0.41	860.70	15.53	735.09	1.33
1300	669	664.34	0.70	661.39	1.14	658.17	1.62	809.62	21.02	650.42	2.78
$\mathrm{MAPE}_{\mathrm{out}}$/%			**0.74**		1.27		1.00		10.52		1.68

注：a 文献 [62] 的表 4。b 非线性灰色 NBGM(1, 1) 模型的最优幂系数为 0.01。

表 6.6 热处理钢 C8620 的抗拉强度预测值及误差分布 (单位：MPa)

温度/°F	真实值	SDGXM		IGDMC [a]		GM(1, 1)		NDGM(1, 1)		NBGM(1, 1) [b]	
		预测值	APE/%	预测值	APE%	预测值	APE/%	预测值	APE/%	预测值	APE/%
900	793	780.48	1.58	811.10	2.28	839.54	5.87	786.52	0.82	812.25	2.43
1000	745	754.00	1.21	767.95	3.08	816.50	9.60	704.15	5.48	774.46	3.95
1100	697	687.17	1.41	716.18	2.75	794.10	13.93	592.27	15.03	737.18	5.76
1200	662	658.88	0.47	673.04	1.67	772.31	16.66	440.32	33.49	700.76	5.85
1300	635	634.68	0.05	647.15	1.91	751.11	18.29	233.94	63.16	665.41	4.79
$\mathrm{MAPE}_{\mathrm{out}}$/%			**0.94**		2.34		12.87		23.59		4.56

注：a 文献 [142] 的表 5。b 非线性灰色 NBGM(1, 1) 模型的最优幂系数为 0.11。

表 6.7 热处理钢 C1095 的抗拉强度预测值及误差分布 (单位：MPa)

温度/°F	真实值	SDGXM		FGMC [a]		GM(1, 1)		NDGM(1, 1)		NBGM(1, 1) [b]	
		预测值	APE/%	预测值	APE%	预测值	APE/%	预测值	APE/%	预测值	APE/%
900	1166	1185.46	1.67	1180.49	1.24	1194.68	2.46	1173.88	0.68	1183.57	1.51
1000	1104	1104.77	0.07	1139.52	3.22	1172.61	6.21	1121.60	1.59	1152.36	4.38
1100	1007	1003.78	0.32	1078.86	7.14	1150.95	14.29	1052.78	4.55	1120.86	11.31
1200	897	920.09	2.57	1010.00	12.60	1129.68	25.94	962.17	7.27	1089.42	21.45
1300	759	809.86	6.70	928.88	22.38	1108.81	46.09	842.88	11.05	1058.25	39.43
$\mathrm{MAPE}_{\mathrm{out}}$/%			**2.27**		9.32		19.00		5.03		15.61

注：a 文献 [143] 的表 17。b 非线性灰色 NBGM(1, 1) 模型的最优幂系数为 0.04。

6.7 本章小结

本章在连续时间灰色外生模型的约简微分方程的基础上，提出了离散时间灰色外生模型统一表征的显式形式。该形式是对现有单变量、多变量、多输出离散灰色预测模型的向下兼容和向外拓展，且增强了模型对结果的可解释性。基于离散时间灰色外生模型的显式表达式，提出了外推预测的递归策略。从连续时间灰色外生模型的约简微分方程的角度出发，证明了离散时间灰色系统模型的平移变换不变性，并分析了累积和序列平移变换的等价数学表征。随后，将离散时间灰色外生模型拓展到向量序列，并推导了向量序列的隐式形式和显式形式之间的等价性。设计大规模数值仿真试验，验证模型的有限样本性能，并说明显式直接建模方法的优势，即高拟合预测精度和对噪声的鲁棒性。最后，以热处理钢抗拉强度的间接测量为例，进一步验证了模型的有效性。

第 7 章 非线性灰色预测模型

本章从经典非线性灰色预测模型出发，提出了统一的非线性灰色预测模型的表征形式及建模范式。通过引入积分算子，将统一的模型表达式重构为积分微分方程形式，该形式可以实现对原始时间序列的直接建模。

7.1 非线性灰色预测模型建模过程

现有非线性灰色预测模型种类繁多、结构繁杂、建模过程没有形成统一的范式，严重限制了其理论研究和实践应用。为此，归纳具有向下兼容能力的非线性灰色预测模型的统一表征形式，设原始时间序列为 $\{x(t_1), x(t_2), \cdots, x(t_n)\}$，连续时间灰色内生模型的伪状态空间表征为

$$\text{累积和算子} \quad y(t_k) = \sum_{i=1}^{k} h_i x(t_i),\ k \geqslant 1 \tag{7.1}$$

$$\text{累积和状态方程} \quad \frac{\mathrm{d}}{\mathrm{d}t} y(t) = \theta_{\mathrm{L}} y(t) + \theta_{\mathrm{N}} N(y(t)) + \beta,\ y(t_1) = \eta_y,\ t \geqslant t_1 \tag{7.2}$$

其中，$x(t_i) \in \mathbb{N}^d$ 为状态变量观测，$y(t) \in \mathbb{N}^d$ 为状态变量观测累积和，$N(y(t)): \mathbb{R}^d \to \mathbb{R}^p$ 是 p 维的非线性向量函数，$\theta_{\mathrm{L}} \in \mathbb{N}^{d \times d}$，$\theta_{\mathrm{N}} \in \mathbb{N}^{d \times p}$，$\beta \in \mathbb{N}^d$ 为未知结构参数，$\eta_y \in \mathbb{N}^d$ 为未知初值条件。

1. 参数估计

设离散网格为观测时刻 $\{t_k\}_{k=1}^{n}$，在每一子区间 $[t_{k-1}, t_k]$ 内，对累积和状态方程式(7.2)积分，有

$$y(t_k) - y(t_{k-1}) = \theta_{\mathrm{L}} \int_{t_{k-1}}^{t_k} y(\tau)\mathrm{d}\tau + \theta_{\mathrm{N}} \int_{t_{k-1}}^{t_k} N(y(\tau))\mathrm{d}\tau + \beta \int_{t_{k-1}}^{t_k} \mathrm{d}\tau \tag{7.3}$$

其中，通过梯形公式对积分项进行离散化，有

$$\int_{t_{k-1}}^{t_k} y(\tau)\mathrm{d}\tau \approx \frac{h_k}{2}\left(y(t_{k-1}) + y(t_k)\right)$$

和

$$\int_{t_{k-1}}^{t_k} N(y(\tau))\mathrm{d}\tau \approx \frac{h_k}{2}\left(N(y(t_{k-1}))+N(y(t_k))\right)$$

结合累积和算子式(7.1)易得伪线性回归方程为

$$x(t_k)=\frac{\theta_{\mathrm{L}}}{2}\left(y(t_{k-1})+y(t_k)\right)+\frac{\theta_{\mathrm{N}}}{2}\left(N(y(t_{k-1}))+N(y(t_k))\right)+\beta+\varepsilon(k) \tag{7.4}$$

其中，$\varepsilon(k)$ 为包含离散误差的模型误差。显然，结合累积和算子式(7.1)，该伪线性回归方程的参数的最小二乘估计值为

$$\begin{pmatrix}\hat{\theta}_{\mathrm{L}} & \hat{\theta}_{\mathrm{N}} & \hat{\beta}\end{pmatrix}^{\mathrm{T}}=\left(\Theta^{\mathrm{T}}(y,t)\Theta(y,t)\right)^{-1}\Theta^{\mathrm{T}}(y,t)x \tag{7.5}$$

其中，

$$x=\begin{pmatrix}x^{\mathrm{T}}(t_2)\\ x^{\mathrm{T}}(t_3)\\ \vdots\\ x^{\mathrm{T}}(t_n)\end{pmatrix},\ \Theta(y,t)=\begin{pmatrix}\left(\dfrac{y(t_1)+y(t_2)}{2}\right)^{\mathrm{T}} & \left(\dfrac{N(y(t_1))+N(y(t_2))}{2}\right)^{\mathrm{T}} & 1\\ \left(\dfrac{y(t_2)+y(t_3)}{2}\right)^{\mathrm{T}} & \left(\dfrac{N(y(t_2))+N(y(t_3))}{2}\right)^{\mathrm{T}} & 1\\ \vdots & \vdots & \vdots\\ \left(\dfrac{y(t_{n-1})+y(t_n)}{2}\right)^{\mathrm{T}} & \left(\dfrac{N(y(t_{n-1}))+N(y(t_n))}{2}\right)^{\mathrm{T}} & 1\end{pmatrix}$$

2. 趋势外推

将结构参数估计值代入累积和状态方程(7.2)，得到方程的解

$$\mathring{y}(t)=F(\eta_y,\hat{\theta}_{\mathrm{L}},\hat{\theta}_{\mathrm{N}},\hat{\beta};t) \tag{7.6}$$

其中，$\mathring{y}(t_1)=\eta_y\in\mathbb{R}$ 为未知初值条件。值得注意的是，由于式(7.1)是非线性微分方程，有些情况下不能显式地求得解析解，此时可以用微分方程的数值解法求得近似解，如欧拉数值解法、龙格-库塔数值解法等。常用的三种初值条件选择策略及其对应的时间响应函数分别为

(1) 不动始点策略，$\hat{\eta}_y$ 为 $y(t_1)=\mathring{y}(t_1)=F(\eta_y,\hat{\Xi};t_1)$ 的解；

(2) 不动终点策略，$\hat{\eta}_y$ 为 $y(t_n)=\mathring{y}(t_n)=F(\eta_y,\hat{\Xi};t_n)$ 的解；

(3) 最小二乘策略，$\hat{\eta}_y=\arg\min_{\eta_y}\left\{\sum_{i=1}^{n}\left\|F(\eta_y,\hat{\Xi};t_i)-y(t_i)\right\|_2^2\right\}$。

3. 累减还原

将离散时间网格点 $\{t_1, t_2, \cdots, t_n, \cdots, t_{n+r}\}$, 其中 r 为预测步长，代入时间响应函数得累积和序列的拟合预测值 $\{\hat{y}(t_1), \hat{y}(t_2), \cdots, \hat{y}(t_n), \cdots, \hat{y}(t_{n+r})\}$；使用逆累积和 (累减还原) 算子可得原始时间序列拟合预测值 $\{\hat{x}(t_1), \hat{x}(t_2), \cdots, \hat{x}(t_n), \cdots, \hat{x}(t_{n+r})\}$，其中，

$$\hat{x}(t_k) = \begin{cases} \hat{y}(t_1), & k = 1 \\ \dfrac{1}{h_k}\left(\hat{y}(t_k) - \hat{y}(t_{k-1})\right), & k \geqslant 2 \end{cases} \tag{7.7}$$

下面对建模过程作深入讨论。

(1) 在参数估计步骤，离散化微分方程(7.2)时，使用了梯形公式近似积分项。该离散化方法较矩形公式有更高的精度，且使得该参数估计的方法在非等间距采样的情况下可以使用。而传统的灰色建模过程中，离散化公式过程形成的伪线性回归表达式如下：

$$\frac{y(t_k) - y(t_{k-1})}{t_k - t_{k-1}} \approx \theta_{\mathrm{L}} \frac{y(t_k) + y(t_{k-1})}{2} + \theta_{\mathrm{N}} N\left(\frac{y(t_k) + y(t_{k-1})}{2}\right) + \beta + \varepsilon(k) \tag{7.8}$$

(2) 在参数估计步骤，伪线性回归方程(7.3)的推导暗含了不动始点 $\eta_y = y(t_1)$，在趋势外推步骤，再次给出初值选择策略，可能陷入“过优化”陷阱，故需要设计结构参数与初值条件的同步估计算法，以避免潜在的逻辑“悖论”。

对于累积和状态方程式(7.2)，分析非线性函数向量 $N(y)$ 的形式知，当抽样间隔为单位间隔 $h_k = 1$，$\forall k \geqslant 2$ 时，该模型可退化为一系列经典的连续时间灰色预测模型。

(1) 若 $d = 1$，$N = y^\gamma$，则退化为经典的连续时间灰色伯努利模型 [NGBM(1, 1)][87,152]，其白化微分方程和伪线性回归方程分别为

$$\frac{\mathrm{d}}{\mathrm{d}t} y(t) = a y(t) + b\left(y(t)\right)^\gamma + \beta$$

和

$$x(k) = a\left(\frac{1}{2} y(t_{k-1}) + \frac{1}{2} y(t_k)\right) + b\left(\frac{1}{2} y(t_{k-1}) + \frac{1}{2} y(t_k)\right)^\gamma + \beta + \epsilon(k)$$

(2) 若 $d = 1$, $N = \left[y^2, y^3, \cdots, y^{p+1}\right]$，则退化为连续时间非线性灰色多项式模型，其白化微分方程和伪线性回归方程分别为

$$\frac{\mathrm{d}}{\mathrm{d}t} y(t) = a y(t) + \sum_{\iota=1}^{p} b_\iota \left(y(t)\right)^{\iota+1} + \beta$$

和

$$x(k)=a\left(\frac{1}{2}y(t_{k-1})+\frac{1}{2}y(t_k)\right)+\sum_{\iota=1}^{p}b_\iota\left(\frac{1}{2}y(t_{k-1})+\frac{1}{2}y(t_k)\right)^{\iota+1}+\beta+\epsilon(k)$$

特别的，若 $p=1$，则非线性灰色多项式模型退化为经典的灰色 Verhulst 模型 [85]。

(3) 若 $d=2$，$N=\begin{bmatrix}y_1^2 & y_1y_2 & y_2^2\end{bmatrix}$，则退化为连续时间灰色 Lotka-Volterra 模型，其白化微分方程和伪线性回归方程分别为

$$\begin{cases}\dfrac{\mathrm{d}}{\mathrm{d}t}y_1(t)=a_1y_1(t)+b_{11}\left(y_1(t)\right)^2+b_{12}y_1(t)y_2(t)\\ \dfrac{\mathrm{d}}{\mathrm{d}t}y_2(t)=a_2y_2(t)+b_{21}\left(y_2(t)\right)^2+b_{22}y_1(t)y_2(t)\end{cases}$$

和

$$\begin{cases}x_1(t_k)=a_1z_1(t_k)+b_{11}\left(z_1(t_k)\right)^2+b_{12}z_1(t_k)z_2(t_k)\\ x_2(t_k)=a_2z_2(t_k)+b_{21}\left(z_2(t_k)\right)^2+b_{22}z_1(t_k)z_2(t_k)\end{cases}$$

其中，$z_i(t_k)=\dfrac{1}{2}y_i(t_{k-1})+\dfrac{1}{2}y_i(t_k)$。

此外，参考线性结构灰色预测模型的拓展思路，如果在非线性灰色预测模型中引入内生或外生变量，则累积和状态方程可以写为

$$\frac{\mathrm{d}}{\mathrm{d}t}y(t)=\theta_{\mathrm{L}}y(t)+\theta_{\mathrm{N}}N(y(t))+\theta_{\mathrm{F}}v(t)+\beta,\quad y(t_1)=\eta_y \tag{7.9}$$

其中,$v(t)=[v_1(t),v_2(t),\cdots,v_p(t)]^{\mathrm{T}}$ 为确定性时间函数向量,或者外生变量 $u(t)=[u_1(t),u_2(t),\cdots,u_p(t)]^{\mathrm{T}}$ 对应的累积和,$\theta_{\mathrm{L}}\in\mathbb{R}^{d\times d}$, $\theta_{\mathrm{N}}\in\mathbb{R}^{d\times p}$, $\theta_{\mathrm{F}}\in\mathbb{R}^{d\times\ell}$,$\beta\in\mathbb{R}^d$ 为未知的结构参数。

结合式(7.3)，可以得到相应的伪线性回归表达式

$$\begin{aligned}x(t_k)=\;&\theta_{\mathrm{L}}\frac{y(t_k)+y(t_{k-1})}{2}+\theta_{\mathrm{N}}\frac{N(y(t_k))+N(y(t_{k-1}))}{2}\\&+\theta_{\mathrm{F}}\frac{v(t_k)+v(t_{k-1})}{2}+\beta+\epsilon(k)\end{aligned}$$

该形式具有更广泛的表征能力，可以引入多种非线性灰色预测模型。具体可参考线性模型的拓展，此处不再详细展开介绍。

7.2 模型约简与重构的重要引理

引理 7.1

若

$$y(t) = \eta_y + \int_{t_1}^{t} x(\tau)\mathrm{d}\tau \tag{7.10}$$

则微分方程

$$\frac{\mathrm{d}}{\mathrm{d}t}y(t) = \theta_{\mathrm{L}}y(t) + \theta_{\mathrm{N}}N(y(t)) + \beta,\ \ y(t_1) = \eta_y,\ t \geqslant t_1 \tag{7.11}$$

可等价地约简为

$$\frac{\mathrm{d}}{\mathrm{d}t}x(t) = \theta_{\mathrm{L}}x(t) + \theta_{\mathrm{N}}\frac{\mathrm{d}}{\mathrm{d}t}N\left(\eta_y + \int_{t_1}^{t} x(\tau)\mathrm{d}\tau\right),\ \ x(t_1) = \eta_x,\ t \geqslant t_1 \tag{7.12}$$

其中，

$$\eta_x = \theta_{\mathrm{L}}\eta_y + \theta_{\mathrm{N}}N(\eta_y) + \beta$$

证明　必要性，将式(7.10)代入式(7.11)，有

$$x(t) = \theta_{\mathrm{L}}y(t) + \theta_{\mathrm{N}}N\left(\eta_y + \int_{t_1}^{t} x(\tau)\mathrm{d}\tau\right) + \beta$$

结合链式法则，两边同时对 t 求微分得

$$\frac{\mathrm{d}}{\mathrm{d}t}x(t) = \theta_{\mathrm{L}}x(t) + \theta_{\mathrm{N}}\frac{\mathrm{d}}{\mathrm{d}t}\left(N\left(\eta_y + \int_{t_1}^{t} x(\tau)\mathrm{d}\tau\right)\right)$$

且初值条件满足

$$x(t_1) = \frac{\mathrm{d}}{\mathrm{d}t}y(t)\Big|_{t=1} = \theta_{\mathrm{L}}y(t_1) + \theta_{\mathrm{N}}N(y(t_1)) + \beta$$

即

$$\eta_x = \theta_{\mathrm{L}}\eta_y + \theta_{\mathrm{N}}N(\eta_y) + \beta$$

充分性，在区间 $[t_1, t]$ 上对式(7.12)积分，有

$$\int_{t_1}^{t}\mathrm{d}x(\tau) = \theta_{\mathrm{L}}\int_{t_1}^{t} x(\tau)\mathrm{d}\tau + \theta_{\mathrm{N}}\int_{t_1}^{t}\frac{\mathrm{d}}{\mathrm{d}\tau}N\left(\eta_y + \int_{t_1}^{t} x(s)\mathrm{d}s\right)\mathrm{d}\tau$$

根据牛顿-莱布尼茨公式，将上式整理为

$$x(t) = \theta_{\mathrm{L}}\left(y(t) - y(t_1)\right) + \theta_{\mathrm{N}}\left(N(y(t)) - N(y(t_1))\right) + \eta_x$$

即

$$x(t) = \theta_{\mathrm{L}} y(t) + \theta_{\mathrm{N}} N(y(t)) + \eta_x - \theta_{\mathrm{L}}\eta_y - \theta_{\mathrm{N}} N(\eta_y)$$

其中，

$$x(t) = \frac{\mathrm{d}}{\mathrm{d}t}\left(\eta_y + \int_{t_1}^{t} x(s)\mathrm{d}s\right) = \frac{\mathrm{d}}{\mathrm{d}t} y(t)$$

将初值条件 $\eta_x = \theta_{\mathrm{L}}\eta_y + \theta_{\mathrm{N}} N(\eta_y) + \beta$ 代入上式并整理，可以得到式(7.11)，且初值条件满足 $y(t_1) = \eta_y$。 ■

引理 7.1表明，对于微分方程式(7.11)，总存在与其等价约简积分微分方程式(7.12)，对应于必要性。反之，对于约简微分方程式(7.12)，也总存在初值条件满足 $\eta_x = \theta_{\mathrm{L}}\eta_y + \theta_{\mathrm{N}} N(\eta_y) + \beta$ 的等价微分方程式(7.11)，对应于充分性。注意，该初值条件中的常值向量 β 为微分方程式(7.11)的初值选择提供了 d 维自由度。

例 7.1 若式(7.11)对应的微分方程为

$$\frac{\mathrm{d}}{\mathrm{d}t} y(t) = a y(t) + b\left(y(t)\right)^2, \quad y(t_1) = \eta_y, \ t \geqslant 0 \tag{7.13}$$

则由式(7.10)知，其对应的等价约简式(7.12)为

$$\frac{\mathrm{d}}{\mathrm{d}t} x(t) = a x(t) + 2b x(t)\left(\eta_y + \int_{t_1}^{t} x(\tau)\mathrm{d}\tau\right), \ x(t_1) = a\eta_y + b{\eta_y}^2, \ t \geqslant 0 \tag{7.14}$$

事实上，微分方程式(7.13)和式(7.14)的闭式解分别为

$$y(t) = \left(-\frac{b}{a} + \mathrm{e}^{-a(t-t_1)} \cdot \left(\frac{1}{\eta_y} + \frac{b}{a}\right)\right)^{-1}$$

和

$$x(t) = \mathrm{e}^{-a(t-t_1)}\left(\frac{b}{a} + \frac{1}{\eta}\right)\left(\frac{b}{a} - \mathrm{e}^{-a(t-t_1)}\left(\frac{b}{a} + \frac{1}{\eta}\right)\right)^{-2}$$

容易验证二者满足式(7.10)所述的量化关系。

特别的，观察积分算子(7.12)发现，如果 $\eta_y = x(t_1)$，则累积和算子是该式的欧拉离散近似形式。

7.3 连续时间非线性灰色预测模型

7.3.1 基于积分微分方程的连续时间非线性灰色预测模型

连续时间非线性灰色预测模型可重写为状态空间形式：

观测方程　$x(t_k) = s(t_k) + e(t_k),\ k = 1, 2, \cdots, n$　(7.15)

状态方程　$$\frac{\mathrm{d}}{\mathrm{d}t}s(t) = \theta_{\mathrm{L}}x(t) + \theta_{\mathrm{N}}\frac{\mathrm{d}}{\mathrm{d}t}N\left(\zeta + \int_{t_1}^{t} s(\tau)\mathrm{d}\tau\right),\ s(t_1) = \eta,\ t \geqslant t_1 \tag{7.16}$$

其中，$s(t)$ 为状态变量，$x(t_k)$ 为状态变量在 t_k 时刻的观测，$N(\cdot): \mathbb{R}^d \to \mathbb{R}^p$ 是 p 维的非线性向量函数，$\theta_{\mathrm{L}} \in \mathbb{N}^{d\times d}$ 为未知线性项参数，$\theta_{\mathrm{N}} \in \mathbb{N}^{d\times p}$ 为未知非线性项参数，$\zeta \in \mathbb{N}^d$ 为未知常值参数，$\eta \in \mathbb{N}^d$ 为未知初值条件。

观察式(7.16)发现，由于向量函数 $N(\cdot)$ 的非线性，该式关于常值向量 ζ 是非线性的，因此在求解未知参数时，估计过程是一个非线性最小二乘的问题。注意，在 7.2节已证明常值向量 ζ 的选取具有 d 维自由度，这给该问题的解决提供了方便。例如，在文献 [153] 中取 $\zeta = \eta$，并通过坐标变换将非线性最小二乘问题转化成线性最小二乘问题，进一步给出了参数估计的算法。

为简化该参数估计问题，在本书中令 $\zeta = 0$。因此连续时间非线性灰色预测模型的状态方程可以定义为以下形式：

$$\frac{\mathrm{d}}{\mathrm{d}t}s(t) = \theta_{\mathrm{L}}x(t) + \theta_{\mathrm{N}}\frac{\mathrm{d}}{\mathrm{d}t}N\left(\int_{t_1}^{t} s(\tau)\mathrm{d}\tau\right),\ s(t_1) = \eta,\ t \geqslant t_1 \tag{7.17}$$

根据模型的具体形式，ζ 的取值是多样的，留给读者自行研究。

下面基于状态方程(7.17)，运用积分匹配方法同步估计结构参数和初值条件，具体如下。

1. 积分变换

在区间 $[t_1, t_k]$ 上，对状态方程(7.17)积分，有

$$s(t_k) = \theta_{\mathrm{L}}\int_{t_1}^{t_k} s(\tau)\mathrm{d}\tau + \theta_{\mathrm{N}}N\left(\int_{t_1}^{t_k} s(\tau)\mathrm{d}\tau\right) + \eta \tag{7.18}$$

其中，使用梯形近似公式，积分算子被离散化为

$$\int_{t_1}^{t_k} s(\tau)\mathrm{d}\tau \approx \frac{1}{2}\sum_{i=2}^{k} h_i s(t_{i-1}) + \frac{1}{2}\sum_{i=2}^{k} h_i s(t_i) \tag{7.19}$$

2. 参数估计

由于状态变量 $s(t)$ 不可获得，运用其含噪观测 $x(t)$ 近似替代，式 (7.19) 可以表示为

$$y_{\mathrm{Int}}(t_k) \approx \frac{1}{2}\sum_{i=2}^{k} h_i x(t_{i-1}) + \frac{1}{2}\sum_{i=2}^{k} h_i x(t_i)$$

因此，有伪线性回归方程为

$$x(t_k) = \theta_{\mathrm{L}} y_{\mathrm{Int}}(t_k) + \theta_{\mathrm{N}} N\left(y_{\mathrm{Int}}(t_k)\right) + \eta + \varepsilon(k) \tag{7.20}$$

其中，$\varepsilon(k)$ 为离散误差与模型误差的和。显然，该伪线性回归方程的参数的最小二乘估计为

$$\begin{pmatrix}\hat{\theta}_{\mathrm{L}} & \hat{\theta}_{\mathrm{N}} & \hat{\eta}\end{pmatrix}^{\mathrm{T}} = \left(\varXi^{\mathrm{T}}(x,t)\varXi(x,t)\right)^{-1}\varXi^{\mathrm{T}}(x,t)x \tag{7.21}$$

其中，

$$\varXi(x,t) = \begin{pmatrix} y_{\mathrm{Int}}(t_2) & N\left(y_{\mathrm{Int}}(t_2)\right) & 1 \\ y_{\mathrm{Int}}(t_3) & N\left(y_{\mathrm{Int}}(t_3)\right) & 1 \\ \vdots & \vdots & \vdots \\ y_{\mathrm{Int}}(t_n) & N\left(y_{\mathrm{Int}}(t_n)\right) & 1 \end{pmatrix}$$

3. 趋势外推

将结构参数和初值条件的估计代入状态方程(7.16)，可以求得时间响应函数

$$\mathring{x}(t) = f\left(\hat{\eta}, \hat{\theta}_{\mathrm{L}}, \hat{\theta}_{\mathrm{N}}; t\right) \tag{7.22}$$

注意，由于积分微分方程的非线性性质，方程(7.22)通常没有解析形式，可以使用数值解法替代求解。

7.3.2 建模过程对比

传统的连续时间非线性灰色预测模型和基于积分匹配的积分微分方程模型均对于观测时间序列建立微分方程模型，以描述和揭示时间序列隐含的动态模式，进而实现时间序列的外推预测。如上所述，前者是基于累积和序列的间接建模方法，后者为直接建模方法，其对应的建模步骤分别如下。

比较算法 7.1与算法 7.2容易得知，与连续时间线性灰色预测模型的本质一样，非线性灰色以累积和算子为始、逆累积和算子为终，以参数估计与累积和时间序列的时间响应函数为核心，显式地运用累积和算子。然而，积分微分方程模型仅

包含参数估计与原始序列的时间响应函数两步，且仅在运用积分匹配估计参数时，隐式地运用累积和算子。据此可认为，降阶后的积分微分方程模型的建模过程更简洁，避免了逆累积和算子对应的累减还原操作。具体地，连续时间灰色预测模型和约简微分方程模型之间的异同点如下。

算法 7.1　连续时间非线性灰色预测模型

输入: 原始序列：$\{x(t_1),\ x(t_2),\ \cdots,\ x(t_n)\}$

输出: 预测序列：$\{\hat{x}(t_1),\ \hat{x}(t_2),\ \cdots,\ \hat{x}(t_n),\ \cdots,\ \hat{x}(t_{n+r})\}$

累积和算子：

$$y(t_k)=\sum_{i=1}^{k}h_i x(t_i),\quad h_k=\begin{cases}1, & k=1\\ t_k-t_{k-1}, & k\geqslant 2\end{cases}$$

参数估计的伪回归：

$$x(t_k)=\frac{\theta_{\mathrm{L}}}{2}\left(y(t_{k-1})+y(t_k)\right)+\frac{\theta_{\mathrm{N}}}{2}\left(N(y(t_{k-1}))+N(y(t_k))\right)+\beta+\varepsilon(k)$$

初值条件的选择策略：

$$\hat{\eta}=y(t_1)$$

累积和时间响应函数：

$$\mathring{y}(t)=F(\eta_y,\hat{\theta}_{\mathrm{L}},\hat{\theta}_{\mathrm{N}},\hat{\beta};t)$$

逆累积和算子：

$$\hat{x}(t_k)=\begin{cases}\hat{y}(t_1), & k=1\\ \dfrac{1}{h_k}\left(\hat{y}(t_k)-\hat{y}(t_{k-1})\right), & k\geqslant 2\end{cases}$$

算法 7.2　积分微分方程模型

输入: 原始序列：$\{x(t_1),\ x(t_2),\ \cdots,\ x(t_n)\}$

输出: 预测序列：$\{\hat{x}(t_1),\ \hat{x}(t_2),\ \cdots,\ \hat{x}(t_n),\ \cdots,\ \hat{x}(t_{n+r})\}$

参数估计的伪回归：

$$x(t_k)=\theta_{\mathrm{L}}y_{\mathrm{Int}}(t_k)+\theta_{\mathrm{N}}N\left(y_{\mathrm{Int}}(t_k)\right)+\eta+\varepsilon(k)$$

其中，

$$y_{\mathrm{Int}}(t_k)\approx\frac{1}{2}\sum_{i=2}^{k}h_i x(t_{i-1})+\frac{1}{2}\sum_{i=2}^{k}h_i x(t_i),\quad k\geqslant 2$$

时间响应函数：

$$\mathring{x}(t)=f\left(\hat{\eta},\hat{\theta}_{\mathrm{L}},\hat{\theta}_{\mathrm{N}};t\right)$$

(1) 前者运用微分方程拟合累积和时间序列，后者运用积分微分方程拟合原始时间序列，故后者的结果具有更直接的可解释性。

(2) 二者均运用梯形公式离散化微分方程，以得到用于参数估计的伪回归方程。前者对累积和微分方程运用梯形公式，近似计算累积和状态变量的微分，而后者运用梯形公式近似计算原始状态变量的有限区间积分。

(3) 前者需选择一种策略来确定初始条件，后者能够同时得到结构参数和初始条件的估计值，从而避免初值选择策略所引入的误差。此外，结构参数与初值条件的同步估计，更便于模型不确定性的量化分析。

(4) 二者均使用时间响应函数来计算拟合预测结果。前者需要使用逆累积和算子以得到原始序列对应的拟合预测结果，因此较后者的预测算法更加烦琐，对应的不确定性分析方法更加复杂。

7.4 灰色 Verhulst 模型

在非线性灰色预测模型中，灰色 Verhulst 模型最具有代表性，可以用于人口预测、市场预测、能源预测等许多方面。下面介绍灰色 Verhulst 模型的建模过程。

定义 7.1

对于标量序列 $\{x(t_1), x(t_2), \cdots, x(t_n)\}$，灰色 Verhulst 模型的状态空间形式为

$$\text{观测方程}\quad x(t_k) = s(t_k) + e(t_k),\ k = 1, 2, \cdots, n \tag{7.23}$$

$$\text{状态方程}\quad \frac{\mathrm{d}}{\mathrm{d}t}s(t) = as(t) + bs(t)\int_{t_1}^{t} s(\tau)\mathrm{d}\tau,\ s(t_1) = \eta \tag{7.24}$$

其中，$x(t_k) \in \mathbb{R}$ 为状态向量 $s(t)$ 在 t_k 时刻的观测，$a \in \mathbb{R}$，$b \in \mathbb{R}$ 为未知结构参数，η 为未知初值条件。♣

运用前面提出的基于积分匹配的参数估计方法，灰色 Verhulst 模型的建模过程分为以下三个步骤。

1. 积分变换

在区间 $[t_1, t_k]$ 上，对状态方程(7.24)积分，有

$$s(t_k) = a\int_{t_1}^{t_k} s(\tau)\mathrm{d}\tau + \frac{b}{2}\left(\int_{t_1}^{t_k} s(\tau)\mathrm{d}\tau\right)^2 + \eta \tag{7.25}$$

其中：

$$\int_{t_1}^{t_k} s(\tau)\mathrm{d}\tau \approx \frac{1}{2}\sum_{i=2}^{k} h_i s(t_{i-1}) + \frac{1}{2}\sum_{i=2}^{k} h_i s(t_i)$$

2. 参数估计

由于状态变量 $s(t)$ 不可获得，因此运用其含噪观测 $x(t)$ 近似替代，上式可以表示为

$$y_{\mathrm{Int}}(t_k) \approx \frac{1}{2}\sum_{i=2}^{k} h_i x(t_{i-1}) + \frac{1}{2}\sum_{i=2}^{k} h_i x(t_i)$$

有伪线性回归方程为

$$x(t_k) = a y_{\mathrm{Int}}(t_k) + \frac{b}{2}\left(y_{\mathrm{Int}}(t_k)\right)^2 + \eta + \varepsilon(k) \tag{7.26}$$

其中，$\varepsilon(k)$ 为离散误差与模型误差的和。显然，该伪线性回归方程的最小二乘估计为

$$\begin{pmatrix} \hat{a} & \hat{b} & \hat{\eta} \end{pmatrix}^{\mathrm{T}} = \left(\varXi^{\mathrm{T}}(x,t)\varXi(x,t)\right)^{-1}\varXi^{\mathrm{T}}(x,t)x \tag{7.27}$$

其中，

$$\varXi(x,t) = \begin{pmatrix} y_{\mathrm{Int}}(t_2) & \dfrac{1}{2}\left(y_{\mathrm{Int}}(t_2)\right)^2 & 1 \\ y_{\mathrm{Int}}(t_3) & \dfrac{1}{2}\left(y_{\mathrm{Int}}(t_3)\right)^2 & 1 \\ \vdots & \vdots & \vdots \\ y_{\mathrm{Int}}(t_n) & \dfrac{1}{2}\left(y_{\mathrm{Int}}(t_n)\right)^2 & 1 \end{pmatrix}$$

3. 数值求解

利用数值解法对微分方程进行求解。

7.5　灰色 Lotka-Volterra 模型

前面所探讨的灰色 Verhulst 模型基于标量序列，本节基于向量序列的情形，也就是考虑多输入多输出的情形，该情形讨论最多的是灰色 Lotka-Volterra 模型。该模型用于描述状态变量的竞争共生关系，广泛用于市场份额、能源结构、行业竞争等问题的预测分析。下面介绍灰色 Lotka-Volterra 模型的建模过程。

对于二维向量序列 $\{x(t_1), x(t_2), \cdots, x(t_n)\}$，灰色 Lotka-Volterra 模型的状态空间形式为

观测方程　$x(t_k) = s(t_k) + e(t_k),\ k = 1, 2, \cdots, n$　(7.28)

状态方程

$$\begin{cases} \dfrac{\mathrm{d}}{\mathrm{d}t}s_1(t) = a_1 s_1(t) + b_{11}s_1(t)y_1(t) + b_{12}\left(s_1(t)y_2(t) + s_2(t)y_1(t)\right) \\ \dfrac{\mathrm{d}}{\mathrm{d}t}s_2(t) = a_2 s_2(t) + b_{21}s_2(t)y_2(t) + b_{22}\left(s_1(t)y_2(t) + s_2(t)y_1(t)\right) \end{cases} \tag{7.29}$$

其中，$y_i(t)=\int_{t_1}^{t}s_i(\tau)\mathrm{d}\tau$，$i=1,2$，未知初值条件为 $s_1(t_1)=\eta_1$ 以及 $s_2(t_2)=\eta_2$，$x(t_k)\in\mathbb{R}^2$ 为状态向量 $s(t)$ 在 t_k 时刻的观测，a_1，a_2，b_{11}，b_{12}，b_{21}，b_{22} 为未知结构参数。

由于参数估计的过程基于每一个分量方程进行运算，下面以 $s_1(t)$ 分量为例展开介绍。运用积分匹配的参数估计方法，灰色 Lotka-Volterra 模型的建模过程分为以下三个步骤。

1. 积分变换

在区间 $[t_1,t_k]$ 上，对状态方程(7.28)的第一个分量进行积分，有

$$s_1(t_k)=a_1\int_{t_1}^{t_k}s_1(\tau)\mathrm{d}\tau+\frac{1}{2}b_{11}\left(\int_{t_1}^{t_k}s_1(\tau)\mathrm{d}\tau\right)^2+b_{12}\int_{t_1}^{t_k}s_1(\tau)\mathrm{d}\tau\int_{t_1}^{t_k}s_2(\tau)\mathrm{d}\tau \tag{7.30}$$

其中，

$$\int_{t_1}^{t_k}s_1(\tau)\mathrm{d}\tau\approx\frac{1}{2}\sum_{i=2}^{k}h_is_1(t_{i-1})+\frac{1}{2}\sum_{i=2}^{k}h_is_1(t_i)$$

和

$$\int_{t_1}^{t_k}s_2(\tau)\mathrm{d}\tau\approx\frac{1}{2}\sum_{i=2}^{k}h_is_2(t_{i-1})+\frac{1}{2}\sum_{i=2}^{k}h_is_2(t_i)$$

2. 参数估计

由于状态变量 $s_1(t)$ 与 $s_2(t)$ 不可获得，因此运用其含噪观测 $x_1(t)$ 及 $x_2(t)$ 近似替代，将上式表示为

$$y_{\mathrm{Int1}}(t_k)\approx\frac{1}{2}\sum_{i=2}^{k}h_ix_1(t_{i-1})+\frac{1}{2}\sum_{i=2}^{k}h_ix_1(t_i)$$

和

$$y_{\mathrm{Int2}}(t_k)\approx\frac{1}{2}\sum_{i=2}^{k}h_ix_2(t_{i-1})+\frac{1}{2}\sum_{i=2}^{k}h_ix_2(t_i)$$

有伪线性回归方程为

$$s_1(t_k)=a_1y_{\mathrm{Int1}}(t_k)+\frac{1}{2}b_{11}\left(y_{\mathrm{Int1}}(t_k)\right)^2+b_{12}y_{\mathrm{Int1}}(t_k)y_{\mathrm{Int2}}(t_k)+\varepsilon_1(k)$$

其中，$\varepsilon_1(k)$ 为离散误差与模型误差的和。显然，该伪线性回归方程的最小二乘估计为

$$\begin{pmatrix}\hat{a} & \hat{b} & \hat{\eta}\end{pmatrix}^{\mathrm{T}} = \left(\Xi^{\mathrm{T}}(x,t)\Xi(x,t)\right)^{-1}\Xi^{\mathrm{T}}(x,t)x \tag{7.31}$$

其中，

$$\Xi(x,t) = \begin{pmatrix} y_{\mathrm{Int1}}(t_2) & \frac{1}{2}\left(y_{\mathrm{Int1}}(t_2)\right)^2 & y_{\mathrm{Int1}}(t_2)y_{\mathrm{Int2}}(t_2) & 1 \\ y_{\mathrm{Int1}}(t_3) & \frac{1}{2}\left(y_{\mathrm{Int1}}(t_3)\right)^2 & y_{\mathrm{Int1}}(t_3)y_{\mathrm{Int2}}(t_3) & 1 \\ \vdots & \vdots & \vdots & \vdots \\ y_{\mathrm{Int1}}(t_n) & \frac{1}{2}\left(y_{\mathrm{Int1}}(t_n)\right)^2 & y_{\mathrm{Int1}}(t_n)y_{\mathrm{Int2}}(t_n) & 1 \end{pmatrix}$$

3. 数值求解

将求解的参数代入状态方程，可以求得积分微分方程的数值解。

7.6　案例研究：长江三角洲用水总量预测

水资源对人类健康、工业、农业和能源生产都起着至关重要的作用。目前，随着人口的增长及城市化的发展，世界范围内对水的总需求和废水排放量都在不断增加，这给水资源的可持续发展带来了威胁。全球水资源总量约 47 亿 m^3，中国位居第四，然而由于人口基数较大，人均水资源仅为世界平均水平的 1/4，因此我国属于极度缺水的国家。自 2011 年以来，我国把节水作为解决水问题的战略性根本措施。本节选用 2004~2018 年为研究时间段，对我国人均用水量进行预测，数据来源于《中国环境统计年鉴》，如表 7.1所示。

表 7.1　2004~2018 年中国人均用水量　(单位: m^3/ 人)

年份	人均用水量	年份	人均用水量
2004	428.0	2012	453.9
2005	432.1	2013	455.5
2006	442.0	2014	446.7
2007	441.5	2015	445.1
2008	446.2	2016	438.1
2009	448.0	2017	435.9
2010	450.2	2018	431.9
2011	454.4		

本节选取灰色 Verhulst 模型分析该问题，进一步阐明非线性灰色预测模型的建模过程、参数估计和递归预测，并且与传统的非线性灰色预测模型建模结果进行对比。为了验证模型的预测精度，将原始时间序列划为两个部分：样本内和样本外。从 2004~2015 年的 12 个样本数据组成样本内序列，用于构建模型；从 2016~2018 年的 3 个样本数据组成样本外序列，用于检验模型的预测精度。

以长江三角洲的用水总量为状态变量，对 2004~2015 年的样本数据建立非线性灰色 Verhulst 模型，具体步骤如下。

步骤 1：本案例中采样间隔为 $h=1$，根据时间序列 $x[t_1:t_{12}]$ 计算数据矩阵 $\Xi(x,t)$，并代入式(7.27)得参数估计值为

$$\begin{pmatrix}\hat{a} & \hat{b} & \hat{\eta}\end{pmatrix} = \begin{pmatrix}0.016 & -5.040\times 10^{-6} & 426.019\end{pmatrix}$$

步骤 2：将得到的参数代入积分微分方程(7.24)，得到基于积分微分方程的非线性灰色 Verhulst 模型：

$$\frac{\mathrm{d}}{\mathrm{d}t}s(t) = 0.016s(t) + (-5.040\times 10^{-6})s(t)\int_{t_1}^{t} s(\tau)\mathrm{d}\tau,\ s(t_1) = 426.019$$

步骤 3：使用 MATLAB 中的 ode45 求解器计算以上方程的数值解，得到对应的拟合值、绝对百分误差 $\mathrm{APE}(t_1:t_{12})$ 以及样本内平均绝对百分误差 $\mathrm{MAPE}_{\mathrm{in}} = 0.427\%$。

步骤 4：计算四步预测 $\hat{x}=(t_{13}:t_{15})$、绝对百分误差 $\mathrm{APE}(t_{13}:t_{15})$ 以及样本外平均绝对百分误差 $\mathrm{MAPE}_{\mathrm{out}} = 0.438\%$。

为对比说明基于积分微分方程的非线性灰色预测模型的优势，对中国平均用水量序列建立传统非线性灰色 Verhulst 模型，并分析对比预测结果。注意，同时对比了 7.1 节讨论提到的离散化公式(7.8)，简写为 OGVM(1, 1)。为保证模型计算结果的可比性，原始序列划分与上述相同。

由表 7.2可知，基于积分微分方程的连续时间非线性灰色预测模型在拟合和预测上都保持了良好的性能，优于传统的灰色 Verhulst 模型。另外，在该案例中，传统非线性灰色预测模型的两种离散化方法有相同的预测精度。

表 7.2 2004~2018 年中国人均用水量预测结果 (单位: m^3/ 人)

	真实值	IGVM(1,1)		GVM(1,1)		OGVM(1,1)	
		预测值	APE/%	预测值	APE/%	预测值	APE/%
2004	428.0	426.1	0.44	428.0	–	428.0	–
2005	432.1	432.7	0.14	151.7	64.88	151.0	65.06
2006	442.0	438.4	0.81	198.6	55.06	197.4	55.34
2007	441.5	443.3	0.40	254.8	42.28	253.0	42.70

续表

年份	真实值	IGVM(1,1)		GVM(1,1)		OGVM(1,1)	
		预测值	APE/%	预测值	APE/%	预测值	APE/%
2008	446.2	447.1	0.21	318.5	28.61	316.0	29.17
2009	448.0	450.0	0.45	385.5	13.94	382.4	14.64
2010	450.2	451.9	0.38	448.8	0.30	445.2	1.10
2011	454.4	452.8	0.35	499.4	9.91	495.8	9.11
2012	453.9	452.6	0.28	528.6	16.45	525.3	15.74
2013	455.5	451.4	0.89	530.5	16.47	528.2	15.96
2014	446.7	449.2	0.56	504.9	13.04	503.8	12.78
2015	445.1	446.0	0.20	456.8	2.63	456.9	2.65
$MAPE_{in}$			0.43		23.96		24.02
2016	438.1	441.8	0.85	394.7	9.90	395.8	9.65
2017	435.9	436.7	0.18	327.7	24.81	329.6	24.40
2018	431.9	430.7	0.28	263.3	39.05	265.4	38.55
$MAPE_{out}$			0.44		24.59		24.20

7.7 本章小结

在系统分析现有非线性灰色预测模型的基础上，本章提出了连续时间非线性灰色预测模型的统一表征形式，该形式是现有单输出 (单变量)、多输出非线性灰色预测模型的一般形式，若进一步引入强迫项，该形式可以兼容多变量的灰色预测模型。引入积分算子，分析累积和算子的连续型泛化，统一灰色非线性模型被等价约简为积分微分方程模型，该约简形式可以对原始时间序列进行建模。基于积分微分方程，引入积分匹配方法同步估计方程的结构参数和初值条件，并从参数估计视角，分析非线性灰色预测模型与其等价约简积分微分方程模型的建模步骤，对比结果表明积分微分方程模型建模步骤的简洁性。最后以中国人均用水量为例，验证积分微分方程模型较传统的连续时间非线性灰色预测模型的优越性。

第 8 章　基于区间灰数序列的离散灰色预测模型

由于人们认知能力的限制和事物的不确定性，往往只能了解系统的部分信息(如系统某项指标的取值范围)。灰数是表征人们只知道大概范围而不知道确切值的一种不确定信息形式。本章给出了灰数的基本代数运算规则，在此基础上探讨基于区间灰数序列的灰色预测模型：基于区间灰数序列的 DGM(1, 1) 模型和基于区间灰数序列的 NDGM 模型 [9]。在原有离散灰色预测模型的基础上构建基于区间灰数序列模型，给出模型的参数估计。同时给出两个基本模型的应用案例。

8.1　灰数及其运算

在灰色系统中，人们通常把只知道取值范围而不知道其确切数值的数称为灰数。灰数的取值范围可以是任意一个数集，如区间、$\{1,2,3\}$ 或者其他形式的数集。对不确定性实时间序列进行刻画的目的是进行预测。灰色预测模型是对实时间序列进行建模预测的主要工具之一，可以结合区间灰数和灰色预测模型对时间序列进行预测。区间灰数是灰色系统理论的重要组成部分和关键数据类型，受到了广泛的关注。区间灰数是一个不确定的数，是区间内的一个数值。在基于区间灰色信息的综合决策中，将区间灰色数作为属性值，而不是固定值，允许在一定范围内变化。如果在某个区间连续变化的序列进行建模预测，需要结合区间数和灰色预测模型才能取得良好的预测效果。

8.1.1　灰数的定义及内涵

定义 8.1

包含某对象及其某个特征或特征组合信息的语句称为命题，记为 $\mathscr{P}$。♣

定义 8.2

某对象特征信息的全体，称为该对象的命题信息域，或称为该对象的信息背景，记为 $\mathscr{P}(\theta)$ 。♣

定义 8.3

对某一命题 $\mathscr{P}$，有命题信息域 $\mathscr{P}(\theta)$，由于命题信息表现不充分或者人们认知的有限性等，人们只能认知该命题可能取值范围或者若干可能取值的集合 (记为集合 D)，因此该命题表现为 $\mathscr{P}(\theta)$ 意义下的一个不确定数 $\otimes$，d^* 为该命题的真实值。则称

(1) $\otimes$ 为命题 $\mathscr{P}$ 意义下的灰数；

(2) D 为 $\otimes$ 的数值覆盖；

(3) $\mathscr{P}(\theta)$ 为灰数 $\otimes$ 的信息背景；

(4) d^* 为 $\otimes$ 的真值。

通常将灰数记为 $\forall\otimes \Rightarrow d^* \in D$。♣

注：(1) 灰数 $\otimes$ 是一个不知道确切取值的实数。它不是孤立存在的，而是在某个命题 $\mathscr{P}$ 意义下而存在的。如果缺乏具体的命题，则灰数无意义。

(2) 数值覆盖 D 是一个包含真值 d^* 的实数集合。它是灰数的表现形式，是在特定信息背景 $\mathscr{P}(\theta)$ 下关于命题 $\mathscr{P}$ 的外延。数值覆盖依赖于命题和信息背景，是基于某一信息背景关于命题的量的表现形式。通过信息补充，数值覆盖范围会变小，因此数值覆盖具有动态演化特性。随着信息的不断补充，直至所有信息都被获取，灰数将转化为一个实数。

(3) 真值 d^* 是一个实数，是命题 $\mathscr{P}$ 的内涵，也是灰数 $\otimes$ 的内涵。它必然在数值覆盖 D 内但不确定具体是哪一个数。

(4) 当灰数 $\otimes$ 参与数学运算时，由于真值 d^* 是未知的，所有关于灰数的信息都不能丢失，即灰数的数值覆盖 D 中所有可能的取值都要参与运算，否则有可能丢失灰数的真值。

(5) 在定义灰数的同时，其数值覆盖和真值也同时得以定义。

例 8.1 某成年男子的身高为一灰数 $\otimes$，未测量之前估计其身高为 1.7~1.8m，则 $[1.7, 1.8]$ 即为该男子身高的覆盖值，如果通过测量得到该男子身高为 1.76m，则 $d^* = 1.76$ 即为该男子身高的真值。

定义 8.4

设 D 为灰数 $\otimes$ 的一个数值覆盖，则

(1) 如果 D 为一个连续集合 (区间)，则称 D 为灰数 $\otimes$ 的连续覆盖，称灰数 $\otimes$ 为连续型灰数，记为 $\forall\otimes \Rightarrow d^* \in D, D = [a, b]$ 或 $\otimes \in [a, b]$。

(2) 如果 D 为一个离散集合，则称 D 为灰数 $\otimes$ 的离散覆盖，称灰数 $\otimes$ 为离散型灰数，记为 $\forall\otimes \Rightarrow d^* \in D, D = \{d_1, d_2, \cdots, d_n\}$ 或 $\otimes =$

$\{d_1, d_2, \cdots, d_n\}$。

(3) 如果 D 为一个连续集合和离散集合的并集，则称 D 为灰数 $\otimes$ 的混合覆盖，称灰数 $\otimes$ 为混合型灰数，记为 $\forall\otimes \Rightarrow d^* \in D, D = [a,b] \cup \{d_1, d_2, \cdots, d_n\}$ 或 $\otimes = [a,b] \cup \{d_1, d_2, \cdots, d_n\}$ 。♣

例 8.2

(1) 某大学生的年龄可能是 18、19、20、21 岁这几个数，即是一个离散型灰数，记为 $\otimes = \{18, 19, 20, 21\}$；

(2) 一袋水泥的重量在 70~75kg，即是一连续型灰数，记为 $\otimes = [70, 75]$；

(3) 某集团因经营业务发展需要，需要追加投资提高生产能力，有两种渠道可以增资，一是通过大股东追加投资 3000 万元，4000 万元或 5000 万元；二是通过职工集资 2000 万 ~4000 万元，则最终方案未定之前此次追加投资的额度是一个混合型灰数，记为 $\otimes = [2000, 4000] \cup \{3000, 4000, 5000\}$。

定义 8.5

如果某一灰数 $\otimes$ 有两个数值覆盖 D_1, D_2 且 $D_1 \subset D_2$，则称 D_1 是灰数 $\otimes$ 的相对优覆盖，D_2 是灰数 $\otimes$ 的相对劣覆盖。♣

对于同一灰数，可以通过灰数信息的不断补充，不断提高对灰数的认识，提取有效信息，直至为确定数。灰数的信息提取通常通过灰数覆盖集合的运算得到，主要有两种形式：内覆盖定理和外覆盖定理。

引理 8.1

如果某一灰数 $\otimes$ 有 n 个覆盖集合 $D_1, D_2, \cdots, D_n$，则

$$\forall\otimes \Rightarrow d^* \in D, D = \bigcap_{k=1}^{n} D_k$$

或者简记为 $\otimes = \bigcap_{k=1}^{n} \otimes_k$。♡

引理 8.2

如果某一灰数 $\otimes$ 有 n 个覆盖集合 $D_1, D_2, \cdots, D_n$，则

$$\forall\otimes \Rightarrow d^* \notin D, D = \bigcup_{k=1}^{n} D_k$$

或者简记为 $\otimes = \bigcup_{k=1}^{n} \otimes_k$。♡

例 8.3　若已知灰数 $\otimes$ 有以下覆盖

$$\otimes_1=[0.5,1.3],\otimes_2=[0.4,1.2],\otimes_3=[0.6,1.5],\otimes_4=[0.55,1.35]$$

则有相对优覆盖 $\otimes=[0.5,1.3]\cap[0.4,1.2]\cap[0.6,1.5]\cap[0.55,1.35]=[0.6,1.2]$。

定义 8.6

对于某命题 $\mathscr{P}$ 意义下的灰数 $\otimes$，有数值覆盖 D，D 中所有元素取值 θ_i 及其取值可能性 $p(\theta_i)$ 已知，若有近似数 $\tilde{\otimes}$ 满足

$$\forall\otimes\Rightarrow\tilde{\otimes}$$

接近于

$$d^*,\tilde{\otimes}=E[\theta_i\cdot p(\theta_i)]$$

则称

(1) $\tilde{\otimes}$ 为灰数 $\otimes$ 的白化值；

(2) θ_i 为灰数 $\otimes$ 的可能取值；

(3) $p(\theta_i)$ 为 θ_i 取值的可能度。♣

注： (1) 白化值 $\tilde{\otimes}$ 是一个接近命题真值 d^* 的近似数。因此，在分析命题时可以利用白化值代替真实值。通过信息的不断补充，灰数覆盖集合元素及元素取值可能性发生变化，白化值也随之变动，因此白化值不唯一。

(2) 灰数白化值 $\tilde{\otimes}$ 由数值覆盖 D 中元素 θ_i 及其取值可能度 $p(\theta_i)$ 共同确定。

如果灰数 $\otimes$ 是离散型灰数，则 $p(\theta_i)$ 为可能度，$\sum p(\theta_i)=1$，如果灰数 $\otimes$ 是连续型灰数，则 $p(\theta)$ 为灰数的可能密度函数，$\int p(\theta)\mathrm{d}\theta=1$。一般地，在可能度 $p(\theta_i)$ 未知的情况下，假定所有可能取值 θ_i 的可能度是相等的，灰数的白化值可以取平均值来替代，如离散型灰数 $\otimes=\{d_1,d_2,\cdots,d_n\}$，则

$$\tilde{\otimes}=\frac{1}{n}\sum_{i=1}^{n}d_i$$

对于连续型灰数 $\otimes=[a,b]$，则

$$\tilde{\otimes}=\int_a^b\theta p(\theta)\mathrm{d}\theta=\frac{1}{2}(a+b)$$

定义 8.7

如果一个灰数能且只能用一个信息背景下的灰数线性表示，则称此灰数为简单灰数。♣

当 $\otimes_i$ 和 $\otimes_j$ 都是简单灰数时，根据数值覆盖 D_i 和 D_j 的具体情况，可以定义简单灰数覆盖运算如下。

定义 8.8

设灰数 $\otimes_i$ 和 $\otimes_j$ 分别有离散覆盖

$$D_i = \{d_{ik}\,|k = 1, 2, \cdots, n\}$$

和

$$D_j = \{d_{jl}\,|l = 1, 2, \cdots, m\}$$

若 $\otimes_i \circ \otimes_j = \otimes_{ij}$，$\circ \in \{+, -, \times, \div\}$，则有 $D_i \circ D_j = D_{ij}$，合成灰数 $\otimes_{ij}$ 的数值覆盖 D_{ij} 为

(1) $D_{ij} = D_i + D_j = \{d_{ik} + d_{jl}\,|k = 1, 2, \cdots, n; l = 1, 2, \cdots, m\}$;

(2) $D_{ij} = D_i - D_j = \{d_{ik} - d_{jl}\,|k = 1, 2, \cdots, n; l = 1, 2, \cdots, m\}$;

(3) $D_{ij} = D_i \times D_j = \{d_{ik} \times d_{jl}\,|k = 1, 2, \cdots, n; l = 1, 2, \cdots, m\}$;

(4) $D_{ij} = D_i \div D_j = \{d_{ik} \div d_{jl}\,|k = 1, 2, \cdots, n; l = 1, 2, \cdots, m\}$，其中 $0 \notin D_j$。 ♣

例 8.4 已知 $\otimes_1 = \{3, 4, 5\}, \otimes_2 = \{2, 4\}$，求 $\otimes_1 + \otimes_2, \otimes_1 - \otimes_2, \otimes_1 \times \otimes_2, \otimes_1 \div \otimes_2$。

根据上述定义，有

$$\otimes_1 + \otimes_2 = \{5, 6, 7, 8, 9\},\quad \otimes_1 - \otimes_2 = \{-1, 0, 1, 2, 3\},$$
$$\otimes_1 \times \otimes_2 = \{6, 8, 10, 12, 16, 20\},\quad \otimes_1 \div \otimes_2 = \{0.75, 1, 1.25, 1.5, 2, 2.5\}$$

定义 8.9

设灰数 $\otimes_i$ 和 $\otimes_j$ 分别有连续覆盖 $D_i = [a_i, b_i]$ 和 $D_j = [a_j, b_j]$，若 $\otimes_i \circ \otimes_j = \otimes_{ij}$，$\circ \in \{+, -, \times, \div\}$，则有 $D_i \circ D_j = D_{ij}$，合成灰数 $\otimes_{ij}$ 的数值覆盖 D_{ij} 为

(1) $D_{ij} = D_i + D_j = [a_i + a_j, b_i + b_j]$;

(2) $D_{ij} = D_i - D_j = [a_i - b_j, b_i - a_j]$;

(3) $D_{ij} = D_i \times D_j = [\min\{a_i a_j, a_i b_j, b_i a_j, b_i b_j\}, \max\{a_i a_j, a_i b_j, b_i a_j, b_i b_j\}]$;

(4) $D_{ij} = D_i \div D_j = \left[\min\left\{\frac{a_i}{a_j}, \frac{a_i}{b_j}, \frac{b_i}{a_j}, \frac{b_i}{b_j}\right\}, \max\left\{\frac{a_i}{a_j}, \frac{a_i}{b_j}, \frac{b_i}{a_j}, \frac{b_i}{b_j}\right\}\right]$，其中 $0 \notin D_j$。 ♣

例 8.5 已知 $\otimes_1 = [3, 5], \otimes_2 = [2, 4]$，求 $\otimes_1 + \otimes_2, \otimes_1 - \otimes_2, \otimes_1 \times \otimes_2, \otimes_1 \div \otimes_2$。

根据上述定义，有

$$\otimes_1+\otimes_2=[5,9],\otimes_1-\otimes_2=[-1,3],\otimes_1\times\otimes_2=[6,20],\otimes_1\div\otimes_2=[0.75,2.5]$$

定义 8.10

设灰数 $\otimes_i$ 有离散覆盖 $D_i=\{d_{ik}\,|k=1,2,\cdots,n\}$，灰数 $\otimes_j$ 有连续覆盖 $D_j=[a_j,b_j]$，若 $\otimes_i\circ\otimes_j=\otimes_{ij}$，$\circ\in\{+,-,\times,\div\}$，则有 $D_i\circ D_j=D_{ij}$，合成灰数 $\otimes_{ij}$ 的数值覆盖 D_{ij} (或者 $\otimes_{ji}$ 的数值覆盖 D_{ji}) 为

(1) $D_{ij}=D_i+D_j=\cup_{k=1}^{n}[d_{ik}+a_j,d_{ik}+b_j]$;

(2) $D_{ij}=D_i-D_j=\cup_{k=1}^{n}[d_{ik}-b_j,d_{ik}-a_j]$ 或者 $D_{ji}=D_j-D_i=\cup_{k=1}^{n}[a_j-d_{ik},b_j-d_{ik}]$;

(3) $D_{ij}=D_i\times D_j=\cup_{k=1}^{n}[\min\{d_{ik}a_j,d_{ik}b_j\},\max\{d_{ik}a_j,d_{ik}b_j\}]$;

(4) $D_{ij}=D_i\div D_j=\cup_{k=1}^{n}[\min\{d_{ik}/a_j,d_{ik}/b_j\},\max\{d_{ik}/a_j,d_{ik}/b_j\}]$，其中 $0\notin D_j$;

(5) $D_{ji}=D_j\div D_i=\cup_{k=1}^{n}[\min\{a_j/d_{ik},b_j/d_{ik}\},\max\{a_j/d_{ik},b_j/d_{ik}\}]$，其中 $0\notin D_i$。♣

例 8.6　已知 $\otimes_1=\{3,6\},\otimes_2=[2,4]$，求 $\otimes_1+\otimes_2,\otimes_1-\otimes_2,\otimes_1\times\otimes_2,\otimes_2\div\otimes_1,\otimes_1\div\otimes_2$。

根据上述定义，有

$$\begin{aligned}&\otimes_1+\otimes_2=[5,7]\cup[8,10],\\&\otimes_1-\otimes_2=[-1,1]\cup[2,4],\\&\otimes_1\times\otimes_2=[6,12]\cup[12,24]=[6,24],\\&\otimes_2\div\otimes_1=\left[\frac{1}{3},\frac{2}{3}\right]\cup\left[\frac{2}{3},\frac{4}{3}\right]=\left[\frac{1}{3},\frac{4}{3}\right],\\&\otimes_1\div\otimes_2=[0.75,1.5]\cup[1.5,3]=[0.75,3]\end{aligned}$$

定义 8.11

设灰数 $\otimes_i$ 有离散覆盖 $D_i=\{d_{ik}\,|k=1,2,\cdots,n\}$，灰数 $\otimes_j$ 有混合覆盖 $D_j=\{d_{jl}\,|l=1,2,\cdots,m\}\cup[a_j,b_j]$，若 $\otimes_i\circ\otimes_j=\otimes_{ij}$，$\circ\in\{+,-,\times,\div\}$，则有 $D_i\circ D_j=D_{ij}$，合成灰数 $\otimes_{ij}$ 的数值覆盖 D_{ij} (或者 $\otimes_{ji}$ 的数值覆盖 D_{ji}) 为

(1) $D_{ij}=D_i+D_j=A\cup B$，其中

$$\begin{aligned}&A\triangleq(\cup_{k=1}^{n}[d_{ik}+a_j,d_{ik}+b_j]),\\&B\triangleq\{d_{ik}+d_{jl}\,|k=1,2,\cdots,n;l=1,2,\cdots,m\}\end{aligned}$$

(2) $D_{ij}=D_i-D_j=A\cup B$，其中

$$A\triangleq(\cup_{k=1}^{n}[d_{ik}-b_j,d_{ik}-a_j]),$$
$$B\triangleq\{d_{ik}-d_{jl}\,|k=1,2,\cdots,n;l=1,2,\cdots,m\}$$

或者 $D_{ji}=D_j-D_i=C\cup D$，其中

$$C\triangleq(\cup_{k=1}^{n}[a_j-d_{ik},b_j-d_{ik}]),$$
$$D\triangleq\{d_{jl}-d_{ik}\,|k=1,2,\cdots,n;l=1,2,\cdots,m\}$$

(3) $D_{ij}=D_i\times D_j=A\cup B$，其中

$$A\triangleq(\cup_{k=1}^{n}[\min\{d_{ik}a_j,d_{ik}b_j\},\max\{d_{ik}a_j,d_{ik}b_j\}]),$$
$$B\triangleq\{d_{ik}\times d_{jl}\,|k=1,2,\cdots,n;l=1,2,\cdots,m\}$$

(4) $D_{ij}=D_i\div D_j=(\cup_{k=1}^{n}[\min\{d_{ik}/a_j,d_{ik}/b_j\},\max\{d_{ik}/a_j,d_{ik}/b_j\}])\cup\{d_{ik}\div d_{jl}\,|k=1,2,\cdots,n;l=1,2,\cdots,m\}$，其中 $0\notin D_j$；

(5) $D_{ji}=D_j\div D_i=(\cup_{k=1}^{n}[\min\{a_j/d_{ik},b_j/d_{ik}\},\max\{a_j/d_{ik},b_j/d_{ik}\}])\cup\{d_{jl}\div d_{ik}\,|k=1,2,\cdots,n;l=1,2,\cdots,m\}$，其中 $0\notin D_j$。♣

定义 8.12

设灰数 $\otimes_i$ 和灰数 $\otimes_j$ 分别有混合覆盖 $D_i=\{d_{ik}\,|k=1,2,\cdots,n\}\cup[a_i,b_i]$ 和 $D_j=\{d_{jl}\,|l=1,2,\cdots,m\}\cup[a_j,b_j]$，若 $\otimes_i\circ\otimes_j=\otimes_{ij}$，$\circ\in\{+,-,\times,\div\}$，则有 $D_i\circ D_j=D_{ij}$，合成灰数 $\otimes_{ij}$ 的数值覆盖 D_{ij}（或者 $\otimes_{ji}$ 的数值覆盖 D_{ji}）为

(1) $D_{ij}=D_i+D_j=A\cup B\cup C$，其中

$$A\triangleq(\cup_{k=1}^{n}[d_{ik}+a_j,d_{ik}+b_j]),$$
$$B\triangleq\{d_{ik}+d_{jl}\,|k=1,2,\cdots,n;l=1,2,\cdots,m\},$$
$$C\triangleq(\cup_{l=1}^{m}[a_i+d_{jl},b_i+d_{jl}])\cup[a_i+a_j,b_i+b_j]$$

(2) $D_{ij}=D_i-D_j=(\cup_{l=1}^{m}[a_i-d_{jl},b_i-d_{jl}])\cup[a_i-b_j,b_i-a_j]\cup(\cup_{k=1}^{n}[d_{ik}-b_j,d_{ik}-a_j])\cup\{d_{ik}-d_{jl}\,|k=1,2,\cdots,n;l=1,2,\cdots,m\}$
或者 $D_{ji}=D_j-D_i=(\cup_{k=1}^{n}[a_j-d_{ik},b_j-d_{ik}])\cup\{d_{jl}-d_{ik}\,|k=1,2,\cdots,n;l=1,2,\cdots,m\}\cup(\cup_{l=1}^{m}[d_{jl}-b_i,d_{jl}-a_i])\cup[a_j-b_i,b_j-a_i]$；

(3) $D_{ij}=D_i\times D_j=A\cup B\cup C\cup D$，其中

$$A \triangleq (\cup_{k=1}^{n}[\min\{d_{ik}a_j, d_{ik}b_j\}, \max\{d_{ik}a_j, d_{ik}b_j\}]),$$
$$B \triangleq \{d_{ik} \times d_{jl} \,|k = 1, 2, \cdots, n; l = 1, 2, \cdots, m\},$$
$$C \triangleq (\cup_{l=1}^{m}[\min\{a_i d_{jl}, b_i d_{jl}\}, \max\{a_i d_{jl}, b_i d_{jl}\}]),$$
$$D \triangleq [\min\{a_i a_j, a_i b_i, b_i a_j, b_i b_j\}, \max\{a_i a_j, a_i b_i, b_i a_j, b_i b_j\}]$$

(4) $D_{ij} = D_i \div D_j = A \cup B \cup C \cup D$，其中

$$A \triangleq (\cup_{k=1}^{n}[\min\{d_{ik}/a_j, d_{ik}/b_j\}, \max\{d_{ik}/a_j, d_{ik}/b_j\}]),$$
$$B \triangleq \{d_{ik} \div d_{jl} \,|k = 1, 2, \cdots, n; l = 1, 2, \cdots, m\},$$
$$C \triangleq (\cup_{l=1}^{m}[\min\{a_i/d_{jl}, b_i/d_{jl}\}, \max\{a_i/d_{jl}, b_i/d_{jl}\}]),$$
$$D \triangleq [\min\{a_i/a_j, a_i/b_j, b_i/a_j, b_i/b_j\}, \max\{a_i/a_j, a_i/b_j, b_i/a_j, b_i/b_j\}],$$
$$0 \notin D_j$$

(5) $D_{ji} = D_j \div D_i = A \cup B \cup C \cup D$，其中

$$A \triangleq (\cup_{k=1}^{n}[\min\{a_j/d_{ik}, b_j/d_{ik}\}, \max\{a_j/d_{ik}, b_j/d_{ik}\}]),$$
$$B \triangleq \{d_{jl} \div d_{ik} \,|k = 1, 2, \cdots, n; l = 1, 2, \cdots, m\},$$
$$C \triangleq (\cup_{l=1}^{m}[\min\{d_{jl}/a_i, d_{jl}/b_i\}, \max\{d_{jl}/a_i, d_{jl}/b_i\}]),$$
$$D \triangleq [\min\{a_j/a_i, b_j/a_i, a_j/b_i, b_j/b_i\}, \max\{a_j/a_i, b_j/a_i, a_j/b_i, b_j/b_i\}],$$
$$0 \notin D_i$$

♣

如果 n 个灰数 $\otimes_1, \otimes_2, \cdots, \otimes_n$ 是两两相互独立的，则称这 n 个灰数是相互独立的。否则称它们是相互依赖的。下面定义多个灰数的连加覆盖和连乘覆盖。

定义 8.13

设简单灰数 $\otimes_1$，$\otimes_2$，$\cdots$，$\otimes_s$ 分别有离散覆盖 $D_1 = \{d_{1k_1}|k_1 = 1, 2, \cdots, m_1\}$，$D_2 = \{d_{2k_2}\,|k_2 = 1, 2, \cdots, m_2\}, \cdots, D_s = \{d_{sk_s}|k_s = 1, 2, \cdots, m_s\}$，若 $\otimes = \otimes_1 + \otimes_2 + \cdots + \otimes_s$ 或 $\otimes = \otimes_1 \times \otimes_2 \times \cdots \times \otimes_s$，则合成灰数 $\otimes$ 的数值覆盖 D 为

$$D = D_1 + D_2 + \cdots + D_s = \left\{ d_{1k_1} + d_{2k_2} + \cdots + d_{sk_s} \,\middle|\, \begin{array}{l} k_1 = 1, 2, \cdots, m_1; \\ k_2 = 1, 2, \cdots, m_2; \cdots; \\ k_s = 1, 2, \cdots, m_s \end{array} \right\};$$

$$D = D_1 \times D_2 \times \cdots \times D_s = \left\{ d_{1k_1} \times d_{2k_2} \times \cdots \times d_{sk_s} \,\middle|\, \begin{array}{l} k_1 = 1, 2, \cdots, m_1; \\ k_2 = 1, 2, \cdots, m_2; \cdots; \\ k_s = 1, 2, \cdots, m_s \end{array} \right\}$$

♣

定义 8.14

设简单灰数 $\otimes_1,\otimes_2,\cdots,\otimes_s$ 分别有连续覆盖 $D_1=[a_1,b_1],D_2=[a_2,b_2],\cdots,D_s=[a_s,b_s]$ 则合成灰数 $\otimes$ 的数值覆盖 D 为

$$\begin{aligned}D&=D_1+D_2+\cdots+D_s\\&=[a_1+a_2+\cdots+a_s,b_1+b_2+\cdots+b_s]\end{aligned}$$

$$\begin{aligned}&D=D_1\times D_2\times\cdots\times D_s=[U_1,U_2]\\&U_1=\min\{a_1a_2\cdots a_s,b_1a_2\cdots a_s,a_1b_2a_3\cdots a_s,\\&\qquad\cdots,a_1a_2\cdots a_{s-1}b_s,b_1b_2a_3\cdots a_s,\cdots,b_1b_2\cdots b_s\},\\&U_2=\max\{a_1a_2\cdots a_s,b_1a_2\cdots a_s,a_1b_2a_3\cdots a_s,\\&\qquad\cdots,a_1a_2\cdots a_{s-1}b_s,b_1b_2a_3\cdots a_s,\cdots,b_1b_2\cdots b_s\}\end{aligned}$$

♣

8.1.2 合成灰数的运算规则

定义 8.15

如果一个灰数可以用两个或两个以上不同信息背景的灰数的和、差、积、商线性组合表示，则称此灰数为合成灰数。♣

如果合成灰数 $\otimes_i$ 是 n 个灰数 $\otimes_{i1},\otimes_{i2},\cdots,\otimes_{in}$ 的线性组合，$\otimes_j$ 是 m 个灰数 $\otimes_{j1},\otimes_{j2},\cdots,\otimes_{jm}$ 的线性组合，如果 $\otimes_i$ 中的元素 $\otimes_{i1},\otimes_{i2},\cdots,\otimes_{in}$ 和 $\otimes_j$ 中的元素 $\otimes_{j1},\otimes_{j2},\cdots,\otimes_{jm}$ 都是两两相互独立的，则称 $\otimes_i$ 和 $\otimes_j$ 是相互独立的，否则称 $\otimes_i$ 和 $\otimes_j$ 是相互依赖的。如果两个灰数合成是相互独立的，则这两个灰数的覆盖运算适用于简单灰数的覆盖运算规则。下面研究两个灰数相互依赖时，灰数的覆盖运算规则。

定义 8.16

设已知合成灰数 $\otimes_i$ 和 $\otimes_j$，其数值覆盖分别为 D_i 和 D_j，合成灰数 $\otimes_{ij}$ 是灰数 $\otimes_j$ 和某灰数 $\otimes_i$ 通过 $\circ$ 运算而得，$\circ\in\{+,-,\times,\div\}$，则可通过 $\circ$ 运算的逆运算求得 $\otimes_i$ 的数值覆盖 D_i，若 $\otimes_i\circ\otimes_j=\otimes_{ij}$，则有 $D_i=D_{ij}*D_j$，$*\in\{-,+,\div,\times\}$，未知灰数 $\otimes_i$ 的数值覆盖 D_i 为

(1) 若 $D_{ij}=D_i+D_j$，则 $D_i=D_{ij}-D_j$；

(2) 若 $D_{ij}=D_i-D_j$，则 $D_i=D_{ij}+D_j$；

(3) 若 $D_{ij}=D_i\times D_j$，则 $D_i=D_{ij}\div D_j$，其中 $0\notin D_j$；

(4) 若 $D_{ij}=D_i\div D_j$，则 $D_i=D_{ij}\times D_j$，其中 $0\notin D_j$。♣

定义 8.17

设灰数 $\otimes_1,\otimes_2,\cdots,\otimes_n$ 分别有离散覆盖 $D_i=\{d_{ik_i}|k_i=1,2,\cdots,m_i\}$，若有 $\otimes=f(\otimes_1,\otimes_2,\cdots,\otimes_n,\circ)$ 是灰数 $\otimes_1,\otimes_2,\cdots,\otimes_n$ 在两种或多种 $\circ$ 下共同运算的结果，其中 $\circ\in\{+,-,\times,\div\}$，则 $D=f(D_1,D_2,\cdots,D_n,\circ)$，有合成灰数 $\otimes$ 的数值覆盖 D 为

$$
\begin{aligned}
D&=f(D_1,D_2,\cdots,D_n,\circ)\\
&=\left\{f(d_{1k_1},d_{2k_2},\cdots,d_{nk_n},\circ)\left|\begin{array}{l}k_1=1,2,\cdots,m_1;\\k_2=1,2,\cdots,m_2;\cdots;\\k_n=1,2,\cdots,m_n\end{array}\right.\right\}
\end{aligned}
$$

♣

例 8.7　已知 $\otimes_1=\{3,4,5\},\otimes_2=\{2,4\},\otimes_3=\{1,4\}$，求 $\otimes_1^2-\otimes_2,\otimes_1\otimes_3+\otimes_2,(\otimes_1+\otimes_3)\div\otimes_2$。

根据上述定义，有

$$
\begin{aligned}
\otimes_1^2-\otimes_2&=\{5,7,12,14,21,23\},\\
\otimes_1\otimes_3+\otimes_2&=\{5,6,7,8,9,14,16,18,20,22,24\},\\
(\otimes_1+\otimes_3)\div\otimes_2&=\{1,1.25,1.5,1.75,2,2.25,2.5,3,3.5,4,4.5\}
\end{aligned}
$$

定义 8.18

设灰数 $\otimes_1,\otimes_2,\cdots,\otimes_n$ 分别有连续覆盖 $D_i=[a_i,b_i]$，若有 $\otimes=f(\otimes_1,\otimes_2,\cdots,\otimes_n,\circ)$ 是灰数 $\otimes_1,\otimes_2,\cdots,\otimes_n$ 在两种或多种 $\circ$ 下共同运算结果，其中 $\circ\in\{+,-,\times,\div\}$，则 $D=f(D_1,D_2,\cdots,D_n,\circ)$，有合成灰数 $\otimes$ 的数值覆盖 D 可以通过两个优化问题来求解

$$
\begin{aligned}
&\min f(x_1,x_2,\cdots,x_n,\circ)\\
&\text{s.t.}\begin{cases}a_1\leqslant x_1\leqslant b_1\\a_2\leqslant x_2\leqslant b_2\\\quad\vdots\\a_n\leqslant x_n\leqslant b_n\end{cases}
\end{aligned}
\tag{8.1}
$$

和

$$\max f(x_1,x_2,\cdots,x_n,\circ)$$
$$\text{s.t.}\begin{cases} a_1 \leqslant x_1 \leqslant b_1 \\ a_2 \leqslant x_2 \leqslant b_2 \\ \vdots \\ a_n \leqslant x_n \leqslant b_n \end{cases} \tag{8.2}$$

则合成灰数 $\otimes$ 的数值覆盖为 $D=f(D_1,D_2,\cdots,D_n,\circ)=[a,b]$，其中 $a=\min f(x_1,x_2,\cdots,x_n,\circ), b=\max f(x_1,x_2,\cdots,x_n,\circ)$。♣

例 8.8 已知 $\otimes_1=[1,2],\otimes_2=[3,5],\otimes_3=[2,4]$，求 $(\otimes_1+\otimes_3)\div\otimes_2,\otimes_1\otimes_2+\otimes_3^2,\otimes_1^2-\otimes_2+\otimes_3\otimes_2$。

根据上述定义，有

$$(\otimes_1+\otimes_3)\div\otimes_2=[0.6,2]$$
$$\otimes_1\otimes_2+\otimes_3^2=[3,10]+[4,16]=[7,26]$$
$$\otimes_1^2-\otimes_2+\otimes_3\otimes_2=[1,4]+[3,15]=[4,19]$$

定义 8.19

设灰数 $\otimes_1,\otimes_2,\cdots,\otimes_n$ 中 $\otimes_1,\otimes_2,\cdots,\otimes_s$ 有离散覆盖 $D_i=\{d_{ik_i}|k_i=1,2,\cdots,m_i\}$，$\otimes_{s+1},\otimes_{s+2},\cdots,\otimes_n$ 连续覆盖 $D_i=[a_i,b_i]$，若有 $\otimes=f(\otimes_1,\otimes_2,\cdots,\otimes_n,\circ)$ 是灰数 $\otimes_1,\otimes_2,\cdots,\otimes_n$ 在两种或多种 $\circ$ 下共同运算的结果，其中 $\circ\in\{+,-,\times,\div\}$，则 $D=f(D_1,D_2,\cdots,D_n,\circ)$，有合成灰数 $\otimes$ 的数值覆盖 D 可以通过两个优化问题来求解

$$\min f(d_{1k_1},d_{2k_2},\cdots,d_{sk_s},x_{s+1},x_{s+2},\cdots,x_n,\circ)$$
$$\text{s.t.}\begin{cases} a_{s+1} \leqslant x_{s+1} \leqslant b_{s+1} \\ a_{s+2} \leqslant x_{s+2} \leqslant b_{s+2} \\ \vdots \\ a_n \leqslant x_n \leqslant b_n \end{cases} \tag{8.3}$$

和

$$
\max f(d_{1k_1}, d_{2k_2}, \cdots, d_{sk_s}, x_{s+1}, x_{s+2}, \cdots, x_n, \circ)
$$
$$
\text{s.t.} \begin{cases} a_{s+1} \leqslant x_{s+1} \leqslant b_{s+1} \\ a_{s+2} \leqslant x_{s+2} \leqslant b_{s+2} \\ \quad\vdots \\ a_n \leqslant x_n \leqslant b_n \end{cases} \tag{8.4}
$$

令

$$
a(d_{1k_1}, d_{2k_2}, \cdots, d_{sk_s}) = \min f(d_{1k_1}, d_{2k_2}, \cdots, d_{sk_s}, x_{s+1}, x_{s+2}, \cdots, x_n, \circ)
$$
$$
b(d_{1k_1}, d_{2k_2}, \cdots, d_{sk_s}) = \max f(d_{1k_1}, d_{2k_2}, \cdots, d_{sk_s}, x_{s+1}, x_{s+2}, \cdots, x_n, \circ)
$$

则合成灰数 $\otimes$ 的数值覆盖为

$$
D = f(D_1, D_2, \cdots, D_n, \circ) = \bigcup_{k_i=1,2,\cdots,m_i;i=1,2,\cdots,s} [a(d_{1k_1}, d_{2k_2}, \cdots, d_{sk_s}), b(d_{1k_1}, d_{2k_2}, \cdots, d_{sk_s})]
$$
♣

通过以上分析，灰数的运算包括简单灰数覆盖运算、合成灰数覆盖运算和复合覆盖运算，在实际运算过程中可以采用如下算法步骤 (图 8.1)。

步骤 1：开始；

步骤 2：判断该灰数运算是二元运算还是多元复合运算，若是二元运算转步骤 3，否则转步骤 4；

步骤 3：判断 $\otimes_1$ 和 $\otimes_2$ 是否为简单灰数，是则转步骤 5，否则转步骤 6；

步骤 4：多元灰数复合覆盖运算；

步骤 5：对 $\otimes_1$ 和 $\otimes_2$ 进行简单灰数运算；

步骤 6：对 $\otimes_1$ 和 $\otimes_2$ 进行合成灰数运算；

步骤 7：给出运算结果。

引理 8.3

设 $\otimes_1$ 、$\otimes_2$ 和 $\otimes_3$ 为简单灰数，则灰数运算满足以下定律。

(1) 加法和乘法交换律：$\otimes_1 + \otimes_2 = \otimes_2 + \otimes_1, \otimes_1 \times \otimes_2 = \otimes_2 \times \otimes_1$；

(2) 加法和乘法结合律：

$$
(\otimes_1 + \otimes_2) + \otimes_3 = \otimes_1 + (\otimes_2 + \otimes_3),
$$
$$
(\otimes_1 \times \otimes_2) \times \otimes_3 = \otimes_1 \times (\otimes_2 \times \otimes_3)
$$

(3) 分配律：$\otimes_1 \times (\otimes_2 + \otimes_3) = \otimes_1 \times \otimes_2 + \otimes_1 \times \otimes_3$。 ♡

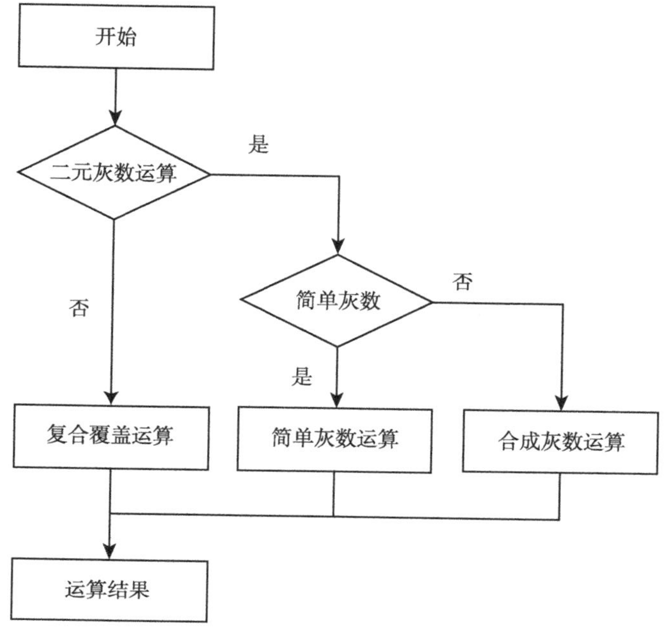

图 8.1 灰数运算步骤示意图

定义 8.20

设 D_i 和 d_i^* 分别为灰数 $\otimes_i$ 的数值覆盖和真值，D_j 和 d_j^* 分别为灰数 $\otimes_j$ 的数值覆盖和真值，$\circ$ 为某种运算，设 $\otimes_{ij}$ 为灰数 $\otimes_i$ 和 $\otimes_j$ 在 $\circ$ 下的运算结果，D_{ii} 是 $\otimes_{ij}$ 的数值覆盖，则有 $\circ$ 运算通式

$$\otimes_i \circ \otimes_j = \otimes_{ij} \Leftrightarrow \{\forall d_i^* \in D_i, d_j^* \in D_j, \exists d_{ij}^* \in D_{ij} \Rightarrow d_i^* \circ d_j^* = d_{ij}^*, D_i \circ D_j = D_{ij}\}$$

简记为 $\otimes_i \circ \otimes_j = \otimes_{ij}$。 ♣

对于灰数 $\otimes_i$ 和 $\otimes_j$ 而言，真值 D_i 和 D_j 都是未知的，所以在运算通式中最重要的运算是数值覆盖 D_i 和 D_j 的运算。

引理 8.4

灰数的自差为零，即

$$\otimes - \otimes = 0$$

♡

引理 8.5

灰数的自除为 1，即

$$\otimes \div \otimes = 1$$

♡

引理 8.6

对任意灰数 $\otimes$，有 $\otimes^k - \otimes^k = 0$ 和 $k\otimes - k\otimes = 0$，如果 0 不是灰数 $\otimes$ 的真值，则 $\otimes^k \div \otimes^k = 1$ 和 $(k\otimes) \div (k\otimes) = 1$。♡

8.1.3　区间灰数的表征

在现实世界中，事物的很多特征都可以用数字进行刻画，如温度、质量和体积等。因为人们对事物的认识不够完善，所以对事物特征的描述是不完备的。使用数字对事物的特征刻画时往往需要一个数集进行描述，这就促成了区间灰数的诞生。下面给出区间灰数的定义。

定义 8.21

既有下界 α 又有上界 β 的灰数称为区间灰数，简记为 $\otimes \in [\alpha, \beta], \beta \geqslant \alpha$。♣

区间灰数是指在一定范围内取值的一个不确定数，区别于区间数。区间数是表示一个区间所包含的所有的数。区间灰数可以采用白化的方式进行刻画，具体如下。

定义 8.22

称 $\hat{\otimes} = a\alpha + (1-a)\beta, a \in [0,1]$ 为区间灰数 $\otimes$ 关于定位系数 a 的白化。若 $a = \dfrac{1}{2}$，则称 $\hat{\otimes}$ 为区间灰数 $\otimes$ 均值的白化。♣

当区间灰数 $\otimes$ 的分布信息完全未知时，采用均值白化是可行的，如果区间灰数 $\otimes$ 的分布信息已知或者部分已知，采用均值白化往往会造成较大的误差。区间灰数和实数一样，也要考虑两个区间灰数之间的相等关系。两个区间灰数之间的相等不仅是上界和下界相等，为此引入区间灰数同步的概念。

定义 8.23

对于区间灰数 $\hat{\otimes}_1 = a\alpha + (1-a)\beta, a \in [0,1]$ 和 $\hat{\otimes}_2 = b\alpha + (1-b)\beta, b \in [0,1]$，若 $a = b$，则称区间灰数 $\hat{\otimes}_1$ 和 $\hat{\otimes}_2$ 同步；若 $a \neq b$，则称区间灰数 $\hat{\otimes}_1$ 和 $\hat{\otimes}_2$ 不同步。♣

注： 对于两个取值范围相同的区间灰数而言，只有两者定位系数相同时才能称为两个区间灰数相等。

定义 8.24

设区间灰数 $\otimes \in [\alpha,\beta], \alpha < \beta$，在缺乏区间灰数的取值分布的相关信息的情形下：

(1) 若 $\otimes$ 为连续灰数，则称 $\hat{\otimes} = \dfrac{\alpha+\beta}{2}$ 为灰数 $\otimes$ 的核；

(2) 若 $\otimes$ 为离散灰数，$a_k \in [\alpha_k,\beta_k](k=1,2,\cdots,n)$ 为灰数 $\otimes$ 所有可能的取值，则称

$$\hat{\otimes} = \frac{1}{n}\sum_{k=1}^{n} a_k$$

为灰数 $\otimes$ 的核。♣

定义 8.25

设灰数 $\otimes \in [\alpha,\beta], \alpha < \beta$ 为取值分布的信息的随机灰数，则称 $\hat{\otimes} = E(\otimes)$ 为灰数 $\otimes$ 的核。♣

和区间数类似，引入区间灰数之后要讨论其运算法则，下面先给出区间灰数运算的范式。

定义 8.26

对于区间灰数 $\hat{\otimes}_1 \in [\alpha_1,\beta_1]$，$\hat{\otimes}_2 \in [\alpha_2,\beta_2]$，$*$ 表示区间灰数 $\hat{\otimes}_1$ 和 $\hat{\otimes}_2$ 之间的运算，$\hat{\otimes}_3 \in [\alpha_3,\beta_3]$ 表示是区间灰数 $\hat{\otimes}_1$ 和 $\hat{\otimes}_2$ 经过运算 $*$ 得到的，则 $\hat{\otimes}_3$ 是区间灰数，即 $\hat{\otimes}_3 = \hat{\otimes}_1 * \hat{\otimes}_2$。♣

区间灰数有如下运算法则。

引理 8.7

(1) 区间灰数的加法法则：设 $\otimes_1 \in [\alpha_1,\beta_1], \alpha_1 < \beta_1$；$\otimes_2 \in [\alpha_2,\beta_2], \alpha_2 < \beta_2$，则称

$$\otimes_1 + \otimes_2 \in [\alpha_1+\alpha_2, \beta_1+\beta_2]$$

为 $\otimes_1$ 与 $\otimes_2$ 的和。

(2) 区间灰数的负元：设 $\otimes \in [\alpha,\beta], \alpha < \beta$，则称

$$-\otimes \in [-\beta,-\alpha]$$

为 $\otimes$ 的负元。

(3) 区间灰数的减法法则：设 $\otimes_1 \in [\alpha_1,\beta_1], \alpha_1 < \beta_1$；$\otimes_2 \in [\alpha_2,\beta_2], \alpha_2 <$

β_2，则称

$$\otimes_1 - \otimes_2 = \otimes_1 + (-\otimes_2) \in [\alpha_1 - \beta_2, \beta_1 - \alpha_2]$$

为 $\otimes_1$ 与 $\otimes_2$ 的差。

(4) 区间灰数的乘法法则：设 $\otimes_1 \in [\alpha_1, \beta_1], \alpha_1 < \beta_1$；$\otimes_2 \in [\alpha_2, \beta_2], \alpha_2 < \beta_2$，则称

$$\otimes_1 \cdot \otimes_2 \in [\min\{\alpha_1\beta_1, \alpha_1\beta_2, \alpha_2\beta_1, \alpha_2\beta_2\}, \max\{\alpha_1\beta_1, \alpha_1\beta_2, \alpha_2\beta_1, \alpha_2\beta_2\}]$$

为 $\otimes_1$ 与 $\otimes_2$ 的积。

(5) 区间灰数的倒数：设 $\otimes \in [\alpha, \beta], \alpha < \beta, \alpha\beta > 0$ 则称

$$\otimes^{-1} \in \left[\frac{1}{\beta}, \frac{1}{\alpha}\right]$$

为 $\otimes$ 的倒数。

(6) 区间灰数的除法法则：设 $\otimes_1 \in [\alpha_1, \beta_1], \alpha_1 < \beta_1$；$\otimes_2 \in [\alpha_2, \beta_2], \alpha_2 < \beta_2, \alpha_2\beta_2 > 0$ 则称

$$\otimes_1 \cdot \otimes_2^{-1} \in \left[\min\left\{\frac{\alpha_1}{\beta_1}, \frac{\alpha_1}{\beta_2}, \frac{\alpha_2}{\beta_1}, \frac{\alpha_2}{\beta_2}\right\}, \max\left\{\frac{\alpha_1}{\beta_1}, \frac{\alpha_1}{\beta_2}, \frac{\alpha_2}{\beta_1}, \frac{\alpha_2}{\beta_2}\right\}\right]$$

为 $\otimes_1$ 与 $\otimes_2$ 的倒数。

(7) 区间灰数的数乘法则：设 $\otimes \in [\alpha, \beta], \alpha < \beta, k \in \mathbb{R}^+$，则称

$$k\otimes \in [k\alpha, k\beta]$$

为区间灰数 $\otimes$ 与实数 k 的积，也称为数乘运算。

(8) 区间灰数的乘方法则：设 $\otimes \in [\alpha, \beta], \alpha < \beta, k \in \mathbb{R}^+$，则称

$$\otimes^k \in [\alpha^k, \beta^k]$$

为区间灰数 $\otimes$ 的 k 次方幂，也称为乘方运算。♡

下面给出区间灰色基本运算的例子。

例 8.9

(1) 设 $\otimes_1 \in [1, 5], \otimes_2 \in [2, 4]$，则 $\otimes_1 + \otimes_2 \in [3, 9]$。

(2) 设 $\otimes \in [1, 5]$，则 $-\otimes \in [-5, -1]$ 。

(3) 设 $\otimes_1 \in [1, 5], \otimes_2 \in [3, 6]$，则 $\otimes_1 - \otimes_2 = \otimes_1 + (-\otimes_2) \in [-5, 2]$。

(4) 设 $\otimes_1 \in [1,2], \otimes_2 \in [3,4]$，则

$$\otimes_1 \cdot \otimes_2 \in [\min\{3,4,6,8\}, \max\{3,4,6,8\}] = [3,8]$$

(5) 设 $\otimes \in [2,4]$，则 $\otimes^{-1} \in \left[\frac{1}{4}, \frac{1}{2}\right]$。

(6) 设 $\otimes_1 \in [3,4], \otimes_2 \in [5,10]$，则

$$\otimes_1 \cdot \otimes_2^{-1} \in \left[\min\left\{\frac{3}{5}, \frac{3}{10}, \frac{4}{5}, \frac{4}{10}\right\}, \max\left\{\frac{3}{5}, \frac{3}{10}, \frac{4}{5}, \frac{4}{10}\right\}\right] = \left[\frac{3}{10}, \frac{4}{5}\right]$$

(7) 设 $\otimes \in [1,5]$，则 $3\otimes \in [3,15]$。

(8) 设 $\otimes \in [1,3]$，则 $\otimes^2 \in [1,9]$。

8.2 基于区间灰数序列的离散灰色预测模型概述

8.2.1 模型定义与参数求解

定义 8.27

设

$$X(\otimes) = (x(\otimes_1), x(\otimes_2), \cdots, x(\otimes_n)) \tag{8.5}$$

系统主变量是区间灰数序列，其中 $x(\otimes_i)\,(i = 1,2,\cdots,n)$ 是区间灰数，其上下边界分别是

$$x(\otimes_1) \in [\underline{a}_1, \bar{a}_1], x(\otimes_2) \in [\underline{a}_2, \bar{a}_2], \cdots, x(\otimes_n) \in [\underline{a}_n, \bar{a}_n]$$

$X(\otimes)$ 的累加生成序列可表示为

$$Y(\otimes) = (y(\otimes_1), y(\otimes_2), \cdots, y(\otimes_n))$$

其中

$$y(\otimes_k) = \sum_{i=1}^{k} x(\otimes_i), k = 1,2,\cdots,n$$

称

$$\hat{y}(\otimes_{k+1}) = \beta_1 \hat{y}(\otimes_k) + \beta_2$$

为基于区间灰数序列的单变量离散灰色预测模型，简称 IG-DGM 模型，β_1 β_2 是模型的参数。 ♣

关于单变量离散灰色模型有如下结果。

引理 8.8

设 X 和 Y 如定义 8.12所述，$\hat{\beta}=(\beta_1,\beta_2)^{\mathrm{T}}$ 是参数列且

$$\hat{Y}=\left[y\left(\otimes_2\right),y\left(\otimes_3\right),\cdots,y\left(\otimes_n\right)\right]^{\mathrm{T}} \tag{8.6}$$

和

$$B=\begin{bmatrix} y\left(\otimes_1\right) & 1 \\ y\left(\otimes_2\right) & 1 \\ \vdots & \vdots \\ y\left(\otimes_{n-1}\right) & 1 \end{bmatrix} \tag{8.7}$$

B 是 B^{T} 的转置矩阵，则灰色微分方程

$$y\left(\otimes_{k+1}\right)=\beta_1 y\left(\otimes_k\right)+\beta_2 \tag{8.8}$$

的最小二乘估计参数列满足

$$\hat{\beta}=(B^{\mathrm{T}}B)^{-1}B^{\mathrm{T}}\hat{Y} \tag{8.9}$$

且

$$\left\{\begin{array}{l} \beta_1=\dfrac{\sum\limits_{k=1}^{n-1} y\left(\otimes_{k+1}\right) y\left(\otimes_k\right)-\dfrac{1}{n-1} \sum\limits_{k=1}^{n-1} y\left(\otimes_{k+1}\right) \sum\limits_{k=1}^{n-1} y\left(\otimes_k\right)}{\sum\limits_{k=1}^{n-1}\left(y\left(\otimes_k\right)\right)^2-\dfrac{1}{n-1}\left(\sum\limits_{k=1}^{n-1} y\left(\otimes_k\right)\right)^2} \\ \beta_2=\dfrac{1}{n-1}\left[\sum\limits_{k=1}^{n-1} y\left(\otimes_{k+1}\right)-\beta_1 \sum\limits_{k=1}^{n-1} y\left(\otimes_k\right)\right] \end{array}\right. \tag{8.10}$$

♡

引理 8.9

设 $B,Y,\hat{\beta}$ 如上述定理所述，取 $\hat{y}\left(\otimes_1\right)=y\left(\otimes_1\right)$，则递推函数为

$$\hat{y}\left(\otimes_{k+1}\right)=\beta_1^k \hat{y}\left(\otimes_1\right)+\frac{1-{\beta_1}^k}{1-\beta_1}\beta_2, k=1,2,\cdots,n-1 \tag{8.11}$$

或者

$$\hat{y}(\otimes_{k+1})=\beta_1^k\left(\hat{y}(\otimes_1)-\frac{\beta_2}{1-\beta_1}\right)+\frac{\beta_2}{1-\beta_1},k=1,2,\cdots,n-1 \tag{8.12}$$

引理 8.10

设 $\hat{y}(\otimes_k)$ 是由引理 8.9求解得到的，则原始序列各元素的模拟值可以表示为

$$\hat{x}(\otimes_{k+1})=a^{(1)}\hat{y}(\otimes_{k+1})=\hat{y}(\otimes_{k+1})-\hat{y}(\otimes_k),k=1,2,\cdots,n-1 \tag{8.13}$$

将式(8.12)代入式(8.13)可得

$$\begin{aligned}\hat{x}^{(0)}(\otimes_{k+1})&=\hat{y}(\otimes_{k+1})-\hat{y}(\otimes_k)\\&=\left(\beta_1^k-\beta_1^{k-1}\right)\left(\hat{y}(\otimes_{k+1})-\frac{\beta_2}{1-\beta_1}\right)\end{aligned} \tag{8.14}$$

引理 8.11

设 β_1,β_2 是由式(8.10)求解得到的，序列模拟值 $\hat{x}(\otimes_k)(k=2,3,\cdots,n)$ 和预测值 $\hat{x}(\otimes_k)(k=n+1,n+2,\cdots)$ 的上限值和下限值可以转化为优化模型

$$\begin{aligned}&\min\hat{x}^{(0)}(\otimes_{k+1})=\left(\beta_1^k-\beta_1^{k-1}\right)\left(\hat{y}(\otimes_1)-\frac{\beta_2}{1-\beta_1}\right)\\&\text{s.t. }\underline{a}_i\leqslant x(\otimes_i)\leqslant\bar{a}_i,i=1,2,\cdots,n\end{aligned} \tag{8.15}$$

和

$$\begin{aligned}&\max\hat{x}^{(0)}(\otimes_{k+1})=\left(\beta_1^k-\beta_1^{k-1}\right)\left(\hat{y}(\otimes_1)-\frac{\beta_2}{1-\beta_1}\right)\\&\text{s.t. }\underline{a}_i\leqslant x(\otimes_i)\leqslant\bar{a}_i,i=1,2,\cdots,n\end{aligned} \tag{8.16}$$

其中

$$\hat{y}(\otimes_1)=\hat{x}(\otimes_1)$$

在上述引理中，$\hat{y}(\otimes_1)$ 和 $x(\otimes_k)(k=1,2,\cdots,n)$ 被看成是变量，可以用 y_k 代替 $x(\otimes_k),k=1,2,\cdots,n$。即约束条件转化为 $\underline{a}_k\leqslant y_k\leqslant\bar{a}_k$。

引理 8.12

对于等式(8.10)而言，若 $y_k=x(\otimes_k)(k=1,2,\cdots,n)$，则

$$\left\{\begin{aligned}&\beta_1=\frac{\sum\limits_{k=1}^{n-1}\left(\sum\limits_{i=1}^{k}y_{i+1}\sum\limits_{i=1}^{k}y_i\right)-\frac{1}{n-1}\sum\limits_{k=1}^{n-1}\sum\limits_{i=1}^{k}y_{i+1}\sum\limits_{k=1}^{n-1}\sum\limits_{i=1}^{k}y_i}{\sum\limits_{k=1}^{n-1}\left(\sum\limits_{i=1}^{k}y_i\right)^2-\frac{1}{n-1}\left(\sum\limits_{k=1}^{n-1}\sum\limits_{i=1}^{k}y_i\right)^2}\\&\beta_2=\frac{1}{n-1}\left(\sum\limits_{k=1}^{n-1}\sum\limits_{i=1}^{k}y_{i+1}-\beta_1\sum\limits_{k=1}^{n-1}\sum\limits_{i=1}^{k}y_i\right)\end{aligned}\right. \tag{8.17}$$

引理 8.13

设 β_1,β_2 是由式(8.17)求解得到的，序列模拟预测值

$$\hat{y}_k=\hat{x}\left(\otimes_k\right)\left(k=2,3,\cdots,n,n+1,n+2,\cdots\right)$$

可以转化为优化模型

$$\begin{gathered}\underline{\hat{y}}_{k+1}=\min\hat{y}_{k+1}=\left(\beta_1^k-\beta_1^{k-1}\right)\left(y_1-\frac{\beta_2}{1-\beta_1}\right)\\ \text{s.t.}\underline{a}_i\leqslant y_i\leqslant\overline{a}_i,i=1,2,\cdots,n\end{gathered} \tag{8.18}$$

和

$$\begin{gathered}\overline{\hat{y}}_{k+1}=\max\hat{y}_{k+1}=\left(\beta_1^k-\beta_1^{k-1}\right)\left(y_1-\frac{\beta_2}{1-\beta_1}\right)\\ \text{s.t.}\underline{a}_i\leqslant y_i\leqslant\overline{a}_i,i=1,2,\cdots,n\end{gathered} \tag{8.19}$$

定义 8.28

设 S_k 是原始数据 y_k 的所有取值集合，$y_{k,\text{Mean}}$ 是 y_k 的均值，$\hat{S}_k$ 是模拟预测值 $\hat{y}_k$ 的所有取值集合，$\hat{y}_{k,\text{Mean}}$ 是 $\hat{y}_k$ 的均值，则 $S_k\in\left[\underline{y}_k,\overline{y}_k\right]$，

$$\hat{S}_k\in[\underline{\hat{y}}_k,\bar{\hat{y}}_k],\quad y_{k,\text{Mean}}=\frac{1}{2}\left(\underline{y}_k+\overline{y}_k\right),\quad \hat{y}_{k,\text{Mean}}=\left(\underline{\hat{y}}_k+\bar{\hat{y}}_k\right)$$

定义

$$\text{APEM}\,(\%)=\left|\frac{y_{k,\text{Mean}}-\hat{y}_{k,\text{Mean}}}{y_{k,\text{Mean}}}\right| \tag{8.20}$$

是 y_k 均值的相对误差，定义序列的平均相对误差 (MAPEM) 为

$$\text{MAPEM}\,(\%)=\frac{1}{n-1}\sum_{k=2}^{n}\left|\frac{y_{k,\text{Mean}}-\hat{y}_{k,\text{Mean}}}{y_{k,\text{Mean}}}\right| \tag{8.21}$$

定义

$$\mathrm{SVSCP}\,(\%) = 1 - P\left(\frac{S_k \cap \hat{S}_k}{S_k}\right)$$

为 y_k 覆盖集合的覆盖比例，则定义序列的平均覆盖百分比 (MSVSCP) 为

$$\mathrm{MSVSCP}\,(\%) = \frac{1}{n-1}\sum_{k=2}^{n}\left[1 - P\left(\frac{S_k \cap \hat{S}_k}{S_k}\right)\right]$$

♣

8.2.2 案例研究

采用国内生产总值 (gross domestic product，GDP) 数据来模拟和比较模型的预测效果。将数据都换算到 2005 年的价格水平，单位为万亿元人民币，国家统计局每年会公布 GDP 的数据并且隔几年经过分析会再次公布 GDP 数据的修正值，利用这两次公布的数据构建成区间灰数，2005~2008 年公布的原始数据分别为

$$\{18.322, 20.456, 23.123, 25.184\}$$

修正 GDP 数据为

$$\{18.494, 20.838, 23.789, 26.081\}$$

则这两组数据构建的区间灰数序列为

$$\begin{aligned}\bar{X}\,(\otimes) &= (\bar{x}\,(\otimes_1)\,, \bar{x}\,(\otimes_2)\,, \ldots, \bar{x}\,(\otimes_n))\\ &= \{[18.322, 18.494]\,, [20.456, 20.838]\,, [23.123, 23.789]\,, [25.184, 26.081]\}\end{aligned}$$

将序列的上限值 dU 、下限值 dL 和均值分别组成序列，可得

$$\begin{aligned}\bar{X}\,(\otimes) &= (\bar{x}\,(\otimes_1)\,, \bar{x}\,(\otimes_2)\,, \cdots, \bar{x}\,(\otimes_n))\\ &= (18.322, 20.456, 23.123, 25.184)\\ \bar{X}\,(\otimes) &= (\bar{x}\,(\otimes_1)\,, \bar{x}\,(\otimes_2)\,, \cdots, \bar{x}\,(\otimes_n))\\ &= (18.494, 20.838, 23.789, 26.081)\\ X_{\mathrm{mean}} &= (x_{\mathrm{mean}}\,(\otimes_1)\,, x_{\mathrm{mean}}\,(\otimes_2)\,, \cdots, x_{\mathrm{mean}}\,(\otimes_n))\\ &= (18.408, 20.647, 23.456, 25.633)\end{aligned}$$

直接利用灰数序列 $x\,(\otimes)$ 来构建 IG-DGM 模型，计算序列模拟值如表 8.1所示。

为了比较 IG-DGM 模型的效果，分别构建了 GM(1, 1) 模型、DGM(1, 1) 模型、时变线性回归模型和指数曲线模型，考虑这些模型无法直接用灰数序列进行建模，分别用灰数序列的上限值序列、下限值序列构建两个模型，然后再求解模

型序列上限值和下限值的均值。所有模型的参数值和模拟表达式见表 8.2，模拟值序列见表 8.3和表 8.4。实际值示意图见图 8.2。IG-DGM 模型的模拟值示意图见图 8.3。

表 8.1　IG-DGM 模型的模拟值

	实际值			IG-DGM 模型的模拟值			SVSCP/%	APEM/%
	dL	dU	mean	dL	dU	mean		
2005	18.322	18.494	18.408					
2006	20.456	20.838	20.647	20.465	21.165	20.815	2.36	0.81
2007	23.123	23.789	23.456	22.842	23.475	23.159	47.15	1.27
2008	25.184	26.081	25.633	25.249	26.282	25.766	7.25	0.52
MSVSCP/%							18.92	
MAPEM/%								0.87

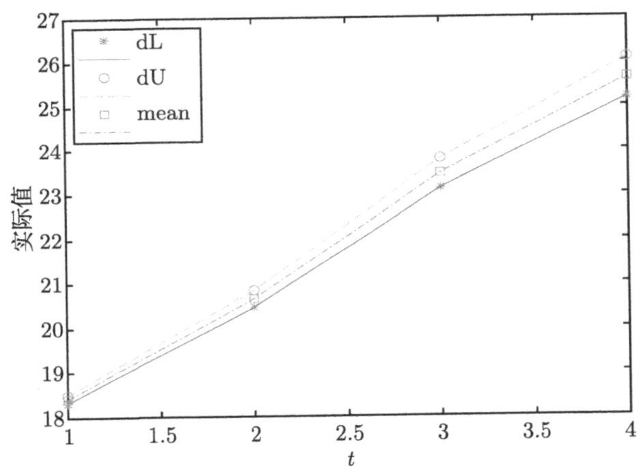

图 8.2　实际值示意图

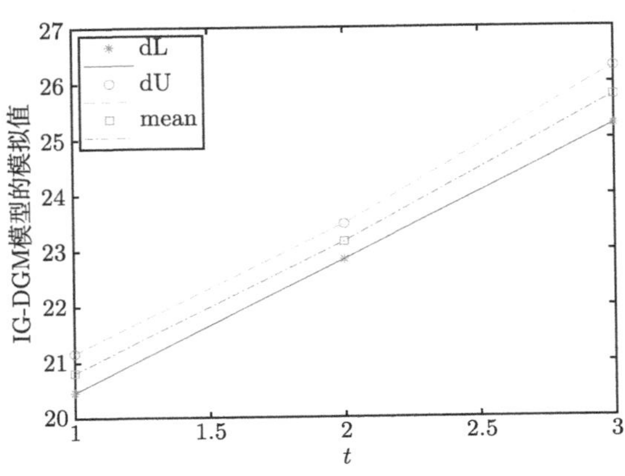

图 8.3　IG-DGM 模型的模拟值示意图

表 8.2 不同预测模型的参数值和模拟表达式

数据值类型	模型类型	参数 1	参数 2	模拟表达式
dL 序列	DGM(1, 1) 模型	$\beta_1 = 1.108074$	$\beta_2 = 18.634028$	$\hat{x}(k+1) = 18.60255 \times 1.108074^k$
dU 序列	DGM(1, 1) 模型	$\beta_1 = 1.116989$	$\beta_2 = 18.852847$	$\hat{x}(k+1) = 18.81487 \times 1.116989^k$
dL 序列	GM(1, 1) 模型	$a = -0.102593$	$b = 17.675659$	$\hat{x}(k+1) = 18.58569 \times 1.10804^k$
dU 序列	GM(1, 1) 模型	$a = -0.110595$	$b = 17.807294$	$\hat{x}(k+1) = 18.79421 \times 1.116942^k$
dL 序列	时变线性回归模型	$a = 15.958$	$b = 2.325$	$\hat{x}(k+1) = 18.283 + 2.325k$
dU 序列	时变线性回归模型	$a = 15.873$	$b = 2.571$	$\hat{x}(k+1) = 18.444 + 2.571k$
dL 序列	指数曲线模型	$a = 15.513$	$b = 1.11370$	$\hat{x}(k+1) = 18.390 \times 1.1137^k$
dU 序列	指数曲线模型	$a = 15.531$	$b = 1.12341$	$\hat{x}(k+1) = 18.571 \times 1.1137^k$

表 8.3 DGM (1, 1) 模型和 GM (1, 1) 模型模拟值

	DGM(1, 1) 模型模拟值					GM(1, 1) 模型模拟值				
	dL	dU	mean	SVSCP /%	APEM /%	dL	dU	mean	SVSCP /%	APEM /%
2006	20.613	21.016	20.814	41.22	0.81	20.594	20.992	20.793	36.13	0.71
2007	22.841	23.474	23.158	47.28	1.27	22.819	23.447	23.133	51.35	1.38
2008	25.31	26.22	25.765	14.03	0.52	25.284	26.189	25.737	11.15	0.41
MSVSCP/%				34.18					32.88	
MAPEM/%					0.87					0.83

表 8.4 时变线性回归模型和指数曲线模型模拟值

	时变线性回归模型					指数曲线模型				
	dL	dU	mean	SVSCP /%	APEM /%	dL	dU	mean	SVSCP /%	APEM /%
2005	18.283	18.444	18.364	29.07	0.24	18.39	18.571	18.481	39.71	0.39
2006	20.608	21.015	20.812	39.79	0.8	20.481	20.863	20.672	6.61	0.12
2007	22.933	23.586	23.26	30.48	0.84	22.81	23.438	23.124	52.73	1.42
2008	25.258	26.157	25.708	8.25	0.29	25.403	26.33	25.867	24.46	0.91
MSVSCP/%				26.9					30.88	
MAPEM/%					0.54					0.71

从表 8.1、表 8.3和表 8.4可以看出，针对均值序列的模拟效果上，IG-DGM 模型和 GM(1, 1) 模型、DGM(1, 1) 模型、时变线性回归模型、指数曲线模型都取得了比较好的模拟效果，但是不同于常规实数序列，灰数序列除了要考虑均值的模拟效果，还需要考虑灰数模拟集合与原集合的覆盖情况，从平均覆盖百分比指标看，IG-DGM 模型能够取得更好的模拟效果。此外还用 2009~2012 年的数据验证了几个模型的预测效果，计算结果见表 8.5和表 8.6。

从表 8.6可以看出，在均值模拟方面，IG-DGM 模型和 GM(1, 1) 模型、DGM(1,

1) 模型、时变线性回归模型、指数曲线模型都能够取得不错的预测效果，但是从表 8.5可以看出，在上限值和下限值模拟上区别比较大。从表 8.5的结果可知，只有 IG-DGM 模型覆盖到了实际值，而 GM(1, 1) 模型、DGM(1, 1) 模型、时变线性回归模型和指数曲线模型的值都未能覆盖实际值。

表 8.5 几个模型的上限值和下限值预测效果（2009~2012 年）

年份	实际值	IG-DGM 模型预测值		DGM(1, 1) 模型预测值		GM(1, 1) 模型预测值		时变线性回归模型预测值		指数曲线模型预测值	
		dL	dU	dL	dU	dL	dU	dL	dU	dL	dU
2009	28.484	27.74	29.602	28.045	29.29	28.016	29.251	27.583	28.728	28.29	29.58
2010	31.46	30.478	33.34	31.076	32.71	31.043	32.472	29.908	31.299	31.51	33.231
2011	34.386	33.486	37.554	34.435	36.54	34.396	36.493	32.233	33.87	35.09	37.332
2012	37.068	36.78	42.394	38.156	40.82	38.113	40.761	34.558	36.441	39.08	41.939

表 8.6 几个模型的均值预测效果（2009~2012 年）

	实际值	IG-DGM 模型		DGM(1, 1) 模型		GM(1, 1) 模型		时变线性回归模型		指数曲线模型	
		均值预测值	APEM /%	均值预测值	APEM /%	均值预测值	APEM /%	均值预测值	APEM /%	均值预测值	APEM /%
2009	28.484	28.671	0.66	28.667	0.64	28.634	0.52	28.156	1.15	28.94	1.59
2010	31.46	31.909	1.43	31.895	1.38	31.758	0.95	30.604	2.72	32.37	2.89
2011	34.386	35.52	3.3	35.488	3.2	35.445	3.08	33.052	3.88	36.21	5.31
2012	37.068*	39.587	6.8	39.486	6.52	39.437	6.39	35.5	4.23	40.51	9.29
MAPEM/%			3.04		2.94		2.73		3		4.77

8.3 基于区间灰数序列的非齐次特征离散灰色预测模型

8.3.1 模型定义与参数求解

定义 8.29

设

$$X(\otimes)=(x(\otimes_1),x(\otimes_2),\cdots,x(\otimes_n)) \tag{8.22}$$

系统主变量是区间灰数序列，其中 $x(\otimes_i)\,(i=1,2,\cdots,n)$ 是区间灰数，其上下边界分别是

$$x(\otimes_1)\in[\underline{a}_1,\bar{a}_1],x(\otimes_2)\in[\underline{a}_2,\bar{a}_2],\cdots,x(\otimes_n)\in[\underline{a}_n,\bar{a}_n]$$

$X(\otimes)$ 的累加生成序列可表示为

$$Y(\otimes)=(y(\otimes_1),y(\otimes_2),\cdots,y(\otimes_n))$$

其中

$$y(\otimes_k)=\sum_{i=1}^{k}x(\otimes_i),k=1,2,\cdots,n$$

称

$$\hat{y}(\otimes_{k+1})=\beta_1\hat{y}(\otimes_k)+\beta_2\cdot k+\beta_3$$

为基于区间灰数序列的近似非齐次指数离散灰色预测模型，简称 IG-NDGM 模型，β_1,β_2 和 β_3 是模型的参数。♣

对于求解区间灰数序列预测问题，假设原始序列为 $X(\otimes)$，累加序列为 $Y(\otimes)$。即

$$\begin{aligned}X(\otimes)&=(x(\otimes_1),x(\otimes_2),\cdots,x(\otimes_n))\\&=\{[\underline{x}(\otimes_1),\bar{x}(\otimes_1)],[\underline{x}(\otimes_2),\bar{x}(\otimes_2)],\cdots,[\underline{x}(\otimes_n),\bar{x}(\otimes_n)]\}\end{aligned}$$

其一次累加生成序列

$$\begin{aligned}Y(\otimes)&=(y(\otimes_1),y(\otimes_2),\cdots,y(\otimes_n))\\&=\left\{[\underline{y}(\otimes_1),\bar{y}(\otimes_1)],[\underline{y}(\otimes_2),\bar{y}(\otimes_2)],\cdots,[\underline{y}(\otimes_n),\bar{y}(\otimes_n)]\right\}\end{aligned}\tag{8.23}$$

其中

$$\underline{y}(\otimes_k)=\sum_{i=1}^{k}\underline{x}(\otimes_i),\quad k=1,2,\cdots,n$$

和

$$\bar{y}(\otimes_k)=\sum_{i=1}^{k}\bar{x}(\otimes_i),\quad k=1,2,\cdots,n$$

有了模型定义后最重要的工作就是求解累加序列的模拟值序列

$$\hat{Y}(\otimes)=(\hat{y}(\otimes_1),\hat{y}(\otimes_2),\cdots,\hat{y}(\otimes_n))$$

和原始序列的模拟值序列

$$\hat{X}(\otimes)=(\hat{x}(\otimes_1),\hat{x}(\otimes_2),\cdots,\hat{x}(\otimes_n))$$

如图 8.4所示，累加生成序列 $Y(\otimes)$ 被分成两个序列，分别为上限序列

$$\bar{y}(\otimes)=(\bar{y}(\otimes_1),\bar{y}(\otimes_2),\cdots,\bar{y}(\otimes_n))$$

和下限序列

$$\underline{y}(\otimes)=(\underline{y}(\otimes_1),\underline{y}(\otimes_2),\cdots,\underline{y}(\otimes_n))$$

依据 NDGM 模型的模拟过程，可以得到模拟序列

$$\hat{\bar{Y}}(\otimes)=(\hat{\bar{y}}(\otimes_1),\hat{\bar{y}}(\otimes_2),\cdots,\hat{\bar{y}}(\otimes_n))$$

和

$$\underline{\hat{Y}}(\otimes)=(\underline{\hat{y}}(\otimes_1),\underline{\hat{y}}(\otimes_2),\cdots,\underline{\hat{y}}(\otimes_n))$$

由式(8.23)可知 $\hat{y}(\otimes_k)$ 与 $\hat{x}(\otimes_1),\hat{x}(\otimes_2),\cdots,\hat{x}(\otimes_k)$ 并不独立，所以可以得到

$$\begin{aligned}\hat{x}(\otimes_k)&=\hat{y}(\otimes_k)-\hat{y}(\otimes_{k-1})\\&=[\underline{\hat{y}}(\otimes_k),\hat{\bar{y}}(\otimes_k)]-[\underline{\hat{y}}(\otimes_{k-1}),\hat{\bar{y}}(\otimes_{k-1})]\\&=[\underline{\hat{y}}(\otimes_k)-\underline{\hat{y}}(\otimes_{k-1}),\hat{\bar{y}}(\otimes_k)-\hat{\bar{y}}(\otimes_{k-1})]\end{aligned}\tag{8.24}$$

而不是应用简单灰数的减法进行求解。

参考 NDGM 模型的算法步骤和 IG-NDGM 模型构建原理，IG-NDGM 模型的算法步骤如下。

步骤 1：收集数据并形成原始区间灰色数据序列 $X(\otimes)$；

步骤 2：根据式(8.23)进行一次累加生成运算，得到累加序列 $Y(\otimes)$；

步骤 3：从累加序列中抽取建模序列，即上界序列 $\bar{Y}(\otimes)$ 和下界序列 $\underline{Y}(\otimes)$；

步骤 4：分别构建 NDGM 模型 ($\bar{Y}(\otimes)$ 和 $\underline{Y}(\otimes)$)，即

$$\begin{aligned}\hat{\bar{y}}(k+1)&=\bar{\beta}_1\hat{\bar{y}}(k)+\bar{\beta}_2\cdot k+\bar{\beta}_3\\\underline{\hat{y}}(k+1)&=\underline{\beta}_1\underline{\hat{y}}(k)+\underline{\beta}_2\cdot k+\underline{\beta}_3\end{aligned}$$

步骤 5：运用最小二乘法求解模型参数 $(\bar{\beta}_1,\bar{\beta}_2,\bar{\beta}_3)$ 和 $(\underline{\beta}_1,\underline{\beta}_2,\underline{\beta}_3)$；

步骤 6：参考 NDGM 模型的递推函数求解 $\hat{\bar{y}}(\otimes)$ 和 $\underline{\hat{y}}(\otimes)$，其中

$$\hat{\bar{y}}(k+1)=\bar{\beta}_1^k\hat{\bar{y}}(1)+\bar{\beta}_2\sum_{j=1}^{k}j\bar{\beta}_1^{k-j}+\frac{1-\bar{\beta}_1^k}{1-\bar{\beta}_1}\cdot\bar{\beta}_3,\quad k=1,2,\cdots,n-1$$

$$\underline{\hat{y}}(k+1)=\underline{\beta}_1^k\underline{\hat{y}}(1)+\underline{\beta}_2\sum_{j=1}^{k}j\underline{\beta}_1^{k-j}+\frac{1-\underline{\beta}_1^k}{1-\underline{\beta}_1}\cdot\underline{\beta}_3,\quad k=1,2,\cdots,n-1$$

步骤 7：根据式(8.24)求解原始序列的模拟序列

$$\hat{X}(\otimes)=(\hat{x}(\otimes_1),\hat{x}(\otimes_2),\cdots,\hat{x}(\otimes_n))$$

步骤 8：求解模拟平均值序列

$$\hat{X}_{\text{mean}}(\otimes) = (\hat{x}_{\text{mean}}(\otimes_1), \hat{x}_{\text{mean}}(\otimes_2), \cdots, \hat{x}_{\text{mean}}(\otimes_n))$$

其中，

$$\hat{x}_{\text{mean}}(\otimes_k) = \frac{1}{2}(\hat{\underline{x}}(\otimes_k) + \hat{\bar{x}}(\otimes_k))$$

步骤 9：分别计算 MAPEM (%)、MSVSCP (%)，分析模拟精度并应用合适的模型进行预测。图 8.4 为 IG-NDGM 模型的模拟曲线。

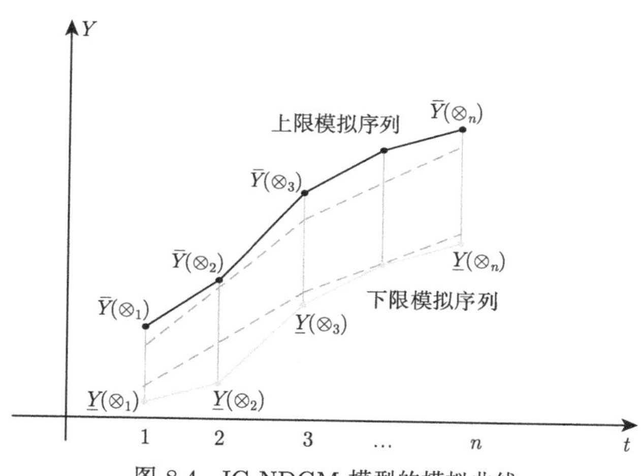

图 8.4 IG-NDGM 模型的模拟曲线

8.3.2 案例研究

设某预测系统原始区间灰色数据序列为

$$\begin{aligned} X(\otimes) &= (x(\otimes_1), x(\otimes_2), \cdots, x(\otimes_n)) \\ &= \{[19.3, 21.1], [24.5, 26.5], [33.3, 36.1], [48.7, 52.3], [74.6, 78.8]\} \end{aligned}$$

分析得出上限值序列、下限值序列和平均值序列

$$\begin{aligned} &\underline{X}(\otimes) = (\underline{x}(\otimes_1), \underline{x}(\otimes_2), \cdots, \underline{x}(\otimes_n)) = (19.3, 24.5, 33.3, 48.7, 74.6) \\ &\overline{X}(\otimes) = (\bar{x}(\otimes_1), \bar{x}(\otimes_2), \cdots, \bar{x}(\otimes_n)) = (21.1, 26.5, 36.1, 52.3, 78.8) \\ &X_{\text{mean}}(\otimes) = (x_{\text{mean}}(\otimes_1), x_{\text{mean}}(\otimes_2), \cdots, x_{\text{mean}}(\otimes_n)) \\ &\quad = (20.2, 25.5, 34.7, 50.5, 76.7) \end{aligned}$$

计算上限值序列和下限值序列所构建模型的参数值

$$\bar{\beta}_1 = 1.653819, \quad \bar{\beta}_2 = -7.5874, \quad \bar{\beta}_3 = 20.2532$$
$$\underline{\beta}_1 = 1.704916, \quad \underline{\beta}_2 = -8.2994, \quad \underline{\beta}_3 = 19.1467$$

计算模拟序列，如表 8.7所示，相应地计算出 MAPEM 和 MSVSCP 值。

表 8.7　IG-NDGM 模型的模拟值

	实际值			IG-NDGM 模型模拟值				
	dL	dU	mean	dL	dU	mean	SVSCP/%	APEM/%
1	19.3	21.1	20.2					
2	24.5	26.5	25.5	24.45	26.46	25.46	1.93	0.17
3	33.3	36.1	34.7	33.39	36.17	34.78	3.19	0.24
4	48.7	52.3	50.5	48.63	52.24	50.43	1.69	0.13
5	74.6	78.8	76.7	74.6	78.81	76.71	0.12	0.01
MSVSCP/%							1.73	
MAPEM/%								0.14

类似地，应用下界序列 $\underline{Y}(\otimes)$ 和上界序列 $\bar{Y}(\otimes)$ 构建了 DGM (1, 1) 模型和 GM (1, 1) 模型。这两个模型被用来模拟和预测对应的下界和上界的规律。考虑到模型的不同形式，应用最小二乘法分别计算了模型参数。参数值和模拟方程如表 8.8 所示。模拟序列如表 8.9 所示。从表 8.7和表 8.9可以看出，IG-NDGM 模型、DGM(1, 1) 模型和 GM(1, 1) 模型计算的平均值序列的平均相对误差都有很高的模拟精度。且 IG-NDGM 模型具有最高的预测精度。IG-NDGM 模型得出的 MAPEM 只有 0.14%，DGM(1, 1) 模型和 GM(1, 1) 模型得出的 MAPEM 接近 3%。

表 8.8　DGM(1, 1) 模型和 GM(1, 1) 模型的参数值

序列类型	模型形式	参数 1	参数 2	模拟表达式
dL 序列	DGM(1, 1)	$\underline{\beta}_1 = 1.475157$	$\underline{\beta}_2 = 13.6771$	$\hat{\underline{y}}(k+1) = 48.0843 \times 1.475157^k - 28.7843$
dU 序列	DGM(1, 1)	$\bar{\beta}_1 = 1.459097$	$\bar{\beta}_2 = 15.3241$	$\hat{\bar{y}}(k+1) = 54.4788 \times 1.459097^k - 33.3788$
dL 序列	GM(1, 1)	$\underline{a} = -0.384274$	$\underline{b} = 11.0217$	$\hat{\underline{y}}(k+1) = 47.9820 \times \mathrm{e}^{0.384274*k} - 28.6820$
dU 序列	GM(1, 1)	$\bar{a} = -0.373624$	$\bar{b} = 12.4403$	$\hat{\bar{y}}(k+1) = 54.3962 \times \mathrm{e}^{0.373624*k} - 33.2962$

表 8.9　DGM(1, 1) 模型和 GM(1, 1) 模型模拟结果

	DGM(1, 1) 模型模拟值					GM(1, 1) 模型模拟值				
	dL	dU	mean	SVSCP /%	APEM /%	dL	dU	mean	SVSCP /%	APEM /%
2	22.85	25.01	23.93	74.45	6.16	22.48	24.64	23.56	93	7.61
3	33.7	36.49	35.1	14.42	1.15	33.02	35.8	34.41	10.71	0.84
4	49.72	53.25	51.48	28.29	1.95	48.49	52.02	50.26	7.78	0.49
5	73.34	77.69	75.52	26.35	1.54	71.2	75.59	73.4	76.43	4.31
MSVSCP/%				35.88					46.98	
MAPEM/%					2.7					3.31

然而，考虑用区间集合的覆盖程度来评判时。IG-NDGM 模型能得到更好的模拟结果，DGM(1, 1) 模型和 GM(1, 1) 模型比 IG-NDGM 模型差。IG-NDGM 模型得出的 MSVSCP 为 1.73%，其他两种模型结果超过了 30%。

8.4 本 章 小 结

本章系统阐述了灰数的定义与内涵、区间灰数的表征和以区间灰数序列为基础的两个基本的灰数预测模型，IG-DGM 模型和 IG-NDGM 模型。这两个模型是对传统离散灰色预测模型的扩展和深化，提高了离散灰色预测模型的使用范围。以区间灰数序列构建灰色预测模型可以表征和预测在某个范围内变化的物理量。这种建模方式既提取了数据的主要特征，也可以对数据的变化趋势做出较为精确的预测，具有良好的预测效果。

第 9 章 研究展望

传统的灰色系统模型包括序列算子设计和动态方程拟合两个主要步骤，其中动态方程分为连续时间微分方程和离散时间差分方程两种形式。本质上，灰色系统模型是面向算子序列的动态方程模型，如图 9.1 所示。

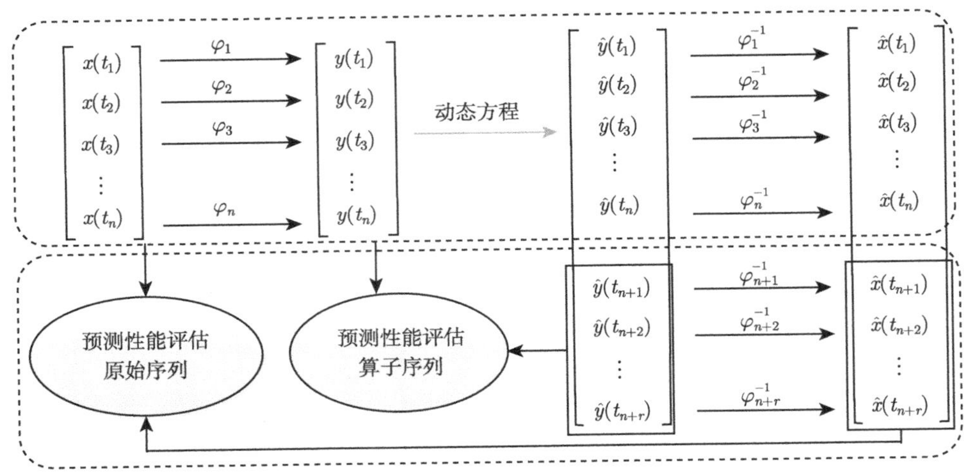

图 9.1 灰色系统模型的建模流程

为使建模结果可评估、可预测、可解释，要求原始序列到算子序列的映射向量 $\varphi: X \to Y$，即 $y(t_k) = \varphi_k\left(x(t_k), x(t_{k-1}), \cdots, x(t_1)\right)$，$\forall k \geqslant 1$，满足以下性质。

(1) 可预测。对任意给定映射序列 $\{\varphi_1, \varphi_2, \cdots, \varphi_n\}$，可确定性推断其唯一紧后映射 $\{\varphi_{n+1}\}$。

(2) 可逆性。对任意映射 φ_k，$\forall k \geqslant 1$，存在唯一逆映射 $x(t_k) = \varphi_k^{-1}(y(t_k), y(t_{k-1}), \cdots, y(t_1))$。

其中，可预测是指不依赖动态模型即可获得其紧后映射 $\{\varphi_{n+1}, \varphi_{n+2}, \cdots, \varphi_{n+r}\}$；可逆性是指算子序列至原始序列的还原。

依据描述灰色系统模型的动态方程的类型，可将灰色系统模型分为连续时间模型与离散时间模型两大类。一阶连续时间灰色系统模型的微分方程为

$$\frac{\mathrm{d}}{\mathrm{d}t} y(t) = F\left(y(t), u(t); \theta\right),\ y(t_1) = \eta,\ t \geqslant t_1$$

其中，$y(t) \in \mathbb{R}^d$ 为累积和状态向量，$u(t) \in \mathbb{R}^p$ 为外部强迫项，$F = [F_1, F_2, \cdots, F_d]^{\mathrm{T}}$ 为已知映射关系，θ 为未知结构参数的集合，$\eta \in \mathbb{R}^d$ 为未知初值条件。类似地，一阶 (延迟) 离散时间灰色系统模型的差分方程为

$$y(t_k) = H\left(y(t_{k-1}), u(t_k), u(t_{k-1}); \theta\right)$$

其中，θ 为未知参数集合，映射 H 为 F 的简单代数变换。

在每一类模型中，依据动态方程强迫项是否依赖外生变量，又可将两类模型分别划分为内生模型 (强迫项为确定性时间函数) 与外生模型 (强迫项依赖于外生变量) 两个子类，不同类型模型之间的区别与联系如图 9.2 所示。对于给定的实践问题，可以快速选择图 9.2 中相对应的模型。

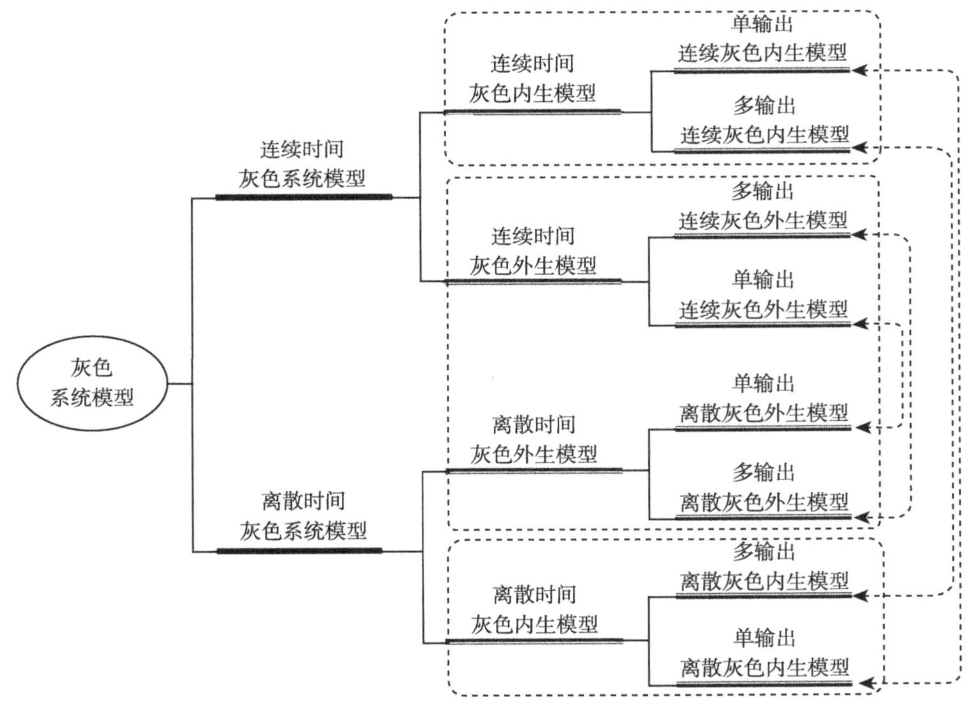

图 9.2　面向时间序列的灰色系统模型分类谱系图

图 9.1 和图 9.2 揭示了灰色系统模型运用“间接”建模范式，序列算子设计和动态方程拟合是两个相对独立的过程。特别地，序列算子 (如累积和算子) 的数理基础尚未被很好地解释。第 2~8 章从数理层面揭示了累积和算子的本质是积分算子的离散化，灰色系统模型描述的是“具有累积作用且增量可观测”的一类物理现象或过程，是一种积分建模方法 (微元建模的逆过程)。这不仅完善了灰色系

统模型的理论基础、拓展了时间序列动态模型框架体系，而且在灰色系统模型与动态数据分析之间架起了桥梁。

此外，在数据驱动动态建模框架下，重新审视灰色系统模型的理论基础和发展方向，论证其与新兴动态数据分析方法的联系，可发掘潜在的研究方向。

9.1　新研究方向 1：微分方程的参数估计

微分方程的参数估计基于状态变量的观测推断系统的参数，从而达到分析系统状态变量演化行为的目的。由于微分方程具有优良的物理可解释性，该方向已吸引多个学科研究者的关注，正逐步成为多个领域的研究热点，如管理科学、控制科学和人工智能等领域 [154–156]。

依据算法执行过程可将参数估计方法分为单步法和两步法。单步法将微分方程的解析解或数值解直接代入状态变量的含噪观测中，将参数估计问题转换为伪回归问题；两步法首先光滑状态变量的含噪观测，估计状态变量及其微分的近似真实值，而后将估计量代入微分方程对应的伪回归。特别地，对于结构参数线性可分的微分方程，两步法对应线性回归，单步法对应非线性回归，如图 9.3 所示。

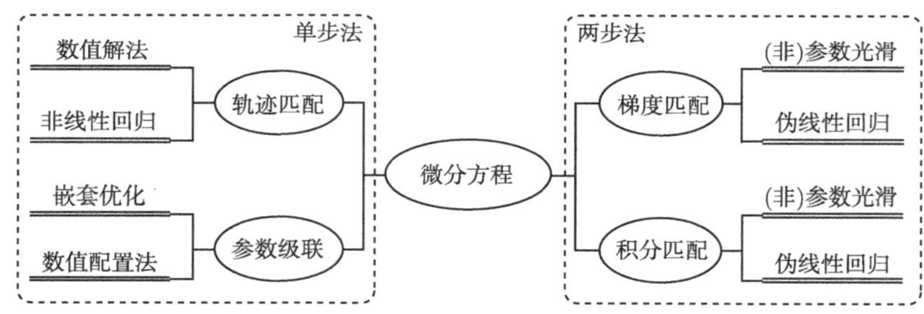

图 9.3　微分方程参数估计方法谱系图

轨迹匹配是起源最早的微分方程参数估计方法之一 [157]。顾名思义，其求解思路为运用微分方程的轨迹曲线拟合状态变量的含噪观测。该方法将问题转换为典型的非线性回归问题，其核心是表征非线性最小二乘目标函数。特别地，若难以获得微分方程的解析解 (轨迹曲线)，常用数值求解器为替代方案，如龙格-库塔法 [158]。

参数级联[159] 与轨迹匹配的思路类似，均运用轨迹曲线拟合状态变量的含噪观测。但与轨迹匹配不同，参数级联运用配置方法 [160] 近似表征微分方程的数值解，即选择一组合适的基函数显式地表征微分方程的解。该方法结合状态变量观测含有测量误差的特点，设计内外两层的嵌套优化目标，从而实现参数估计和状态变量求解的目标。相较于轨迹匹配方法，参数级联避免了多次 (数值) 求解微分方程操作，大大降低了算法复杂度。此外，已有文献证明该方法具有较好的统计性质 [161] 和快速求解算法 [162]。

梯度匹配[163] 也称作两阶段最小二乘法。该方法从回归分析视角分析微分方程的参数估计问题，将等式左端的微分项作为因变量，右端的向量域作为自变量与未知参数的线性组合表达式。由于状态变量的微分不可观测且状态变量的观测带有测量误差，因此微分方程定义的伪线性回归方程在本质上是变量误差 (errors-in-variables，EIV) 模型。因此在测量误差框架下，运用两步法估计微分方程的参数是一个直观的思路：首先运用光滑方法 (如局部多项式回归 [164] 和惩罚样条光滑 [165] 等) 从状态变量含噪观测中估计状态变量及其微分的近似真实值；将状态变量及其微分的估计量代入伪线性回归求解参数估计值，并分析该方法对应估计量的统计性质。

积分匹配[166] 与梯度匹配方法类似，均是两阶段最小二乘法。但与梯度匹配不同，积分匹配运用积分算子将微分方程等价地变换为积分方程，避免了估计状态变量的微分以及估计微分时所引入的近似误差对参数估计性能的影响。该方法运用光滑方法估计状态变量，通过离散化积分方程来构造伪线性回归模型，从而实现微分方程的参数估计。此外，相较于梯度匹配方法，积分匹配方法能够同时估计微分方程的结构参数和初值条件，在实践中具有更好的适用性 [167]。

此外，图 9.3 的单步法和两步法均以频率学为基础，立足不同的分析视角，对应于不同求解思路和求解方法。学者对这些方法分别作了深入的理论研究，如参数的可辨识性 [168]、估计量的大样本性质 [169] 以及拟合优度的诊断 [170] 等。以贝叶斯学派理论为基础对微分方程的参数进行统计推断，也产生了一系列优秀的研究成果 [171]。上述各方法的技术细节可参考其对应的参考文献和麦吉尔大学 Ramsay 等于 2017 年发表的论著 [160]。

9.2　新研究方向 2：微分方程的结构辨识

微分方程的参数估计基于微分方程结构已知的前提，对于特定的应用场景如何获得描述研究对象的微分方程仍是一个富有挑战性的问题。目前，基于物理知识抽象出研究对象 (或现象) 的微分方程表征仍是最常用也是最为有效的方法 [172]。此类方法要求实践者具有完备的领域知识和丰富的建模经验，能够根据领域知识或物理规律 (如能量守恒、牛顿定律等) 抽象出准确的微分方程，但对于认知不完全、领域知识 (或物理知识) 不完备的复杂系统，如何获得具有可解释性的微分方程尚未形成有效的解决方案。

数据驱动的微分方程结构辨识旨在从观测数据中发现微分方程的结构。从科学哲学角度来说，该问题是波普尔“归纳问题” [173] 的研究范畴，即从观测数据或观测现象中发现自然物理规律 [174]，同时也隶属于科学研究的第四范式——数据密集型科学发现 [175]。

对称性和不变性是自然界中几乎所有物理定律的基础，因此自然物理规律的发现与不变方程的提取密不可分 [176]。Schmidt 和 Lipson 将遗传算法与回归分析相结合，提出了非线性动态系统结构辨识的符号回归方法，形成了一系列优秀的研究成果 [177]。受启发于该富有创造性的学术思想，学者考虑如何运用不完备的领域先验知识帮助微分方程的结构辨识。一般地，深入剖析给定的现实问题总是可以获得一定的领域知识，进而形成结构辨识的先验知识。特别是在机器学习领域，将先验知识与机器学习融合来获得具有可解释的学习方法，直接推动了物理感知机器学习 [178](physics-informed machine learning) 和理论引导机器学习 [179](theory-guided machine learning) 的产生与发展。微分方程结构辨识的稀疏动态回归 [180,181] 正是此框架下具有代表性的一类方法。该方法融合先验知识构造足够大的向量场候选特征库，将微分方程结构辨识转换为稀疏学习问题，如图 9.4 所示。

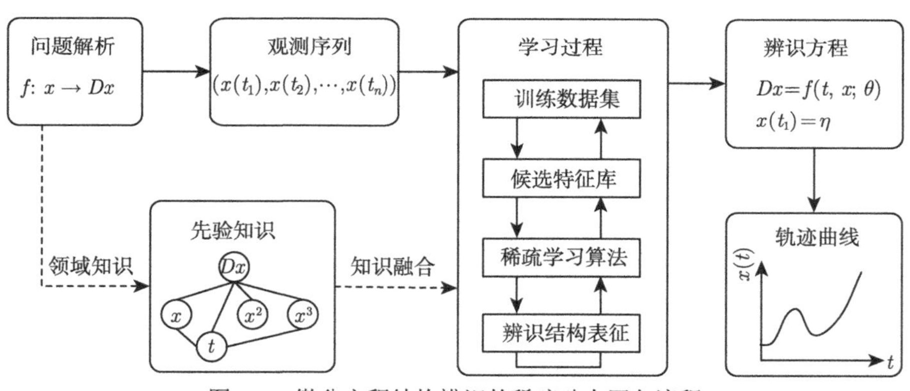

图 9.4　微分方程结构辨识的稀疏动态回归流程

稀疏动态回归可通过伪回归耦合阈值划分策略实现，这为微分方程的结构辨识提供了思路。例如，Zhang 等 [182] 分析四种捕食者—被捕食者微分方程的结构特征，归纳出该类模型的综合表达式，随后将微分方程参数估计的参数级联方法和稀疏最小二乘近似法相结合实现了微分方程的结构辨识。总的来说，基于图 9.4 的学习流程将结构辨识转换为稀疏回归问题，已产出一系列优秀的理论研究成果。关于本方向的技术细节可参考华盛顿大学 Brunton 和 Kutz 于 2019 年发表的论著 [183]。

作为一门专注于贫信息分析的新学说，灰色系统理论已成为信息提取、加工和应用的有效工具。但理论总是在不断发展之中，以上研究内容和想法都是作者的一些粗浅思考，针对涌现的系统预测新问题持续研究，尤其是大数据、人工智能等背景下，如何充分结合数据驱动特征，运用灰色预测模型的贫信息解构功能，还有待持续深化；新的研究成果的不断涌现，必将推动灰色系统理论日趋完善，也必将促进灰色系统理论在系统科学研究和实践案例解决中发挥更重要的作用。

参 考 文 献

[1] ZADEH L A. Fuzzy sets[J]. Information and Control, 1965, 8(3): 338-353.

[2] PAWLAK Z. Rough sets[J]. International Journal of Computer & Information Sciences, 1982, 11(5): 341-356.

[3] DENG J L. Control problems of grey systems[J]. Systems & Control Letters, 1982, 1(5): 288-294.

[4] XIE N M, LIU S F. Discrete grey forecasting model and its optimization[J]. Applied Mathematical Modelling, 2009, 33(2): 1173-1186.

[5] 谢乃明, 刘思峰. 离散 GM (1, 1) 模型与灰色预测模型建模机理 [J]. 系统工程理论与实践, 2005, 25(1): 93-99.

[6] XIE N M, LIU S F, YANG Y J, et al. On novel grey forecasting model based on non-homogeneous index sequence[J]. Applied Mathematical Modelling, 2013, 37(7): 5059-5068.

[7] XIE N M, LIU S F, YUAN C Q, et al. Grey number sequence forecasting approach for interval analysis: a case of China's gross domestic product prediction[J]. The Journal of Grey System, 2014, 26(1): 45-59.

[8] XIE N M, ZHU C Y, ZHENG J. Expansion modelling of discrete grey model based on multifactor information aggregation[J]. Journal of Systems Engineering and Electronics, 2014, 25(5): 833-839.

[9] 谢乃明, 张可. 离散灰色预测模型及其应用 [M]. 北京: 科学出版社, 2016.

[10] 邓聚龙. 灰色动态模型 (GM) 及在粮食长期预测中的应用 [J]. 大自然探索, 1984(3): 37-43.

[11] 邓聚龙. 社会经济灰色系统的理论与方法 [J]. 中国社会科学, 1984(6): 47-60.

[12] 邓聚龙. 灰色系统理论与计量未来学 [J]. 未来与发展, 1983(3): 20-23.

[13] 刘思峰. 灰色系统理论及其应用 [M]. 9 版. 北京: 科学出版社, 2021.

[14] LIU S F, YANG Y J, FORREST J. Grey data analysis: Methods, models and applications[M]. Singapore: Springer-Verlag, 2017.

[15] ZHI Y J, FU D M, WANG H L. Non-equidistant GM (1, 1) model based on GCHM_WBO and its application in corrosion rate prediction[J]. Grey Systems: Theory and Application, 2016, 6(3): 365-374.

[16] WANG Z X, WANG Z W, LI Q. Forecasting the industrial solar energy consumption using a novel seasonal GM (1, 1) model with dynamic seasonal adjustment factors[J]. Energy, 2020, 200: 117460.

[17] WU L F, LIU S F, YAO L G, et al. Grey system model with the fractional order accumulation[J]. Communications in Nonlinear Science and Numerical Simulation, 2013, 18(7): 1775-1785.

[18] MA X, WU W Q, ZENG B, et al. The conformable fractional grey system model[J]. ISA Transactions, 2020, 96: 255-271.

[19] CUI J, LIU S F, ZENG B, et al. A novel grey forecasting model and its optimization[J]. Applied Mathematical Modelling, 2013, 37(6): 4399-4406.

[20] CHEN P Y, YU H M. Foundation settlement prediction based on a novel NGM model[J]. Mathematical Problems in Engineering, 2014, 2014: 242809.

[21] 姜爱平, 张启敏. 非等间距近似非齐次指数序列的灰色建模方法及其优化 [J]. 系统工程理论与实践, 2014, 34(12): 3199-3203.

[22] WU W Q, MA X, ZHANG Y Y, et al. A novel conformable fractional non-homogeneous grey model for forecasting carbon dioxide emissions of BRICS countries[J]. Science of the Total Environment, 2020, 707: 135447.

[23] DING S, LI R J, WU S, et al. Application of a novel structure-adaptative grey model with adjustable time power item for nuclear energy consumption forecasting[J]. Applied Energy, 2021, 298: 117114.

[24] LUO D, WEI B L. Grey forecasting model with polynomial term and its optimization[J]. The Journal of Grey System, 2017, 29(3): 58-69.

[25] MA X, HU Y S, LIU Z B. A novel kernel regularized nonhomogeneous grey model and its applications[J]. Communications in Nonlinear Science and Numerical Simulation, 2016, 48: 51-62.

[26] GUO X J, SHEN H X, LIU S F, et al. Predicting the trend of infectious diseases using grey self-memory system model: a case study of the incidence of tuberculosis[J]. Public Health, 2021, 201: 108-114.

[27] ZHAO H Y, WU L F. Forecasting the non-renewable energy consumption by an adjacent accumulation grey model[J]. Journal of Cleaner Production, 2020, 275: 124113.

[28] WU L F, ZHAO H Y. Discrete grey model with the weighted accumulation[J]. Soft Computing, 2019, 23(23): 12873-12881.

[29] 谢乃明, 刘思峰. 离散灰色模型的拓展及其最优化求解 [J]. 系统工程理论与实践, 2006, 26(6): 108-112.

[30] XIA M, WONG W K. A seasonal discrete grey forecasting model for fashion retailing[J]. Knowledge-Based Systems, 2014, 57: 119-126.

[31] ZHANG C, LI J Z, HE Y. Application of optimized grey discrete Verhulst-BP neural network model in settlement prediction of foundation pit[J]. Environmental Earth Sciences, 2019, 78(15): 1-15.

[32] 杨保华, 赵金帅. 优化离散灰色幂模型及其应用 [J]. 中国管理科学, 2016, 24(2): 162-168.

[33] WEI B L, XIE N M, YANG Y J. Data-based structure selection for unified discrete grey prediction model[J]. Expert Systems with Applications, 2019, 136: 264-275.

[34] 罗党, 韦保磊. 一类离散灰色预测模型的统一处理方法及应用 [J]. 系统工程理论与实践, 2019, 39(2): 451-462.

[35] ZHOU W J, WU X L, DING S, et al. Application of a novel discrete grey model for forecasting natural gas consumption: A case study of Jiangsu Province in China[J]. Energy, 2020, 200: 117443.

[36] QIAN W Y, SUI A D. A novel structural adaptive discrete grey prediction model and its application in forecasting renewable energy generation[J]. Expert Systems with Applications, 2021, 186: 115761.

[37] 罗党, 王小雷, 孙德才, 等. 含时间周期项的离散灰色 DGM (1, 1, T) 模型及其应用 [J]. 系统工程理论与实践, 2020, 40(10): 2737-2746.

[38] ZHOU W J, DING S. A novel discrete grey seasonal model and its applications[J]. Communications in Nonlinear Science and Numerical Simulation, 2021, 93: 105493.

[39] 张可, 刘思峰. 线性时变参数离散灰色预测模型 [J]. 系统工程理论与实践, 2010, 30(9): 1650-1657.

[40] 邬丽云, 吴正朋, 李梅. 二次时变参数离散灰色模型 [J]. 系统工程理论与实践, 2013, 33(11): 2887-2893.

[41] 蒋诗泉, 刘思峰, 刘中侠, 等. 三次时变参数离散灰色预测模型及其性质 [J]. 控制与决策, 2016, 31(2): 279-286.

[42] DING S, LI R J, TAO Z. A novel adaptive discrete grey model with time-varying parameters for long-term photovoltaic power generation forecasting[J]. Energy Conversion and Management, 2021, 227: 113644.

[43] 孟伟, 曾波. 基于互逆分数阶算子的离散灰色模型及阶数优化 [J]. 控制与决策, 2016, 31(10): 1903-1907.

[44] 吴利丰, 刘思峰, 姚立根. 基于分数阶累加的离散灰色模型 [J]. 系统工程理论与实践, 2014, 34(7): 1822-1827.

[45] WU L F, LIU S F, CUI W, et al. Non-homogenous discrete grey model with fractional-order accumulation[J]. Neural Computing and Applications, 2014, 25(5): 1215-1221.

[46] LI N, WANG J L, WU L F, et al. Predicting monthly natural gas production in China using a novel grey seasonal model with particle swarm optimization[J]. Energy, 2021, 215: 119118.

[47] LIU L Y, WU L F. Forecasting the renewable energy consumption of the European countries by an adjacent non-homogeneous grey model[J]. Applied Mathematical Modelling, 2021, 89: 1932-1948.

[48] 杨保华, 赵金帅. 分数阶离散灰色 GM (1, 1) 幂模型及其应用 [J]. 控制与决策, 2015, 30(7): 1264-1268.

[49] GAO P M, ZHAN J, LIU J F. Fractional-order accumulative linear time-varying parameters discrete grey forecasting model[J]. Mathematical Problems in Engineering, 2019.

[50] 粟婷, 魏勇. 二阶非齐次序列的直接离散模型及灰色预测应用 [J]. 系统工程理论与实践, 2020, 40(9): 2450-2465.

[51] 邹国焱, 魏勇. 广义离散灰色预测模型及其应用 [J]. 系统工程理论与实践, 2020, 40(3): 736-747.

[52] 邓聚龙. 灰预测与灰决策 [M]. 武汉: 华中科技大学出版社, 2002.

[53] HSU L C. Forecasting the output of integrated circuit industry using genetic algorithm based multivariable grey optimization models[J]. Expert Systems with Applications, 2009, 36(4): 7898-7903.

[54] 毛树华, 高明运, 肖新平. 分数阶累加时滞 GM(1,N,τ) 模型及其应用 [J]. 系统工程理论与实践, 2015, 35(2): 430-436.

[55] 丁松, 党耀国, 徐宁, 等. 基于驱动因素控制的 DFCGM(1,N) 及其拓展模型构建与应用 [J]. 控制与决策, 2018, 33(4): 712-718.

[56] 王正新. 多变量时滞 GM(1,N) 模型及其应用 [J]. 控制与决策, 2015, 30(12): 2298-2304.

[57] WANG J F. The GM(1,N) Model for mixed-frequency data and its application in pollutant discharge prediction[J]. The Journal of Grey System, 2018, 30(2): 97-106.

[58] 丁松, 党耀国, 徐宁. 基于虚拟变量控制的 GM(1,N) 模型构建及其应用 [J]. 控制与决策, 2018, 33(2): 309-315.

[59] 王正新. 灰色多变量 GM(1,N) 幂模型及其应用 [J]. 系统工程理论与实践, 2014, 34(9): 2357-2363.

[60] WANG Z X, YE D J. Forecasting Chinese carbon emissions from fossil energy consumption using non-linear grey multivariable models[J]. Journal of Cleaner Production, 2017, 142: 600-612.

[61] 黄继. 灰色多变量 GM(1,N|τ ,r) 模型及其粒子群优化算法 [J]. 系统工程理论与实践, 2009, 29(10): 145-151.

[62] TIEN T L. The indirect measurement of tensile strength of material by the grey prediction model GMC(1,n)[J]. Measurement Science and Technology, 2005, 16(6): 1322.

[63] TIEN T L. A research on the grey prediction model GM(1,n)[J]. Applied Mathematics and Computation, 2012, 218(9): 4903-4916.

[64] WANG Z X, HAO P. An improved grey multivariable model for predicting industrial energy consumption in China[J]. Applied Mathematical Modelling, 2016, 40(11-12): 5745-5758.

[65] MA X, LIU Z. The kernel-based nonlinear multivariate grey model[J]. Applied Mathematical Modelling, 2018, 56: 217-238.

[66] MING D H, WANG D, PANG X Y, et al. A novel forecasting approach based on multi-kernel nonlinear multivariable grey model: A case report[J]. Journal of Cleaner Production, 2021: 120929.

[67] YE L L, XIE N M, HU A Q. A novel time-delay multivariate grey model for impact analysis of CO_2 emissions from China's transportation sectors[J]. Applied Mathematical Modelling, 2021, 91: 493-507.

[68] WU L F, GAO X H, XIAO Y L, et al. Using a novel multi-variable grey model to forecast the electricity consumption of Shandong Province in China[J]. Energy, 2018, 157: 327-335.

[69] ZENG B, LUO C M, LIU S F, et al. Development of an optimization method for the GM(1,N) model[J]. Engineering Applications of Artificial Intelligence, 2016, 55: 353-362.

[70] ZENG B, LI H, MA X. A novel multi-variable grey forecasting model and its application in forecasting the grain production in China[J]. Computers and Industrial Engineering, 2020, 150: 106915.

[71] 罗党, 安艺萌, 王小雷. 时滞累积 TDAGM(1,N,t) 模型及其在粮食生产中的应用 [J]. 控制与决策, 2021, 36(8): 2002-2012.

[72] 丁松, 党耀国, 徐宁, 等. 基于交互作用的多变量灰色预测模型及其应用 [J]. 系统工程与电子技术, 2018, 40(3): 595-602.

[73] 王正新. 具有交互效应的多变量 GM(1,N) 模型 [J]. 控制与决策, 2017, 32(3): 515-520.

[74] HE Z, WANG Q, SHEN Y, et al. Discrete multivariate gray model based boundary extension for bi-dimensional empirical mode decomposition[J]. Signal Processing, 2013, 93(1): 124-138.

[75] 张可. 基于驱动控制的多变量离散灰色模型 [J]. 系统工程理论与实践, 2014, 34(8): 2084-2091.

[76] DING S. A novel discrete grey multivariable model and its application in forecasting the output value of China's high-tech industries[J]. Computers & Industrial Engineering, 2019, 127: 749-760.

[77] DING S, XU N, YE J, et al. Estimating Chinese energy-related CO_2 emissions by employing a novel discrete grey prediction model[J]. Journal of Cleaner Production, 2020, 259: 120793.

[78] MA X, LIU Z B. Research on the novel recursive discrete multivariate grey prediction model and its applications[J]. Applied Mathematical Modelling, 2016, 40(7-8): 4876-4890.

[79] ZENG B, DUAN H M, ZHOU Y F. A new multivariable grey prediction model with structure compatibility[J]. Applied Mathematical Modelling, 2019, 75: 385-397.

[80] MA X, XIE M, WU W Q, et al. The novel fractional discrete multivariate grey system model and its applications[J]. Applied Mathematical Modelling, 2019, 70: 402-424.

[81] YAN S L, SU Q, GONG Z W, et al. Fractional order time-delay multivariable discrete grey model for short-term online public opinion prediction[J]. Expert Systems with Applications, 2022, 197: 116691.

[82] ZHANG M, GUO H, SUN M, et al. A novel flexible grey multivariable model and its application in forecasting energy consumption in China[J]. Energy, 2021: 122441.

[83] SHAIKH F, JI Q, SHAIKH P H, et al. Forecasting China's natural gas demand based on optimised nonlinear grey models[J]. Energy, 2017, 140: 941-951.

[84] XIAO X P, DUAN H M. A new grey model for traffic flow mechanics[J]. Engineering Applications of Artificial Intelligence, 2020, 88: 103350.

[85] ZHOU W J, PEI L L. The grey generalized Verhulst model and its application for forecasting Chinese pig price index[J]. Soft Computing, 2020, 24(7): 4977-4990.

[86] WANG Q, SONG X X. Forecasting China's oil consumption: A comparison of novel nonlinear dynamic grey model (GM), linear GM, nonlinear GM and metabolism GM[J]. Energy, 2019, 183: 160-171.

[87] CHEN C I, CHEN H L, CHEN S P. Forecasting of foreign exchange rates of Taiwan's major trading partners by novel nonlinear Grey Bernoulli model NGBM(1,1)[J]. Communications in Nonlinear Science and Numerical Simulation, 2008, 13(6): 1194-1204.

[88] LU J S, XIE W D, ZHOU H B, et al. An optimized nonlinear grey Bernoulli model and its applications[J]. Neurocomputing, 2016, 177: 206-214.

[89] LIU C, LAO T F, WU W Z, et al. An optimized nonlinear grey Bernoulli prediction model and its application in natural gas production[J]. Expert Systems with Applications, 2022: 116448.

[90] XIAO Q Z, GAO M Y, XIAO X P, et al. A novel grey Riccati-Bernoulli model and its application for the clean energy consumption prediction[J]. Engineering Applications of Artificial Intelligence, 2020, 95: 103863.

[91] WU W Q, MA X, ZENG B, et al. Forecasting short-term solar energy generation in Asia Pacific using a nonlinear grey Bernoulli model with time power term[J]. Energy & Environment, 2021, 32(5): 759-783.

[92] 王正新. 时变参数 GM (1, 1) 幂模型及其应用 [J]. 控制与决策, 2014, 29(10): 1828-1832.

[93] LUO X L, DUAN H M, XU K. A novel grey model based on traditional Richards model and its application in COVID-19[J]. Chaos, Solitons & Fractals, 2021, 142: 110480.

[94] GATABAZI P, MBA J C, PINDZA E, et al. Grey Lotka-Volterra models with application to cryptocurrencies adoption[J]. Chaos, Solitons & Fractals, 2019, 122: 47-57.

[95] MAO S H, ZHU M, WANG X P, et al. Grey-Lotka-Volterra model for the competition and cooperation between third-party online payment systems and online banking in China[J]. Applied Soft Computing, 2020, 95: 106501.

[96] GATABAZI P, MBA J C, PINDZA E. Fractional gray Lotka-Volterra models with application to cryptocurrencies adoption[J]. Chaos: An Interdisciplinary Journal of Nonlinear Science, 2019, 29(7): 073116.

[97] 周伟杰, 党耀国. 向量灰色模型的建立及应用 [J]. 运筹与管理, 2019, 28(10): 150-155.

[98] 翟军, 盛建明, 冯英浚. MGM (1, n) 灰色模型及应用 [J]. 系统工程理论与实践, 1997, 17(5): 110-114.

[99] 李小霞, 同小军, 陈绵云. 多因子灰色 MGMp(1,n) 优化模型 [J]. 系统工程理论与实践, 2003, 23(4): 47-51.

[100] 熊萍萍, 党耀国, 朱晖. 基于非等间距的多变量 MGM(1,m) 模型 [J]. 控制与决策, 2011, 26(1): 49-53.

[101] 崔立志, 刘思峰, 吴正朋. 基于向量连分式理论的 MGM (1, n) 模型 [J]. 系统工程, 2008, 26(10): 47-51.

[102] ZOU R B. The Non-equidistant new information optimizing MGM (1, n) based on a step by step optimum constructing background value[J]. Applied Mathematics & Information Sciences, 2012, 6(3): 745-750.

[103] WANG C R, CAO Y. Forecasting Chinese economic growth, energy consumption, and urbanization using two novel grey multivariable forecasting models[J]. Journal of Cleaner Production, 2021, 299: 126863.

[104] DING Y P, LI Y. A novel multivariable MGM (1, m) direct prediction model and its optimization[J]. Mathematical Problems in Engineering, 2021, 2021: 1-12.

[105] WANG H X, ZHAO L D. A nonhomogeneous multivariable grey prediction NMGM modeling mechanism and its application[J]. Mathematical Problems in Engineering, 2018. Article ID 6879492. https://doi.org/10.1155/2018/6879492.

[106] XIONG P P, ZOU X, YANG Y J. The nonlinear time lag multivariable grey prediction model based on interval grey numbers and its application[J]. Natural Hazards, 2021: 1-15.

[107] 熊萍萍, 袁玮莹, 叶琳琳, 等. 灰色 MGM (1, m, N) 模型的构建及其在雾霾预测中的应用 [J]. 系统工程理论与实践, 2020, 40(3): 771-782.

[108] HAN X H, CHANG J. A hybrid prediction model based on improved multivariable grey model for long-term electricity consumption[J]. Electrical Engineering, 2021, 103(2): 1031-1043.

[109] GUO X, LIU S, WU L, et al. A multi-variable grey model with a self-memory component and its application on engineering prediction[J]. Engineering Applications of Artificial Intelligence, 2015, 42: 82-93.

[110] XIONG P P, HUANG S, PENG M, et al. Examination and prediction of fog and haze pollution using a multi-variable grey model based on interval number sequences[J]. Applied Mathematical Modelling, 2020, 77: 1531-1544.

[111] GUO S D, JING Y Q, LI B J. Matrix form of interval multivariable gray model and its application[J]. Grey Systems: Theory and Application, 2021, 2: 318-338.

[112] XIE N M, WANG R Z. A historic review of grey forecasting models[J]. Journal of Grey System, 2017, 29(4): 1.

[113] 邓聚龙. 灰色系统基本方法 [M]. 武汉: 华中工学院出版社, 1987.

[114] 肖新平, 毛树华. 灰预测与决策方法 [M]. 北京: 科学出版社, 2013.

[115] 肖新平, 刘军, 郭欢. 广义累加灰色预测控制模型的性质及优化 [J]. 系统工程理论与实践, 2014, 34(6): 1547-1556.

[116] 周伟杰, 张宏如, 党耀国, 等. 新息优先累加灰色离散模型的构建及应用 [J]. 中国管理科学, 2017(8): 140-148.

[117] WU L F, ZHANG Z Y. Grey multivariable convolution model with new information priority accumulation[J]. Applied Mathematical Modelling, 2018, 62: 595-604.

[118] LIU L Y, CHEN Y, WU L F. The damping accumulated grey model and its application[J]. Communications in Nonlinear Science and Numerical Simulation, 2020, 95: 105665.

[119] WU L F, LIU S F, YANG Y J. A gray model with a time varying weighted generating operator[J]. IEEE Transactions on Systems, Man, and Cybernetics: Systems, 2015, 46(3): 427-433.

[120] 刘思峰. 冲击扰动系统预测陷阱与缓冲算子 [J]. 华中理工大学学报, 1997, 25(1): 25-27.

[121] 关叶青, 刘思峰. 基于不动点的强化缓冲算子序列及其应用 [J]. 控制与决策, 2007, 22(10): 1189-1192.

[122] 党耀国, 刘思峰, 刘斌, 等. 关于弱化缓冲算子的研究 [J]. 中国管理科学, 2012(2): 108-111.

[123] LI C, YANG Y J, LIU S F. Comparative analysis of properties of weakening buffer operators in time series prediction models[J]. Communications in Nonlinear Science and Numerical Simulation, 2019, 68: 257-285.

[124] WU L F, LIU S F, YANG Y J, et al. Multi-variable weakening buffer operator and its application[J]. Information Sciences, 2016, 339: 98-107.

[125] ZENG B, ZHOU M, LIU X Z, et al. Application of a new grey prediction model and grey average weakening buffer operator to forecast China's shale gas output[J]. Energy Reports, 2020, 6: 1608-1618.

[126] DENG J. Introduction to grey system theory[J]. The Journal of Grey System, 1989, 1(1): 1-24.

[127] 钱吴永, 党耀国, 刘思峰. 含时间幂次项的灰色 GM(1,1, t^{α}) 模型及其应用 [J]. 系统工程理论与实践, 2012, 32(10): 2247-2252.

[128] WEI B L, XIE N M, HU A Q. Optimal solution for novel grey polynomial prediction model[J]. Applied Mathematical Modelling, 2018, 62: 717-727.

[129] YOUNG P, PARKINSON S, LEES M. Simplicity out of complexity in environmental modelling: Occam's razor revisited[J]. Journal of Applied Statistics, 1996, 23(2-3): 165-210.

[130] HYNDMAN R J, KHANDAKAR Y. Automatic time series forecasting: The forecast package for R[J]. Journal of Statistical Software, 2008, 27(3): 1548-7660.

[131] DIMITRIADOU E, HORNIK K, LEISCH F, et al. Package 'e1071'[J/OL]. R Software Package, 2019. https://cran.r-project.org/web/packages/e1071/e1071.pdf.

[132] WANG Z X, LI D D, ZHENG H H. Model comparison of GM(1,1) and DGM(1,1) based on Monte-Carlo simulation[J]. Physica A: Statistical Mechanics and its Applications, 2020, 542: 123341.

[133] XIE N M, ZHU C Y, LIU S F, et al. On discrete grey system forecasting model corresponding with polynomial time-vary sequence[J]. The Journal of Grey System, 2013, 25(4): 1-13.

[134] 江亿, 刘兰斌, 杨秀. 能源统计中不同类型能源核算方法的探讨 [J]. 中国能源, 2006, 28(6): 5-8.

[135] HASTIE T, TIBSHIRANI R, FRIEDMAN J. The elements of statistical learning: Data mining, inference, and prediction[M]. New York: Springer, 2013.

[136] HYNDMAN R J, ATHANASOPOULOS G. Forecasting: Principles and practice[M]. Melbourne, Australia: OTexts, 2018.

[137] BLOOM N. The impact of uncertainty shocks[J]. Econometrica, 2009, 77(3): 623-685.

[138] MA X, LIU Z B. The GMC(1, n) model with optimized parameters and its application[J]. The Journal of Grey System, 2017, 29(4): 122-138.

[139] SAMUEL L H. Metal data[M]. New York: Reinhold, 1952.

[140] TIEN T L. A new grey prediction model FGM(1, 1)[J]. Mathematical and Computer Modelling, 2009, 49(7): 1416-1426.

[141] WANG Y H, LIU Q, TANG J R, et al. Optimization approach of background value and initial item for improving prediction precision of GM(1,1) model[J]. Journal of Systems Engineering and Electronics, 2014, 25(1): 77-82.

[142] TIEN T L. The indirect measurement of tensile strength for a higher temperature by the new model IGDMC(1,n)[J]. Measurement, 2008, 41(6): 662-675.

[143] TIEN T L. The indirect measurement of tensile strength by the new model FGMC(1,n)[J]. Measurement, 2011, 44(10): 1884-1897.

[144] TAIEB S B, BONTEMPI G, ATIYA A F, et al. A review and comparison of strategies for multi-step ahead time series forecasting based on the NN5 forecasting competition[J]. Expert Systems with Applications, 2012, 39(8): 7067-7083.

[145] LI S J, MA X P, YANG C Y. A novel structure-adaptive intelligent grey forecasting model with full-order time power terms and its application[J]. Computers and Industrial Engineering, 2018, 120: 53-67.

[146] LI S J, MIAO Y Z, LI G Y, et al. A novel varistructure grey forecasting model with speed adaptation and its application[J]. Mathematics and Computers in Simulation, 2020, 172: 45- 70.

[147] LIU J, XIAO X, GUO J, et al. Error and its upper bound estimation between the solutions of GM(1,1) grey forecasting models[J]. Applied Mathematics and Computation, 2014, 246: 648-660.

[148] LIU S F, ZENG B, LIU J F, et al. Four basic models of GM(1, 1) and their suitable sequences[J]. Grey Systems: Theory and Application, 2015, 5: 141-156.

[149] ZENG B, MENG W, TONG M Y. A self-adaptive intelligence grey predictive model with alterable structure and its application[J]. Engineering Applications of Artificial Intelligence, 2016, 50: 236-244.

[150] DING S, DANG Y G, LI X M, et al. Forecasting Chinese CO_2 emissions from fuel combustion using a novel grey multivariable model[J]. Journal of Cleaner Production, 2017, 162: 1527-1538.

[151] XIONG P P, ZHANG Y, ZENG B, et al. MGM (1, m) model based on interval grey number sequence and its applications[J]. Grey Systems: Theory and Application, 2017.

[152] WANG Z X. A weighted non-linear grey Bernoulli model for forecasting non-linear economic time series with small data sets[J]. Economic Computation & Economic Cybernetics Studies & Research, 2017, 51(1): 169-186.

[153] YANG L, XIE N M, WEI B L, et al. On unified framework for nonlinear grey system models: an integro-differential equation perspective[J]. Communications in Nonlinear Science and Numerical Simulation, 2022, 108: 106250.

[154] JIANG Z, JAIN D C. A generalized Norton-Bass model for multigeneration diffusion[J]. Management Science, 2012, 58(10): 1887-1897.

[155] SCHÖLKOPF B, LOCATELLO F, BAUER S, et al. Toward causal representation learning[J]. Proceedings of the IEEE, 2021, 109(5): 612-634.

[156] GARNIER H, YOUNG P C. The advantages of directly identifying continuous-time transfer function models in practical applications[J]. International Journal of Control, 2014, 87(7): 1319-1338.

[157] BREWER D, BARENCO M, CALLARD R, et al. Fitting ordinary differential equations to short time course data[J]. Philosophical Transactions of the Royal Society A: Mathematical, Physical and Engineering Sciences, 2008, 366(1865): 519-544.

[158] 张文生. 科学计算中的偏微分方程有限差分法 [M]. 北京: 高等教育出版社, 2006.

[159] RAMSAY J O, HOOKER G, CAMPBELL D, et al. Parameter estimation for differential equations: a generalized smoothing approach[J]. Journal of the Royal Statistical Society: Series B (Statistical Methodology), 2007, 69(5): 741-796.

[160] RAMSAY J, HOOKER G. Dynamic data analysis: Modeling data with differential equations[M]. New York: Springer Science & Business Media, 2017.

[161] QI X, ZHAO H Y. Asymptotic efficiency and finite-sample properties of the generalized profiling estimation of parameters in ordinary differential equations[J]. Annals of Statistics, 2010, 38(1): 435-481.

[162] CAREY M, RAMSAY J O. Fast stable parameter estimation for linear dynamical systems[J]. Computational Statistics and Data Analysis, 2021, 156: 107124.

[163] LIANG H, WU H. Parameter estimation for differential equation models using a framework of measurement error in regression models[J]. Journal of the American Statistical Association, 2008, 103(484): 1570-1583.

[164] DE BRABANTER K, DE BRABANTER J, DE MOOR B, et al. Derivative estimation with local polynomial fitting[J]. Journal of Machine Learning Research, 2013, 14: 281-301.

[165] WAHBA G. Spline models for observational data[M]. Philadelphia, Pennsylvania: SIAM, 1990: 54.

[166] DATTNER I, MILLER E, PETRENKO M, et al. Modelling and parameter inference of predator-prey dynamics in heterogeneous environments using the direct integral approach[J]. Journal of the Royal Society Interface, 2017, 14(126): 20160525.

[167] DATTNER I. Differential equations in data analysis[J]. Wiley Interdisciplinary Reviews: Computational Statistics, 2020: e1534.

[168] MIAO H Y, XIA X H, PERELSON A S, et al. On identifiability of nonlinear ODE models and applications in viral dynamics[J]. SIAM Review, 2011, 53(1): 3-39.

[169] 周杰, 吴婷. 线性常微分方程参数稳定性的统计推断 [J]. 中国科学: 数学, 2011, 41(6): 559-576.

[170] HOOKER G, ELLNER S P, et al. Goodness of fit in nonlinear dynamics: Misspecified rates or misspecified states?[J]. The Annals of Applied Statistics, 2015, 9(2): 754-776.

[171] WOOD S N. Statistical inference for noisy nonlinear ecological dynamic systems[J]. Nature, 2010, 466(7310): 1102-1104.

[172] RAI R, SAHU C K. Driven by data or derived through physics? A review of hybrid physics guided machine learning techniques with cyber-physical system (cps) focus[J]. IEEE Access, 2020, 8: 71050-71073.

[173] POPPER K. The logic of scientific discovery[M]. London: Routledge, 2005.

[174] YOUNG P C. Hypothetico-inductive data-based mechanistic modeling of hydrological systems[J]. Water Resources Research, 2013, 49(2): 915-935.

[175] TOLLE K M, TANSLEY D S W, HEY A J. The fourth paradigm: Data-intensive scientific discovery [point of view][J]. Proceedings of the IEEE, 2011, 99(8): 1334-1337.

[176] ANDERSON P W. More is different[J]. Science, 1972, 177(4047): 393-396.

[177] SCHMIDT M, LIPSON H. Distilling free-form natural laws from experimental data[J]. Science, 2009, 324(5923): 81-85.

[178] KARNIADAKIS G E, KEVREKIDIS I G, LU L, et al. Physics-informed machine learning[J]. Nature Reviews Physics, 2021, 3(6): 422-440.

[179] KARPATNE A, ATLURI G, FAGHMOUS J H, et al. Theory-guided data science: A new paradigm for scientific discovery from data[J]. IEEE Transactions on Knowledge and Data Engineering, 2017, 29(10): 2318-2331.

[180] WANG W X, YANG R, LAI Y C, et al. Predicting catastrophes in nonlinear dynamical systems by compressive sensing[J]. Physical Review Letters, 2011, 106(15): 154101.

[181] BRUNTON S L, PROCTOR J L, KUTZ J N. Discovering governing equations from data by sparse identification of nonlinear dynamical systems[J]. Proceedings of the National Academy of Sciences, 2016, 113(15): 3932-3937.

[182] ZHANG X Y, CAO J G, CARROLL R J. On the selection of ordinary differential equation models with application to predator-prey dynamical models[J]. Biometrics, 2015, 71(1): 131-138.

[183] BRUNTON S L, KUTZ J N. Data-driven science and engineering: Machine learning, dynamical systems, and control[M]. Cambridge, United Kingdom: Cambridge University Press, 2019: 144